教育部－浪潮集团产学合作协同育人项目成果

信息技术人才培养系列教材

inspur 浪潮

Python
科学计算、数据处理与分析

浪潮优派◎策划

尹红丽 赵桂新◎主编

刘青 杨清波 李秀芳◎副主编

人 民 邮 电 出 版 社

北 京

图书在版编目（CIP）数据

Python科学计算、数据处理与分析 / 尹红丽，赵桂新主编. -- 北京 : 人民邮电出版社，2023.4
信息技术人才培养系列教材
ISBN 978-7-115-56212-8

Ⅰ. ①P… Ⅱ. ①尹… ②赵… Ⅲ. ①软件工具—程序设计—教材 Ⅳ. ①TP311.561

中国版本图书馆CIP数据核字(2021)第054072号

内 容 提 要

Python 是当前流行的程序设计语言，在科学计算和数据分析处理中的应用越来越广。本书涵盖了 Python 在数值计算和数据处理领域的常用扩展库，如 NumPy、Pandas、SciPy、Matplotlib 等，以数据载入、数据清洗与规整、数据分析与可视化为主线，利用浅显易懂的语言、丰富有趣的实例，全面、系统地介绍了 Python 科学计算、数据处理与分析的知识。

全书共 7 章，包括 Python 基础、NumPy 基础、Pandas 基础、Pandas 数据处理、数据可视化、数据探索和分析、数值计算 SciPy。

本书可作为普通高等院校数据科学、人工智能及其相关专业的教学用书，也可供工程技术人员及相关开发人员阅读和参考。

◆ 主　　编　尹红丽　赵桂新
副 主 编　刘　青　杨清波　李秀芳
责任编辑　张　斌
责任印制　王　郁　陈　犇
◆ 人民邮电出版社出版发行　　北京市丰台区成寿寺路 11 号
邮编　100164　　电子邮件　315@ptpress.com.cn
网址　https://www.ptpress.com.cn
三河市兴达印务有限公司印刷
◆ 开本：787×1092　1/16
印张：16.5　　2023 年 4 月第 1 版
字数：466 千字　　2024 年 7 月河北第 3 次印刷

定价：59.80 元

读者服务热线：(010)81055256　印装质量热线：(010)81055316
反盗版热线：(010)81055315
广告经营许可证：京东市监广登字 20170147 号

前言 PREFACE

Python 是当前流行的编程语言，它免费、易学，在数据挖掘、机器学习、人工智能、网络编程等方面都有着广泛的应用。Python 具有强大的科学计算能力，并拥有便捷高效的数据处理和可视化扩展包，以及大量可用于数据存储、数据操作和数据洞察的可扩展库，深受数据科学工作者和工程技术人员的青睐。

本书以 NumPy、Pandas、Matplotlib 和 SciPy 等工具为主，结合实战案例，全面介绍了 Python 编程基础、数据导入、数据处理、数据分析和可视化、数值计算等内容，重点讲解了 Python 科学计算、数据处理与分析的基础知识。读者通过学习，能够理解数据处理的过程，并掌握数据分析的基本实现方法，具备发现问题和解决问题的能力。

本书共 7 章，主要内容如下。

第 1 章首先介绍了 Python 的基本概念及其开发环境，之后介绍了 IPython 和 Jupyter Notebook 的基础知识及其应用。

第 2 章介绍了 NumPy 库的基本结构和应用。NumPy 具有大量优化的内置数学函数，能够快速地进行各种复杂的数学计算。

第 3 章介绍了 Pandas 库的基本数据结构和应用。Pandas 是基于 NumPy 的一种工具，它包含的数据结构和数据处理工具的设计使得用户在 Python 中进行数据处理和数据分析非常快捷。

第 4 章介绍了如何使用 Pandas 进行数据清洗、规整、分组与聚合等操作。

第 5 章介绍了如何使用 Matplotlib 和 Pandas 进行绘图和可视化。数据可视化的价值在于让人们能直观地发现数据中隐藏的规律、察觉到变量之间的内在关系、发现异常值等。

第 6 章通过两个具体案例介绍了数据处理分析和数据探索的基本过程与实现。

第 7 章介绍了基本的统计分析以及 SciPy 的基础知识和相关方法，主要包括拟合和优化、插值库、线性代数相关操作、数值积分相关操作等。

本书的主要特点如下。

（1）全书在结构上注意前后内容的连贯性，抓住每个模块的关键，突出重点，分解难点，力求结合具体实例让读者轻松掌握科学计算和数据处理的关键技术。本书充分展示了 Python 的简洁语法及其在科学计算、数据处理和数据探索性方面的强大功能，对于每个知识点不仅告诉读者“怎么做”，而且告诉读者“为什么这么做”。

（2）本书是浪潮集团产学合作协同育人项目的成果，充分体现了理论与实际需求的结合，具有很强的针对性和实用性。书中以大量实例引导读者逐步深入学习，每个实例程序都有细致的解释和分析。此外，本书附有大量的图表，力求减少长篇的理论介绍和公式推导，以便读者通过实例和数据学习并掌握理论知识。

（3）本书提供了案例源代码、电子课件、习题答案等配套资源，读者可登录人邮教育社区（www.ryjiaoyu.com）下载。全书的代码使用 Jupyter Notebook 编写，并全部在 Jupyter Notebook 环境下运行通过。

本书由齐鲁工业大学（山东省科学院）的尹红丽、赵桂新、刘青、杨清波、李秀芳编写。具体编写分工如下：第 1 章由刘青编写，第 2 章、第 3 章、第 6 章由尹红丽编写，第 4 章由赵桂新编写，第 5 章由杨清波编写，第 7 章由李秀芳编写。

本书在编写过程中得到了浪潮集团的支持，在此表示感谢。

由于编者水平有限，本书难免存在不足之处，欢迎读者批评指正。

编者

2022 年 8 月

目录 CONTENTS

第 1 章　Python 基础 ······ 1

1.1　Python 简介 ······ 1

1.2　Python 环境安装 ······ 2

1.2.1　Anaconda 下载及安装 ······ 2

1.2.2　安装和更新 Python 包 ······ 4

1.3　IPython 概述 ······ 5

1.3.1　Python 解释器 ······ 5

1.3.2　IPython 的概念及安装 ······ 5

1.3.3　IPython 的应用 ······ 6

1.3.4　IPython 的调试 ······ 12

1.4　Jupyter Notebook ······ 14

1.4.1　Jupyter Notebook 简介 ······ 14

1.4.2　Jupyter Notebook 的应用 ······ 15

习题 ······ 19

第 2 章　NumPy 基础 ······ 21

2.1　Python 与数组的关系 ······ 21

2.2　*N* 维数组对象 ndarray ······ 22

2.2.1　数组基本操作 ······ 23

2.2.2　数组生成函数 ······ 26

2.2.3　数组存取 ······ 30

2.2.4　结构体数组 ······ 35

2.2.5　数组高级操作 ······ 37

2.3　通用函数 ······ 47

2.4　聚合函数 ······ 51

2.5　排序函数 ······ 52

2.6　随机数生成函数 ······ 57

2.7　NumPy 广播 ······ 62

习题 ······ 64

第 3 章　Pandas 基础 ······ 65

3.1　Pandas 数据结构 ······ 65

3.1.1　Series 对象 ······ 65

3.1.2　DataFrame 对象 ······ 69

3.2　索引对象 ······ 72

3.2.1　Index 索引对象 ······ 72

3.2.2　MultiIndex 多级索引对象 ······ 73

3.3　数据存取 ······ 74

3.3.1　属性和字典存取 ······ 74

3.3.2　[ ]运算符存取 ······ 74

3.3.3　存取器存取 ······ 79

3.3.4　多级索引的存取 ······ 82

3.3.5　逻辑条件存取 ······ 84

3.4　Pandas 字符串操作 ······ 85

3.4.1　字符串对象函数 ······ 85

3.4.2　正则表达式 ······ 88

3.4.3　Pandas 中的向量化字符串函数 ······ 94

3.5　时间序列 ······ 96

3.5.1　日期、时间类型和工具 ······ 96

3.5.2　时间序列基础 ······ 100

3.5.3　日期范围和偏移 ······ 101

3.5.4　时间区间和区间算术 ······ 104

3.5.5　时间序列函数 ······ 105

3.6　文件读写 ······ 111

3.6.1　CSV 文件读写 ······ 111

3.6.2 Excel 文件读写 ······ 117
3.6.3 HDF5 文件读写 ······ 119
3.7 基本运算 ······ 121
3.7.1 算术运算 ······ 121
3.7.2 排序和排名 ······ 124
3.7.3 汇总和统计 ······ 127
习题 ······ 131
第 4 章 Pandas 数据处理 ··· 133
4.1 数据清洗 ······ 133
4.1.1 处理缺失值 ······ 133
4.1.2 删除重复数据 ······ 137
4.1.3 删除列 ······ 138
4.1.4 重命名索引 ······ 139
4.2 数据规整 ······ 140
4.2.1 离散化和分箱 ······ 140
4.2.2 索引重塑和轴向旋转 ······ 141
4.2.3 分类数据处理 ······ 145
4.2.4 数据转换 ······ 148
4.2.5 数据合并 ······ 153
4.3 数据分组与聚合 ······ 161
4.3.1 groupby()函数 ······ 161
4.3.2 数据聚合 ······ 167
4.3.3 透视表和交叉表 ······ 173
习题 ······ 175
第 5 章 数据可视化 ······ 177
5.1 Matplotlib 简介 ······ 177
5.2 Matplotlib 绘图 ······ 178
5.2.1 面向对象绘图流程 ······ 179
5.2.2 图片对象 ······ 179
5.2.3 子图 ······ 180
5.2.4 子图间距 ······ 182
5.2.5 Matplotlib 快速绘图和面向对象绘图的区别 ······ 183
5.3 Matplotlib 绘图设置 ······ 183
5.3.1 图像设置 ······ 183
5.3.2 坐标轴设置 ······ 189
5.3.3 图例设置 ······ 193
5.3.4 标注设置 ······ 194
5.3.5 网格设置 ······ 197
5.3.6 图表中使用中文 ······ 198
5.4 Pandas 绘图 ······ 199
5.4.1 Pandas 基础绘图 ······ 199
5.4.2 设置字体和显示中文 ······ 203
5.4.3 Pandas 绘图类型 ······ 204
习题 ······ 209
第 6 章 数据探索和分析 ······ 210
6.1 泰坦尼克号数据探索和分析 ······ 210
6.1.1 载入数据 ······ 210
6.1.2 数据观察 ······ 211
6.1.3 数据处理 ······ 213
6.1.4 数据探索 ······ 215
6.2 IMDb 电影数据探索和分析 ······ 220
6.2.1 载入数据 ······ 220
6.2.2 数据处理 ······ 221
6.2.3 数据探索 ······ 228
习题 ······ 236
第 7 章 数值计算 SciPy ······ 237
7.1 优化和拟合 ······ 237
7.1.1 最小二乘拟合 ······ 238
7.1.2 函数极值求解 ······ 241

7.1.3 非线性方程组求解 ······244
7.2 插值库 ······245
7.2.1 一维插值 ······246
7.2.2 二维插值 ······248
7.2.3 插值法处理缺失值 ······249
7.3 线性代数 ······249
7.3.1 线性方程组求解 ······249
7.3.2 最小二乘解 ······250
7.3.3 计算行列式 ······250
7.3.4 求逆矩阵 ······251
7.3.5 求取特征值与特征向量 ······251
7.3.6 奇异值分解 ······251
7.4 数值积分 ······252
7.4.1 已知函数式求积分 ······252
7.4.2 已知采样数值求积分 ······254
7.4.3 解常微分方程组 ······254
习题 ······256

01 第1章 Python基础

随着 NumPy、Pandas、SciPy、Matplotlib 等众多程序库的开发，Python 越来越适合进行科学计算。与科学计算领域流行的商业软件 MATLAB 相比，Python 是一门通用的程序设计语言，比 MATLAB 采用的脚本语言的应用范围更广泛。而且 Python 有更多程序库的支持，适用于 Windows 和 Linux 等多种平台。最重要的是，Python 完全免费且开放源码。虽然 MATLAB 中的某些高级功能目前还无法被替代，但是很多基础性、前瞻性的科研工作和应用系统的开发，完全可以用 Python 来完成。

Anaconda 是 Python 的一个科学计算环境，使用起来非常方便，自带的包管理器 conda 也很强大，因此本书推荐使用 Anaconda 进行 Python 科学计算环境的安装。Anaconda 自带了 IPython 和 Jupyter Notebook 的环境，IPython 是一个 Python 的交互式脚本，比默认的 Python 脚本更好用，支持变量自动补全、自动缩进，而且内置了许多很有用的功能和函数。Jupyter Notebook 的本质是一个 Web 应用程序，用于创建和共享文学化程序文档，支持实时代码、数学方程、可视化和 markdown。随着 NumPy、Pandas、SciPy、Matplotlib 等程序库的开发和完善，越来越多的从事数据分析和科学计算的开发者使用 IPython 或 Jupyter Notebook 来处理数据、分析数据和科学计算等。

1.1 Python 简介

有些读者可能已经学习过或听说过很多流行的编程语言，例如有些难度的 C、非常流行的 Java、适合网页编程的 JavaScript 等。那么 Python 是一种什么语言呢？

Python 是一种解释型、面向对象、动态数据类型的高级程序设计语言，它具有卓越的通用性、高效性、平台移植性和安全性。从 20 世纪 90 年代初 Python 语言诞生至今，由于 Python 语言的简洁性、易读性及可扩展性，用 Python 做科学计算的研究机构日益增多，一些大学已经采用 Python 来讲授程序设计课程。目前，Python 已经成为最受欢迎的程序设计语言之一。2022 年，Python 第五次获得 TIOBE 编程语言排行榜“最佳年度语言”称号，成为获奖次数最多的编程语言。

1. 为什么使用 Python

Python 有专用的科学计算扩展库 NumPy、SciPy 和 Matplotlib，它们分别为 Python 提供了快速数组处理、数值计算和数据可视化功能。除此之外，众多开源的科学计算软件包都提供了 Python 的调用接口，例如计算机视觉库 OpenCV、三维可视化库 VTK、医学图像处理库 ITK 等。因此，Python 语言及其众多的扩展库所构成的开发环境十分适合工程技术、实验数据处理、图表制作、科学计算应用程序开发等情境。

说起科学计算，人们可能会想到 FORTRAN 和 MATLAB，那么本书为什么选择了 Python 呢？这是因为与 FORTRAN、MATLAB 相比，用 Python 做科学计算有如下优点。

① Python 完全免费，而 MATLAB 是一款价格昂贵的商用软件。

② Python 是开源的，因此用户可以更改科学计算的算法细节。

③ Python 是一门更易学、更严谨的程序设计语言，它能让用户编写出更易读、易维护的代码。

④ Python 有着丰富的扩展库，可以轻易完成各种高级任务，开发者可以用 Python 实现完整应用程序所需的各种功能。

由于 Python 具有上述优势，因此近年来在科学计算、数据处理与分析、数据挖掘、人工智能等领域使用 Python 的人越来越多。

2. Python2 和 Python3

目前 Python 的版本主要有 Python 2.x 和 Python 3.x（其中 x 表示小版本号），这两个版本通常被称为“Python2”和“Python3”。

Python2 在基础设计方面存在一些不足之处，因此吉多 • 范罗苏姆（Guido van Rossum，Python 的创始人）在 2008 年开发了 Python3。Python3 在设计的时候很好地解决了 Python2 的遗留问题，并且在性能上也有了一定的提升。由于 Python 开发团队无法一下子就将所有项目和类库都转到 Python3 上面，因此两个版本就进入了长期并行开发和维护的状态。就更新速度来说，Python3 远快于 Python2。由于 Python2 目前以维护为主，因此本书采用 Python3 作为开发环境。

1.2 Python 环境安装

本书推荐 Python 环境使用免费的 Anaconda 发行版，因为 Anaconda 包含了所有的科学计算的关键包，而 Python 官网上的发行版是不包含专注科学计算和绘图的 NumPy、SciPy 和 Matplotlib 等包的。事实上，Anaconda 和 Jupyter Notebook 已成为 Python 科学计算和数据处理的标准环境。

Anaconda 可用于多个平台，例如 Windows、macOS 和 Linux，不同操作系统的安装方法有所不同。读者可以在 Anaconda 官网上找到安装程序和安装说明。下面将详细介绍 Windows 操作系统中 Anaconda 的下载及安装过程。

1.2.1 Anaconda 下载及安装

Anaconda 下载及安装的步骤如下。

① 在 Anaconda 官网上找到安装程序和安装说明，有 Python 3.x 和 Python 2.x 两个版本可选择，选择版本之后根据自己的操作系统是 64 位或 32 位选择“64-bitGraphicalInstaller”或“32-bitGraphicalInstaller”进行下载。

② 完成下载之后，双击下载的文件，启动安装程序，如图 1-1 所示，单击“Next”按钮。

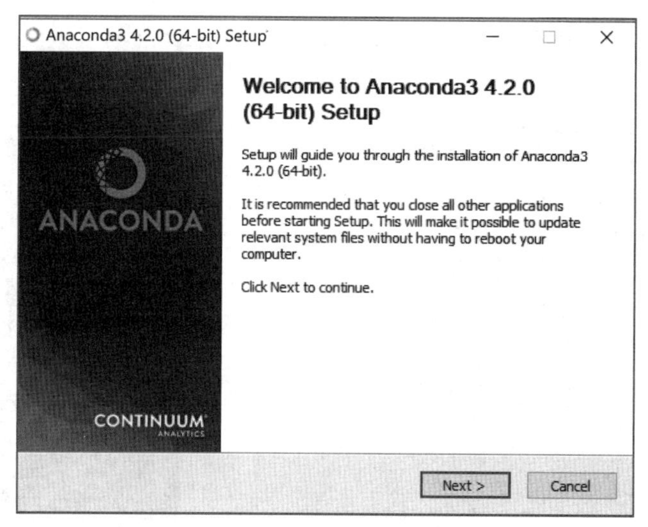

图 1-1　启动安装程序

③ 阅读许可证协议条款，然后单击“I Agree”按钮进入下一步。

④ 如果要以管理员身份为所有用户安装，选择“All Users”，否则选择“Just Me”，之后单击“Next”按钮，如图 1-2 所示。

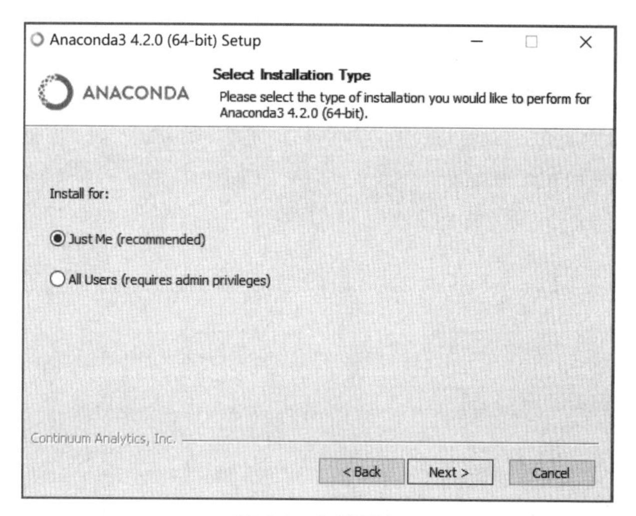

图 1-2　勾选用户

⑤ 在“Choose Install Location”界面中选择安装 Anaconda 的目标路径，然后单击“Next”按钮。

⑥ 在“Advanced Installation Options”界面中勾选“Add Anaconda to my PATH environment variable”，添加 Anaconda 至环境变量。如果用户不打算使用多个版本的 Anaconda 或多个版本的 Python，可以不勾选“Register Anaconda as my default Python 3.5”。单击“Install”按钮即可开始安装，如图 1-3 所示。如果想要查看安装细节，可以单击“Show Details”按钮。

⑦ 单击“Next”按钮，进入“Thanks for installing Anaconda!”界面，安装成功，单击“Finish”按钮完成安装。

如果不想了解“Anaconda 云”和“Anaconda 支持”，则可以不勾选“Learn more about Anaconda Cloud”和“Learn more about Anaconda Support”。

⑧ 验证安装结果。单击“开始”按钮，如果“开始”菜单中有 Anaconda3（64-bit），并且单

击该目录后出现图 1-4 所示的内容，表明 Anaconda 安装成功。

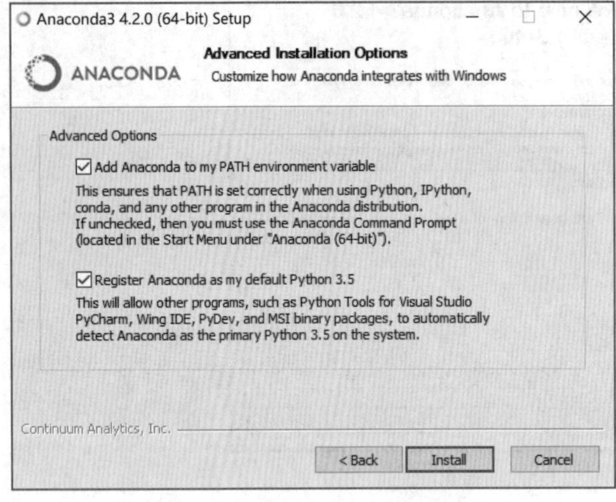

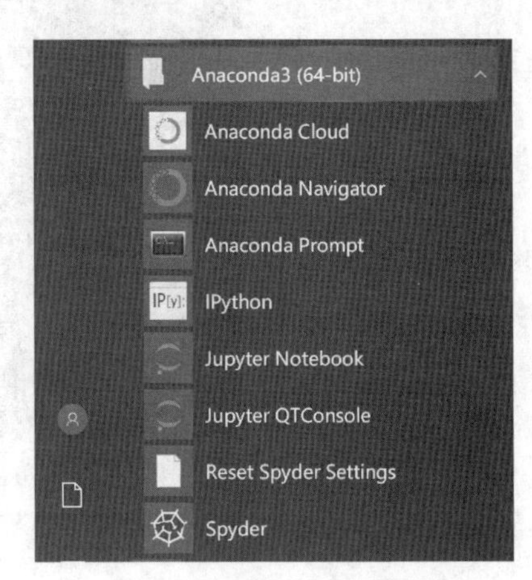

图 1-3　添加 Anaconda 至环境变量

图 1-4　Anaconda 安装成功

选择 Anaconda3（64-bit）中的 Ipython 命令可以启动 IPython 环境，选择 Jupyter Notebook 命令即可打开浏览器，显示图 1-5 所示的界面。至于如何使用 Jupyter Notebook，1.4 节将进行详细介绍。

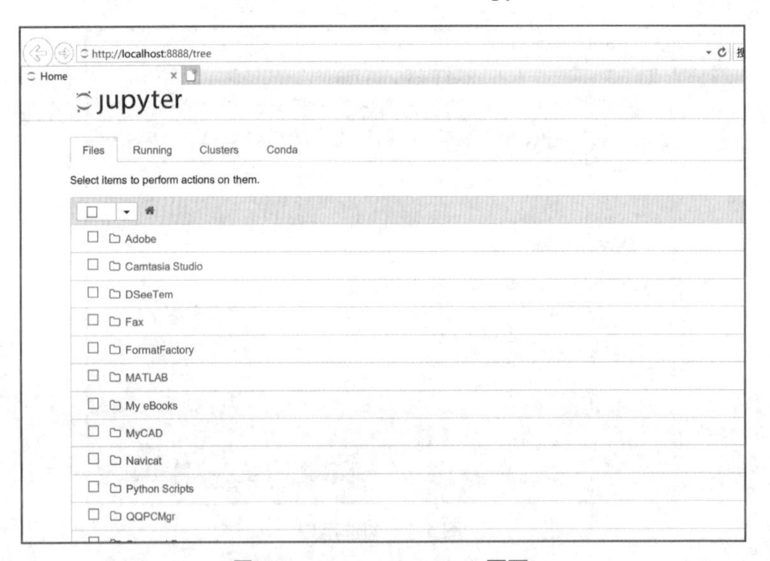

图 1-5　Jupyter Notebook 页面

1.2.2　安装和更新 Python 包

在 Python 学习中，可能需要安装 Anaconda 中并不包含的额外的 Python 包。通常通过以下命令进行安装。

```
condainstall package_name
```

如果这个命令安装不成功，可以使用 pip 包管理工具命令进行安装。

```
pip install package_name
```

还可以使用 conda updata 命令来更新包。

```
conda updata package_name
```

pip 还支持通过-upgrade package_name 标识升级。

```
pip install -upgrade package_name
```

1.3　IPython 概述

1.3.1　Python 解释器

Python 是一种解释型语言，Python 解释器通过一次执行一条语句来执行程序，标准的交互式 Python 解释器可以通过在命令行输入 Python 命令来启动。在命令行中看到的“>>>”提示符是输入代码的地方，要退出 Python 解释器回到命令行提示符，可以输入 exit()命令或按 Ctrl+D 组合键，如图 1-6 所示。

```
选择Anaconda Prompt
(C:\Users\liujiahai\Anaconda3) C:\Users\liujiahai>python
Python 3.5.2 |Anaconda 4.2.0 (64-bit)| (default, Jul  5 2016, 11:41:13) [MSC v.1900 64 bit (AMD64)] on win32
Type "help", "copyright", "credits" or "license" for more information.
>>> str="hello,python"
>>> str
'hello,python'
>>> exit()

(C:\Users\liujiahai\Anaconda3) C:\Users\liujiahai>
```

图 1-6　Python 解释器的使用

尽管我们可以使用这种方式执行所有的代码，但是从事科学计算和数据分析的人们大多更喜欢使用 IPython 和 Jupyter Notebook。

1.3.2　IPython 的概念及安装

IPython 是 Interactive Python 的简称，即交互式 Python，它比默认的 Python 控制面板好用得多。IPython 支持变量自动补全、自动缩进和 Bash shell 命令，且内置了许多有用的功能和函数。IPython 提供的交互式实验环境，使得用户有了与 MATLAB 和 R 语言类似的使用体验。

IPython 支持 Python 2.7 或 3.3 以上的版本，本书使用的是 Windows 操作系统下的 Python 3.5 版本。如果安装的是 Anaconda，那么 IPython 已经安装好（因为 Anaconda 自带了 IPython）。选择 Anaconda3（64-bit）中的 Ipython 命令就可以启动 IPython，如图 1-7 所示。

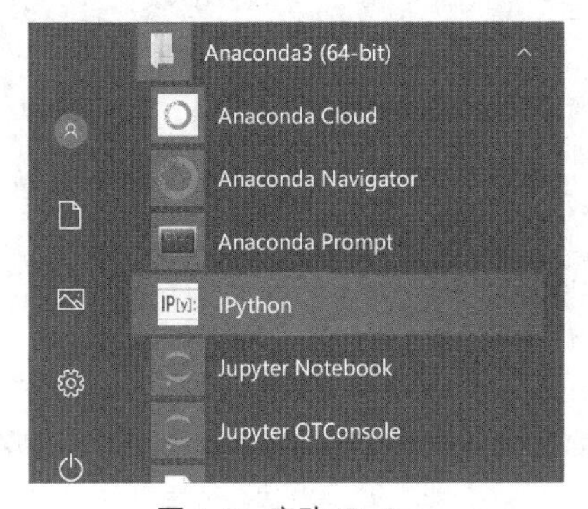

图 1-7　启动 IPython

如果只是安装了 Python，那么可以使用 pip 管理工具安装 IPython，下面这条命令会自动安装 IPython 及其各种依赖包。

```
pip install ipython
```

1.3.3 IPython 的应用

1. In[x]和 Out [x]显示

IPython 支持所有 Python shell 的功能，在输入/输出时，IPython 会使用 In[x]和 Out[x]表示输入和输出，并通过 x 表示相应的序号，如图 1-8 所示，这个 x 是保存历史信息的变量，可以使用历史来追溯。In[x]和 Out[x]也是 Jupyter Notebook 的运行顺序标志。本书的代码也采用 In[x]和 Out[x]的形式。

```
IP IPython: C:liujiahai/Documents
Python 3.5.2 |Anaconda 4.2.0 (64-bit)| (default, Jul  5 2016, 11:41:13) [MSC v.1900 (
Type "copyright", "credits" or "license" for more information.

IPython 5.1.0 -- An enhanced Interactive Python.
?         -> Introduction and overview of IPython's features.
%quickref -> Quick reference.
help      -> Python's own help system.
object?   -> Details about 'object', use 'object??' for extra details.

In [1]: 23*21+23
Out[1]: 506

In [2]:
```

图 1-8　IPython 的 In[x]和 Out [x]显示

2. Tab 自动补全

与传统的 Python 解释器相比，IPython 的提升功能之一就是 Tab 自动补全功能，该功能在 Jupyter Notebook 环境也有。当在命令行中输入表达式时，按 Tab 键即可为任意对象（变量、命令、方法、属性、模块）搜索命名空间，与目前已输入的字符串进行匹配。在 IPython 进行自动补全时，如果有多个可选项，则会出现调用提示，这时可以使用键盘上的上/下/左/右键进行选择，方便快速调用。

例如，我们首先定义一个变量 anumber=12，然后定义一个变量 atitle="hello"。当输入 a<Tab>时，IPython 同时列出了 anumber 和 atitle。除此之外，还有一些以 a 开头的文件名、关键字和内置函数也被列出，如图 1-9 所示。

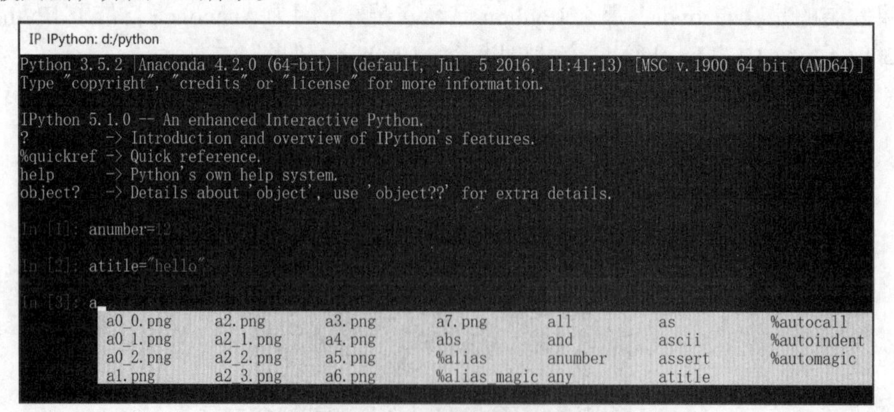

图 1-9　Tab 自动补全 1

当然也可以在输入英文句点（.）后，按 Tab 键对函数、属性的名称进行补全。例如，给一个字符串 s 赋值 s="IlovePython"，输入 s.后按 Tab 键，出现字符串的属性和函数，如图 1-10 所示。

模块也可以通过相同的方式补全，如图 1-11 所示，在 datetime 模块后面输入英文句点后，按 Tab 键，列出该模块所有的函数与属性。

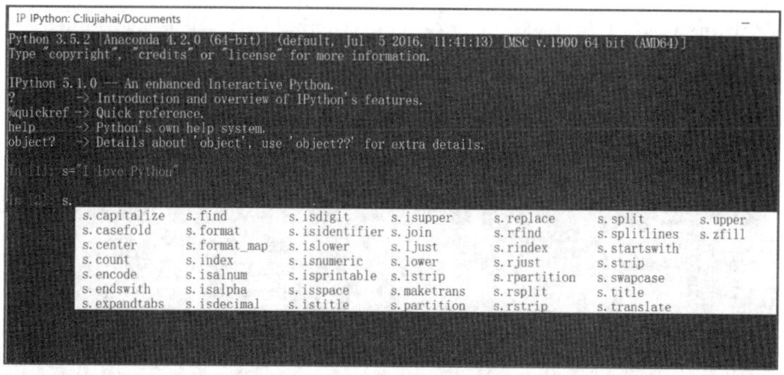

```
IP IPython: C:liujiahai/Documents
Python 3.5.2 |Anaconda 4.2.0 (64-bit)| (default, Jul  5 2016, 11:41:13) [MSC v.1900 64 bit (AMD64)]
Type "copyright", "credits" or "license" for more information.

IPython 5.1.0 -- An enhanced Interactive Python.
?         -> Introduction and overview of IPython's features.
%quickref -> Quick reference.
help      -> Python's own help system.
object?   -> Details about 'object', use 'object??' for extra details.

In [1]: s="I love Python"

In [2]: s.
         s.capitalize  s.find        s.isdigit      s.isupper     s.replace     s.split       s.upper
         s.casefold    s.format      s.isidentifier s.join        s.rfind       s.splitlines  s.zfill
         s.center      s.format_map  s.islower      s.ljust       s.rindex      s.startswith
         s.count       s.index       s.isnumeric    s.lower       s.rjust       s.strip
         s.encode      s.isalnum     s.isprintable  s.lstrip      s.rpartition  s.swapcase
         s.endswith    s.isalpha     s.isspace      s.maketrans   s.rsplit      s.title
         s.expandtabs  s.isdecimal   s.istitle      s.partition   s.rstrip      s.translate
```

图 1-10　Tab 自动补全 2

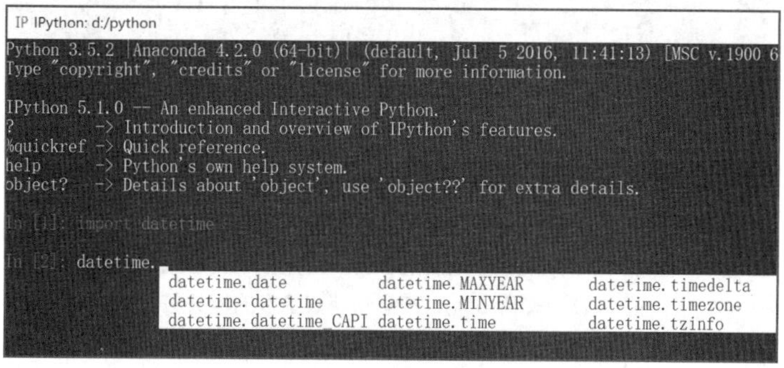

```
IP IPython: d:/python
Python 3.5.2 |Anaconda 4.2.0 (64-bit)| (default, Jul  5 2016, 11:41:13) [MSC v.1900 6
Type "copyright", "credits" or "license" for more information.

IPython 5.1.0 -- An enhanced Interactive Python.
?         -> Introduction and overview of IPython's features.
%quickref -> Quick reference.
help      -> Python's own help system.
object?   -> Details about 'object', use 'object??' for extra details.

In [1]: import datetime

In [2]: datetime.
             datetime.date               datetime.MAXYEAR     datetime.timedelta
             datetime.datetime           datetime.MINYEAR     datetime.timezone
             datetime.datetime_CAPI      datetime.time        datetime.tzinfo
```

图 1-11　Tab 模块自动补全

3. 内省

在一个变量名的前后使用问号（?）可以显示关于该对象的详细信息，这就是内省，也称为“内视”，即 object introspection。IPython 相较于原生的 Python 解释器，具有强大的内省功能，主要有以下常见的方法。

① object?或?object：显示该对象的一些通用信息。注意，Python 里面一切皆对象，包括函数、类和简单型变量。下面以 range()函数、list 对象和 int 对象为例演示 IPython 内省的效果，如图 1-12 所示。

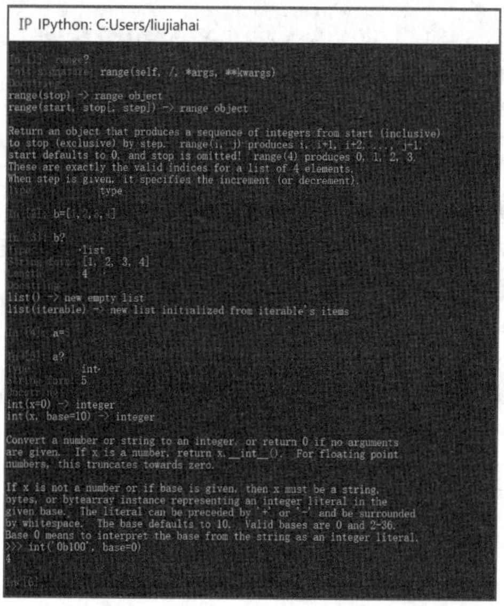

```
IP IPython: C:Users/liujiahai
In [1]: range?
Init signature: range(self, /, *args, **kwargs)
Docstring:
range(stop) -> range object
range(start, stop[, step]) -> range object

Return an object that produces a sequence of integers from start (inclusive)
to stop (exclusive) by step.  range(i, j) produces i, i+1, i+2, ..., j-1.
start defaults to 0, and stop is omitted!  range(4) produces 0, 1, 2, 3.
These are exactly the valid indices for a list of 4 elements.
When step is given, it specifies the increment (or decrement).
Type:           type

In [2]: b=[1,2,3,4]

In [3]: b?
Type:        list
String form: [1, 2, 3, 4]
Length:      4
Docstring:
list() -> new empty list
list(iterable) -> new list initialized from iterable's items

In [4]: a=5

In [5]: a?
Type:        int
String form: 5
Docstring:
int(x=0) -> integer
int(x, base=10) -> integer

Convert a number or string to an integer, or return 0 if no arguments
are given.  If x is a number, return x.__int__().  For floating point
numbers, this truncates towards zero.

If x is not a number or if base is given, then x must be a string,
bytes, or bytearray instance representing an integer literal in the
given base.  The literal can be preceded by '+' or '-' and be surrounded
by whitespace.  The base defaults to 10.  Valid bases are 0 and 2-36.
Base 0 means to interpret the base from the string as an integer literal.
>>> int('0b100', base=0)
4

In [6]:
```

图 1-12　使用 object?命令获取相关的通用信息

② object??或??object：两个问号显示详细信息，如果是类或函数，还会显示源代码。下面的代码中自定义了一个函数 show()，然后使用 show??命令查看 show()函数的相关信息，如图 1-13 所示。

```
IP 选择IPython: C:Users/liujiahai
Python 3.5.2 |Anaconda 4.2.0 (64-bit)| (default, Jul  5 2016, 11:41:13)
Type "copyright", "credits" or "license" for more information.

IPython 5.1.0 -- An enhanced Interactive Python.
?         -> Introduction and overview of IPython's features.
%quickref -> Quick reference.
help      -> Python's own help system.
object?   -> Details about 'object', use 'object??' for extra details.

In [1]: def show(name):
   ...:     print(name);
   ...:

In [2]: show??
Signature: show(name)
Source:
def show(name):
    print(name);
File:      c:\users\liujiahai\<ipython-input-1-4e1fa301f9f0>
Type:      function

In [3]:
```

图 1-13　使用 object??命令获取函数的相关信息

使用 help()函数也可以获取对象的帮助信息，获得的帮助信息往往比使用?和??获得的更多，使用 help()函数可以列出对象所拥有的详细属性和函数。下面输入 help(str)以查阅字符串类型 str 的帮助信息，如图 1-14 所示。

```
IP IPython: C:Users/liujiahai
In [1]: help(str)
Help on class str in module builtins:

class str(object)
 |  str(object='') -> str
 |  str(bytes_or_buffer[, encoding[, errors]]) -> str
 |
 |  Create a new string object from the given object. If encoding or
 |  errors is specified, then the object must expose a data buffer
 |  that will be decoded using the given encoding and error handler.
 |  Otherwise, returns the result of object.__str__() (if defined)
 |  or repr(object).
 |  encoding defaults to sys.getdefaultencoding().
 |  errors defaults to 'strict'.
 |
 |  Methods defined here:
 |
 |  __add__(self, value, /)
 |      Return self+value.
 |
 |  __contains__(self, key, /)
 |      Return key in self.
 |
 |  __eq__(self, value, /)
 |      Return self==value.
 |
 |  __format__(...)
 |      S.__format__(format_spec) -> str
 |
 |      Return a formatted version of S as described by format_spec.
-- More --
```

图 1-14　使用 help()函数查看 str 的帮助信息

可以使用 help()函数查看图 1-12 中的 range()函数和 list 对象的相关信息，与使用 object?命令内省的方法对比一下。

4. 使用历史命令

IPython 支持使用上/下键来查看历史命令，也可以使用 Ctrl+P/N 组合键来查看历史命令。

请看以下代码。

```
In[1]:a=2
In[2]:ab="agb"
In[3]:abc=[1,2,3]
```

上面的代码中依次定义变量 a=2、ab="agb"、abc=[1,2,3]，当在 In[4]中输入 a 之后，按 Ctrl+P 组合键（或按向上的方向键），则会依次显示以 a 开头的变量（依次是 abc、ab、a）。不仅如此，很久之前在 IPython 里面输入过的变量，只要是以 a 开头的，都能够显示，直到出现最开始创建的那个以 a 开头的变量。如果按 Ctrl+N 组合键或向下的方向键，则显示顺序正好相反。

5. **魔术命令**

IPython 中有一些特殊命令，这些命令没有内置到 Python 中去，它们通常被称为“魔术命令”。魔术命令用于简化常见的任务，确保用户更容易控制 IPython 的行为。魔术命令以%为前缀，例如%magic、%timeit。

使用%magic 命令可以查看到底有哪些魔术命令。这个方法会显示每一个命令的详细信息，因此有很多输出结果，如图 1-15 所示。按 Enter 键继续显示，按 Q 键退出。

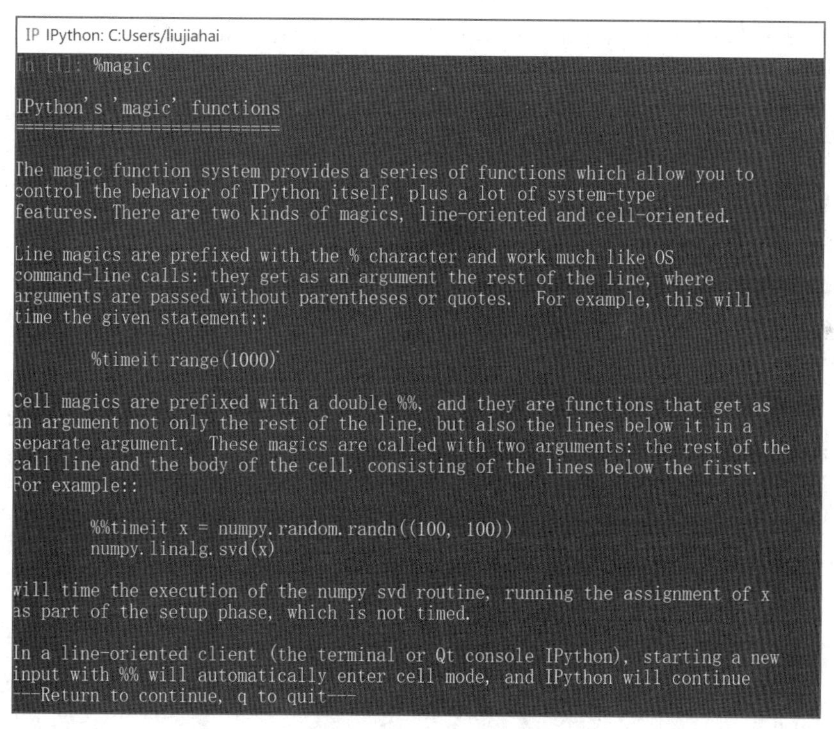

图 1-15 %magic 魔术命令

默认情况下，魔术命令总是以百分号%开头，但这不是必需的，也可以直接使用不带百分号的魔术命令，这称为“自动魔术命令”（automagic），使用 magic 命令与使用%magic 命令的效果一样。需要注意的是，不使用百分号时，不能有与魔术命令同名称的变量，否则显示的就是变量了。

魔术命令是否使用百分号是可以通过%automagic 来控制的。默认情况下，它是开启的，也就是默认可以使用无%的魔术命令，前提是没有与魔术命令同名的变量。也可以使用下面的命令来关闭自动魔术命令。

```
%automagic _off, 0    #此时关闭
```

关闭后再使用魔术命令就必须使用%开头，如果仅输入 magic 命令，则显示 name 'magic' is not defined，如图 1-16 所示。

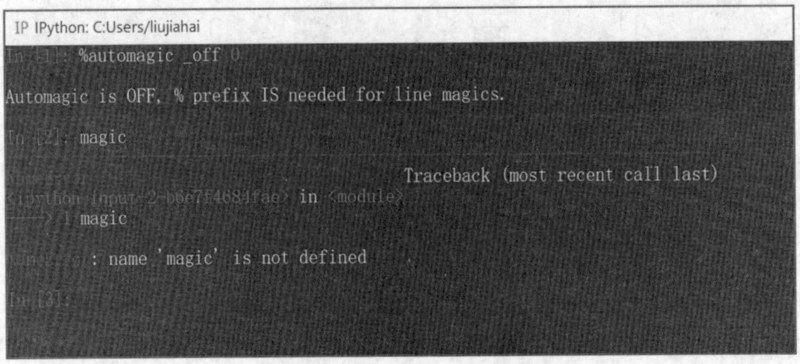

```
IP IPython: C:Users/liujiahai
In [1]: %automagic _off 0

Automagic is OFF, % prefix IS needed for line magics.

In [2]: magic

NameError                                 Traceback (most recent call last)
<ipython-input-2-b6e7f4684fae> in <module>
----> 1 magic

NameError: name 'magic' is not defined

In [3]:
```

图 1-16　关闭自动魔术命令

下面介绍一些常用的魔术命令。

（1）使用%run 命令运行一个 Python 脚本

在 IPython 中不仅可以运行代码，还可以运行一个已知的 Python 脚本文件，就像在命令行中使用一样。例如，在 d:\Python 文件夹下有一个 test.py 文件，文件内容如下。

```
def add(a,b):
    return a+" "+b;
a="hello";
b="Tom";
c=add(a,b);
```

在 IPython 里输入如下代码：

```
In[4]:  %run d:\Python\test.py
In[5]: a
Out[5]: 'hello'
In[6]: b
Out[6]: 'Tom'
In[7]: c
Out[7]: 'hello Tom'
```

我们发现，脚本文件里的变量 a、b、c，在 IPython 中依然可以使用，不仅如此，脚本文件也可以使用 IPython 环境中的变量，代码如下。

```
In[8]: %run d:\Python\test.py
In[9]: b="Jerry"
In[10]: c=add(a,b)
In[11]: c
Out[11]: 'hello Jerry'
```

（2）使用%paste 命令执行剪贴板中的代码

在 IPython 中可以直接运行剪贴板中的程序，假设在其他应用中写了下面的代码。

```
a=2
b=3
c=a+b
```

要使用以上代码，最简单的方法是复制上面的代码到剪贴板中，然后在 IPython 中使用%paste 和%cpaste 魔术命令。使用%paste 命令会获得剪贴板中的所有内容，并作为一个代码块去执行。

（3）使用%timeit 命令快速计算运行时间

在一个交互式会话中（IPython 或 Jupyter Notebook），可以使用%timeit 魔术命令快速计算代码运行时间。使用%timeit 命令会将代码在一个循环中多次执行（默认 100 次），以多次运行时长的平均值作为该命令的最终评估时长。代码如下。

```
In[12]: %timeit [x*x for x in range(100000)]
100 loops, best of 3:7.95 ms per loop
```

%timeit 命令常用的两个选项如下所示。

-n：可以控制命令在单次循环中执行的次数。

-r：控制执行循环的次数。

例如：

```
In[13]: %timeit -n 10 -r 50 [x*x for x in range(100000)]
10 loops, best of 50: 7.85 ms per loop
```

（4）使用%pylab 命令进行交互式计算

可以使用 IPython 画一个简单图形。直接打开 IPython，然后绘制，代码如下。

```
In[14]: import matplotlib.pyplot as plt
In[15]: x=[1,2,3,4,5]
In[16]: y=[2,4,6,8,10]
In[17]: plt.plot(x,y)
Out[17]: [<matplotlib.lines.Line2D at 0x24a6558e438>]
In[18]: plt.show()
```

运行上面的代码，得到图 1-17 所示的图形。但是此时会出现一个问题，绘制图形后如果想要继续在 IPython 里面输入其他的语句或执行其他的命令是不行的。这是因为 Matplotlib 的 GUI 事件循环接管了 IPython 会话的控制权，只有关闭 GUI 窗口，才能够继续进行操作。这种阻塞式的问题极大地影响了 IPython 的交互体验。

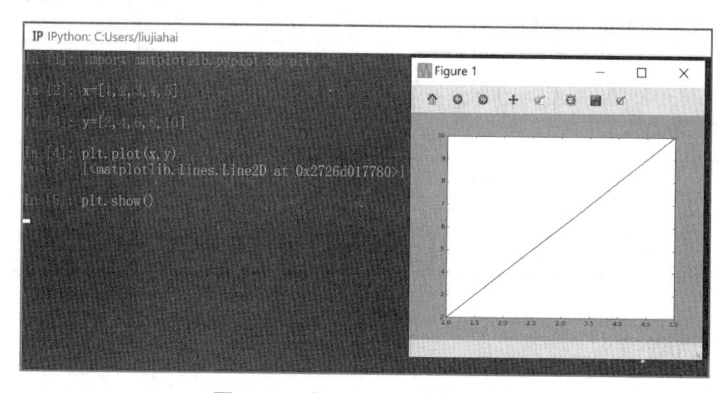

图 1-17　在 IPython 中绘制图像

通过添加%pylab 魔术命令就可以解决上面的阻塞问题，%pylab 魔术命令可以使 NumPy 和 Matplotlib 中的科学计算功能生效，它能够让我们在控制台进行交互式计算和动态绘图。

打开 IPython，再次输入上面的代码并添加%pylab 命令。

```
In[1]: import matplotlib.pyplot as plt
In[2]: x=[1,2,3,4,5]
In[3]: y=[2,4,6,8,10]
In[4]: %pylab
Using matplotlib backend: Qt5Agg
Populating the interactive namespace from NumPy and matplotlib
In[5]: plt.plot(x,y)
Out[5]: [<matplotlib.lines.Line2D at 0x1aea1964160>]
```

使用%pylab 命令所产生的 Matplotlib 对象（如图片）会弹出一个新窗口进行显示，即使

Matplotlib 的 GUI 没有关闭，依然可以在 IPython 中进行交互，这是非常方便的。图 1-18 所示的 Matplotlib 的 GUI 没有关闭，但是可以在 In[6]后面输入其他的代码。

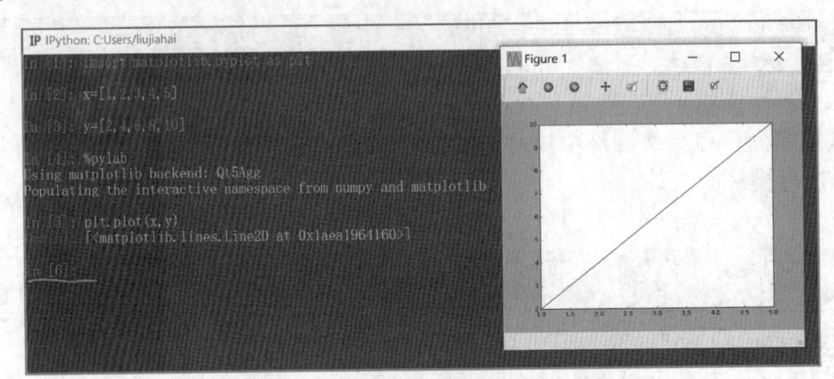

图 1-18　使用%pylab 命令进行交互式绘图

除了上面介绍的魔术命令，还有很多其他的常用魔术命令，表 1-1 列出了常用的一些魔术命令，本书就不再一一列举了，有兴趣的读者可以自主学习。

表 1–1　　常用魔术命令

命令	描述
%magic	显示所有魔术命令的详细信息
%lsmagic	简单地列出可用的魔术命令
%quickref	所有 IPython 的特定语法和魔术命令的快速参考
%ls	显示目录下的内容，%ll 或%ls -l 命令可以显示更详细的信息
%cd	切换工作目录
%pwd	显示当前工作目录的路径
%env	显示环境变量，不加参数显示所有环境变量
%reset	重置 IPython，清理相关环境对象，但历史信息会被保留
%clear	清屏，相当于!clear 命令
%pdoc	可以查看对象的文档字符串
%who、%whos、%who_ls	展示交互命名空间中定义的变量

1.3.4　IPython 的调试

1. pdb 调试器

在数据处理中，最重要的是要有正确的代码。pdb 是 Python 自带的一个包，它为 Python 程序提供了一种交互的源代码调试功能。pdb 调试器的主要特性包括设置断点、单步调试、进入函数调试、查看源码、查看栈片段、动态改变变量的值等。如果读者之前学过 C/C++语言，可能知道 gdb 这个命令行调试工具，如果之前用过 gdb，那么可以直接使用 pdb，这是因为它们的用法是相同的。表 1-2 列出了 pdb 调试器常用的调试命令。

表 1–2　　pdb 调试器常用调试命令

命令	解释
break 或 b	设置断点
continue 或 c	继续执行程序
list 或 l	查看当前行的代码段

续表

命令	解释
step 或 s	进入函数
return 或 r	执行代码直到从当前函数返回
exit 或 q	中止并退出
next 或 n	执行下一行
print 或 p	输出变量的值
help	帮助

有两种方式可以启动 Python 调试器 pdb，适用于不同的场景。

① 第一种方式是直接使用命令行参数指定使用 pdb 模块启动 Python 文件，这种方式在文件的第一行就启动了 Python 调试器，因此适合代码文件较小的情况。例如，文件名是 test.py，启动 pdb 调试器只需要使用下面的命令。

```
python -m pdb test.py
```

② 第二种方式是在 Python 代码中调用 pdb 模块的 set_trace()函数设置一个断点，当程序运行到此断点的时候，程序将会暂停执行并打开 pdb 调试器，这种方式适合代码文件较大的情况。例如，在下面的代码中使用 pdb.set_trace()函数在程序的任意位置设置断点。

```
import pdb
def get_sum(n):
    cnt = 0
    for i in range(n):
        #设置断点
        pdb.set_trace()
        cnt += i
        print(cnt)
if __name__ == '__main__':
    get_sum(5)
```

启动 pdb 调试器后就可以使用表 1-2 中的调试命令进行程序的调试。例如，使用 list 命令来查看源代码，使用 p 命令输出变量当前的取值，使用 n 命令执行下一行代码，如图 1-19 所示。

```
In [1]: %run E:\test.py
> e:\test.py(7)get_sum()
-> cnt += i
(Pdb) list
  2     def get_sum(n):
  3         cnt = 0
  4         for i in range(n):
  5             #设置断点
  6             pdb.set_trace()
  7  ->         cnt += i
  8             print(cnt)
  9     if __name__ == '__main__':
 10         get_sum(5)
[EOF]
(Pdb) n
> e:\test.py(8)get_sum()
-> print(cnt)
(Pdb) p cnt
0
(Pdb) p i
0
(Pdb) c
0
> e:\test.py(6)get_sum()
-> pdb.set_trace()
(Pdb) p i
1
(Pdb) p cnt
0
(Pdb) c
1
> e:\test.py(7)get_sum()
-> cnt += i
(Pdb) p i
2
(Pdb) p cnt
1
(Pdb) c
3
```

图 1-19　使用 pdb 调试器调试程序

2. ipdb 调试器

IPython 的 ipdb 调试器集成和加强了 Python 的 pdb 调试器，比 pdb 多了语法高亮、Tab 自动补全等功能，在易用性方面做了很大的改进。

在使用 ipdb 之前要先安装，使用下面的命令安装 ipdb 模块。

```
pip install ipdb
```

下面修改之前例子中的 test.py 文件，修改之后的代码如下。

```
import ipdb
def get_sum(n):
    cnt = 0
    for i in range(n):
        ipdb.set_trace()
        cnt += i
        print(cnt)
if __name__ == '__main__':
    get_sum(5)
```

具体的操作命令还是与 pdb 调试器的操作命令一样，可以参照表 1-2 中的命令，运行结果如图 1-20 所示。

```
In [1]: %run E:\test.py
> e:\test.py(7)get_sum()
      6         ipdb.set_trace()
----> 7         cnt += i
      8         print(cnt)

ipdb> list
      2 def get_sum(n):
      3     cnt = 0
      4     for i in range(n):
      5         #设置断点
      6         ipdb.set_trace()
----> 7         cnt += i
      8         print(cnt)
      9 if __name__ ==            :
     10     get_sum(5)

ipdb> n
5
ipdb> p cnt
0
ipdb> p i
0
ipdb> c
0
> e:\test.py(6)get_sum()
      5         #设置断点
      6         ipdb.set_trace()
      7         cnt += i

ipdb> p i
1
ipdb> p cnt
0
ipdb> c
1
> e:\test.py(7)get_sum()
      6         ipdb.set_trace()
----> 7         cnt += i
```

图 1-20　使用 ipdb 调试器调试程序

从图 1-19 和图 1-20 可以看出，pdb 与 ipdb 调试器的使用方法是一样的，只是 ipdb 中增加了语法高亮等功能。

1.4 Jupyter Notebook

1.4.1 Jupyter Notebook 简介

Jupyter Notebook 源自 IPython，是一种交互式 shell（外壳），与普通的 Python shell 相似。Jupyter 项目中的主要组件就是Notebook，Notebook 的工作方式是将来自 Web 应用（在浏览器中看到的

Notebook）的消息发送给 IPython 内核（在后台运行的 IPython 应用程序）。IPython 内核执行代码，然后将结果发回 Notebook。IPython 经过技术演变之后，将内核分离，成为现在的架构模式。

Jupyter Notebook 架构的核心是 Notebook server，User（用户）在 Web 应用中编写的代码通过 Browser（浏览器）发给 Notebook server 之后，Notebook server 将代码发给 IPython Kernel（内核），内核运行代码并将结果发回 Notebook server。最后 Notebook server 将结果返回浏览器并展示给用户，如图 1-21 所示。保存 Notebook 时，所有内容将生成一个.ipynb 文件写入 Notebook server 中。

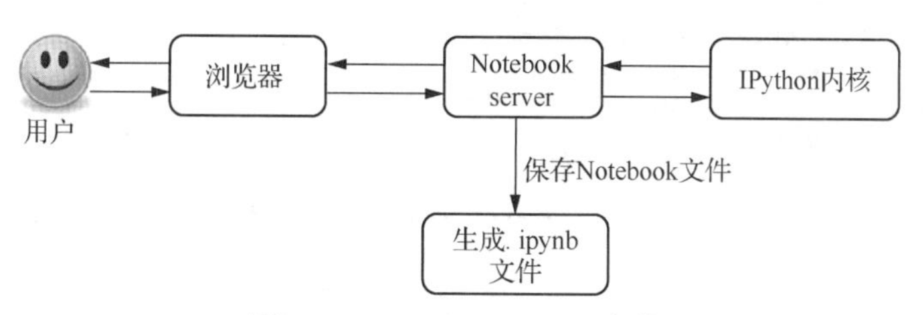

图 1-21 Jupyter Notebook 架构

简而言之，Jupyter Notebook 是一个基于 Web 的交互式工具，能将文档和代码等一切相关资料集中到一处，让用户一目了然。Jupyter Notebook 使用户可以在同一个页面中直接编写代码、运行代码和编写说明文档，代码的运行结果会直接在代码块下面显示。因此，Jupyter Notebook 已成为数据分析、机器学习等领域的工作人员在进行数据清理和数据探索时所必备的工具。

1.4.2 Jupyter Notebook 的应用

Anaconda 安装成功后，启动前需要先说明一点，Jupyter Notebook 中有个叫作“工作空间”（工作目录）的概念，工作空间实际上就是存放以后创建的.ipynb 文件的目录。Jupyter Notebook 安装后，默认的工作空间是当前用户目录。为了方便对文档进行管理，用户往往需要自行设置工作空间。例如，要将 d:\Python 作为以后的工作空间，需进行如下的操作。

① 在“开始”菜单的 Anaconda3（64-bit）中使用鼠标右键单击 Jupyter Notebook，在弹出的快捷菜单中选择“更多”→“打开文件位置”命令，如图 1-22 所示。

图 1-22 打开 Jupyter Notebook 快捷方式所在文件位置

② 在打开的界面中选择 Jupyter Notebook 文件，单击鼠标右键，在弹出的快捷菜单中选择“属

性”命令，在弹出的窗口中的起始位置设置用户的工作空间（也就是.ipynb 文件的存放位置）。图 1-23 所示把工作空间设置为 d:\Python，这样 Jupyter Notebook 空间就设定好了。

图 1-23　设置 Jupyter Notebook 工作空间

在“开始”菜单的 Anaconda3（64-bit）中选择 Jupyter Notebook 命令即可启动 Jupyter Notebook。下面介绍 Jupyter Notebook 的基本使用方法，主要是一些基本的、可以满足日常开发的使用方法，关于一些更高级的使用方法读者可以自行查阅相关资料和文献。

1. 新建文件

选择“New”→“Python[default]”命令，创建一个 Python3 的.ipynb 文件，如图 1-24 所示，创建完成后出现图 1-25 所示的界面。

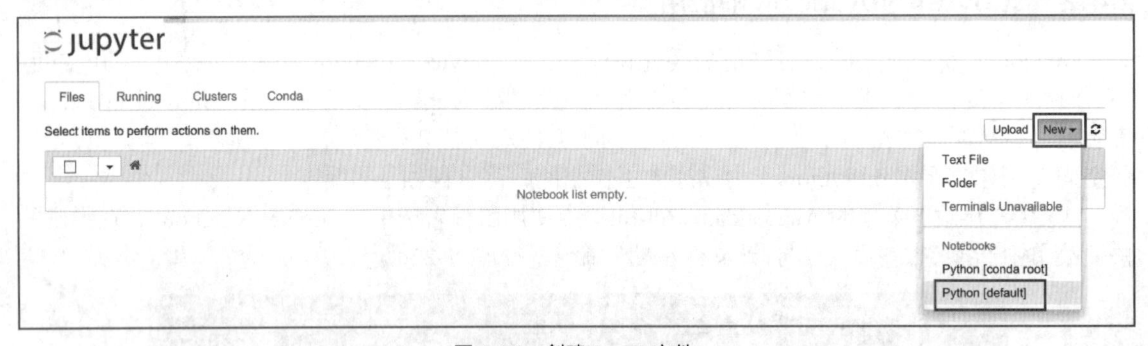

图 1-24　创建.ipynb 文件

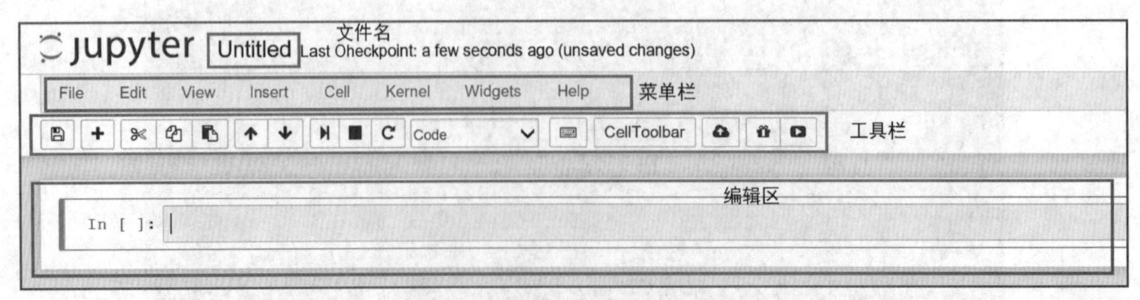

图 1-25　.ipynb 文件创建成功界面

每一个 Jupyter Notebook 主要包含 4 个区域：文件名、菜单栏、工具栏、编辑区，如图 1-25 所示。单击文件名 Untitled，可以重命名当前 Jupyter Notebook 的文件名，这里修改为“Demo1”，如图 1-26 所示。

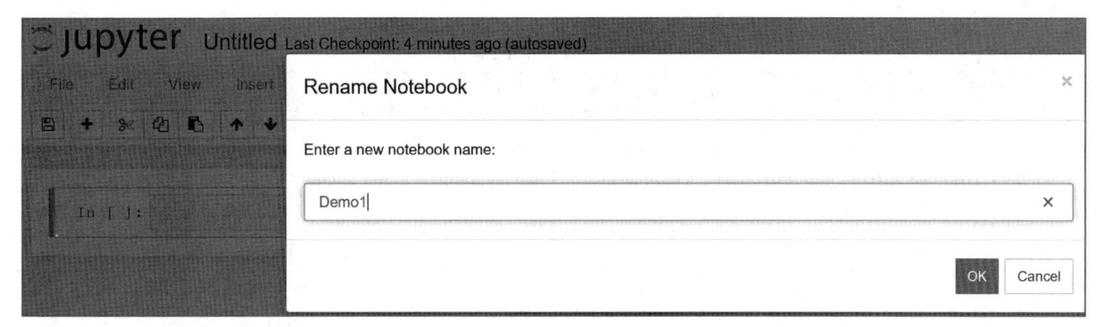

图 1-26 修改.ipynb 文件的文件名

2. 编辑和运行

在 cell（单元格）中输入 Python 代码，可以单击“运行”按钮运行代码，如图 1-27 所示，也可以按 Ctrl+Enter 组合键运行代码，或按 Shift+Enter 组合键运行代码并跳到下一行。

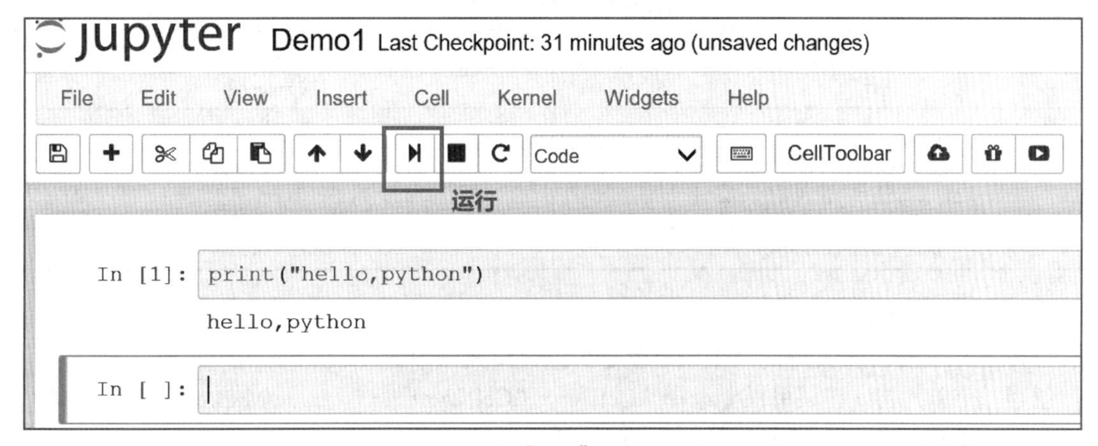

图 1-27 单击“运行”按钮运行代码

3. 两种模式切换

在使用 Jupyter Notebook 时，有两种模式，分别为 Edit Mode（编辑模式）和 Command Mode（命令模式）。当处于编辑模式时，右上角会有一个笔形的按钮，且当前编辑区的边缘线会高亮，呈现绿色，如图 1-28 所示。

图 1-28 Jupyter Notebook 处于编辑模式

从编辑模式切换到命令模式的方法很简单，直接按 Esc 键，或使用鼠标单击当前高亮的编辑区以外的区域即可。了解当前处于哪种模式很重要，因为相应的快捷键只有在对应的模式下才有效。表 1-3 所示为在命令模式下常用的快捷键，表 1-4 所示为在编辑模式下常用的快捷键。用户掌握这些快捷键能更加方便、快捷地使用 Jupyter Notebook。

表 1–3　　命令模式下常用的快捷键

功能	快捷键
向前插入一个区块	按 A 键
向后插入一个区块	按 B 键
删除当前选择的区块	按两次 D 键
执行当前区块的代码	按 Ctrl+Enter 组合键
复制选择的区块	按 C 键
粘贴选择的区块	按 V 键
剪切选择的区块	按 X 键
保存当前文件	按 S 键
切换到编辑模式	按 Enter 键

表 1–4　　编辑模式下常用的快捷键

功能	快捷键
到下一行	按 Enter 键
补全代码	按 Tab 键
切换到当前区块的开始部分	按 Ctrl+Home 组合键
切换到当前区块的结束部分	按 Ctrl+End 组合键
快捷查看函数的简单说明	按 Shift+Tab 组合键

4. 使用 Markdown

Jupyter Notebook 最友好的一个功能就是可以在单元格中通过 Markdown 来编写文本。

创建一个单元格，在菜单栏上选择“Cell”→“Cell Type”→“Code/Markdown”命令，可以在 Code 和 Markdown 之间进行切换，如图 1-29 所示。

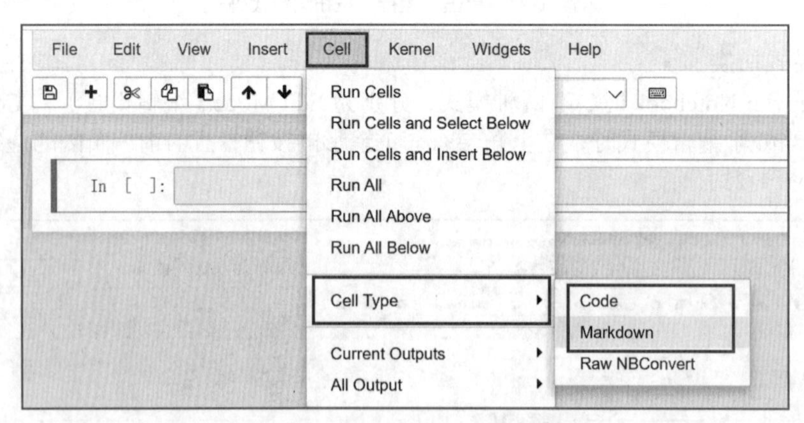

图 1-29　Code 和 Markdown 命令

Markdown 模式时单元格开头没有“In[]:”的提示符，这时单击单元格可以按照 Markdown 语法来输入文本（具体的 Markdown 语法读者可以自行查阅文档学习）。例如，在 Markdown 类型的单元格中输入以下内容，如图 1-30 所示。

```
#标题一
##标题二
###标题三
```

```
####标题四
#####标题五
######标题六
```

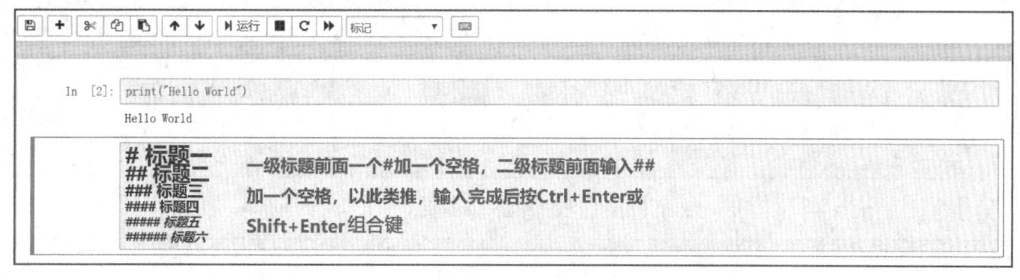

图 1-30　Markdown 模式的单元格中输入标题

按 Ctrl+Enter 或 Shift+Enter 组合键可查看 Markdown 编辑效果，如图 1-31 所示。

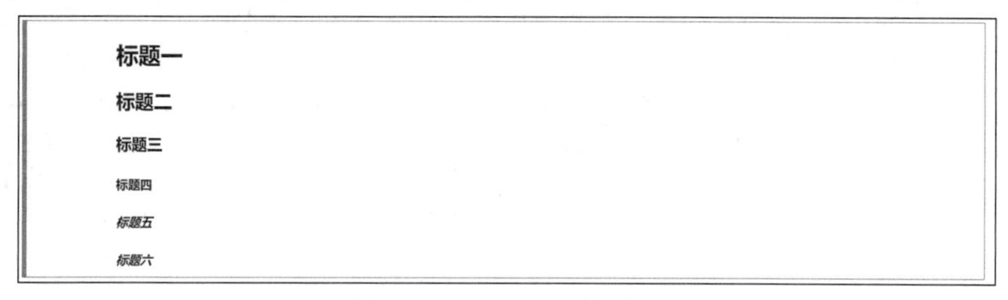

图 1-31　Markdown 编辑效果

在 Markdown 模式下，输入以下内容。

```
|a|b|c
|-|-|-|
|asdgj|dsajg|sadj
|asdgjdf|dsajgfa|sadjfa
```

按 Ctrl+Enter 或 Shift+Enter 组合键即可自动生成表格，效果如图 1-32 所示。无须手动对齐，Jupyter Notebook 会做到自动对齐，十分方便。

a	b	c
asdgj	dsajg	sadj
asdgjdf	dsajgfa	sadjfa

图 1-32　Markdown 模式下自动生成表格

Markdown 模式下有很多好用的命令，如插入图片（动图也可以），掌握这些常用的命令，就可以编辑出很好看的 Markdown 文档。具体的 Markdown 命令在此不做详细介绍，感兴趣的读者可以自己查阅资料。除此以外，Jupyter Notebook 还支持 HTML 代码和 LaTeX 公式，在此也不做介绍。

习题

1. 分别使用 pdb 调试器的 p、n、list、c 等命令调试下面的代码。

```
import pdb
def get_sum(n):
    cnt = 1
    for i in range(n):
        #设置断点
        pdb.set_trace()
        cnt*= i
        print(cnt)
if __name__ == '__main__':
    get_sum(4)
```

2. 分别使用 ipdb 调试器的 p、n、list、c 等命令调试下面的代码。

```
import ipdb
def get_sum(n):
    cnt = 1
    for i in range(n):
        #设置断点
        ipdb.set_trace()
        cnt*= i
        print(cnt)
if __name__ == '__main__':
    get_sum(4)
```

3. 使用 Jupyter Notebook 创建一个 chaper1.ipynb 文件，实现求 20 的阶乘运算。

02 第2章 NumPy基础

NumPy（Numerical Python）的前身是 Numeric，由吉姆·胡古宁（Jim Hugunin）与其他协作者共同开发。2005 年，特拉维斯·奥列芬特（Travis Oliphant）在 Numeric 中结合了另一个同性质的程序库 Numarray，并加入了其他扩展，开发了 NumPy。NumPy 是开放源代码并由许多协作者共同维护、开发的一个 Python 扩展库。

NumPy 是 Python 语言的一个数值计算模块，该模块用来存储和处理大型矩阵，也针对数组运算提供大量的数学函数库。

Python 使用嵌套列表表示矩阵，NumPy 的矩阵比 Python 自身的嵌套列表要高效很多。在对大型数组执行操作时，NumPy 的速度比 Python 列表的速度快了几百倍。这是因为 NumPy 的数组存储采用了类 C 的存储方式，节省了内存空间的存储与提交的计算速度，并且 NumPy 在执行算术、统计和线性代数运算时采用了优化算法。

NumPy 另一个强大优势是具有大量优化的内置数学函数，这些函数使用户能快速地进行各种复杂的数学计算，并且只需要用到很少代码，无须使用复杂的循环，使程序更容易被用户读懂和理解。

2.1 Python 与数组的关系

准确来说，Python 中没有数组类型，取而代之的是列表（list）和元组（tuple）。元组一旦定义就无法修改，列表比元组好用，列表可以修改。而且列表不仅可以像数组一样按索引访问，还可以切片。

Python 中用列表保存一组值，列表的元素可以是任何对象，列表中保存的是对象的指针。因此为了保存一个包含 3 个整数的列表 li=[1,2,3]，需要有 3 个指针和 3 个整数对象，这种结构对于数值运算来说显然比较浪费内存和 CPU 的计算时间。

Python 还提供了一个 array 模块，该模块中的 array 对象和列表不同，它直接保存数值，与 C 语言的一维数组比较类似。但是由于它没有各种运算函数，因此也不适合做数值运算。

NumPy 的诞生弥补了 list 和 array 的这些不足，它主要包含以下内容。

① 一个强大的 *N* 维数组对象 ndarray。

② 众多具有广播功能的通用函数。

③ 包含线性代数、随机数生成等各种数学模块。

NumPy 是 SciPy、Pandas 等数据处理或科学计算库的基础。本书的示例程序用以下方式导入 NumPy 模块。

```
import numpy as np
```

np 是 NumPy 模块的别名，尽管别名可以省略或更改，但还是建议使用上述约定俗成的别名，因此后面的代码中均会在相应的函数名前加 np。本书采用 NumPy1.13 版本，读者可运行下面的程序查看 NumPy 的版本号。

```
In[1]:import numpy as np
      np.version.version
Out[1]: '1.13.3'
```

2.2 *N* 维数组对象 ndarray

NumPy 最重要的一个特点是其 *N* 维数组对象 ndarray。Python 已有列表类型和 array 模块，为什么需要一个数组对象（类型）呢？这里通过两个实例来体会 ndarray 的好处。

【实例】计算 A^2+B^3，其中 *A* 和 *B* 是一维数组。

方法 1：定义一个函数 py_sum()，该函数利用 Python 的列表类型和 for 循环完成计算。

```
In[2]: def py_sum():
           a = [0,1,2,3,4]
           b = [9,8,7,6,5]
           c = []
           for i in range(len(a)):
               c.append(a[i]**2 + b[i]**2)
           return c
         print(py_sum())
Out[2]:[81, 65, 53, 45, 41]
```

方法 2：定义一个函数 np_sum()，该函数利用 NumPy 中的 ndarray 对象类型完成计算。

```
In[3]:import numpy as np
    def np_sum():
        a = np.array([0, 1, 2, 3, 4])
        b = np.array([9, 8, 7, 6, 5])
        c = a**2 + b**2
        return c
    print(np_sum())
Out[3]:[81 65 53a 45 41]
```

对比方法 1 和方法 2 可知：ndarray 使用户不用编写循环就可以对数组执行批量运算，使一维向量更像单个数据，这通常叫作矢量化（vectorization）。ndarray 对象是一个灵活的大数据容器，用户可以利用这种数组对整块数据执行一些数学运算，其语法跟标量元素之间的运算一样。

【实例】查看 list、array 模块、ndarray 数组对象的 10 000 000 个实数求和运行时间。

```
In[4]:import random
    import time
    import array
    import numpy as np
```

```
        #a 为 Python 列表
        a = []
        #random.random()函数返回随机生成的一个实数，它的范围为[0,1)
        for i in range(10000000):
            a.append(random.random())
        #b 为 array 模块的 array 对象
        b=array.array('f',a)
        #c 为 NumPy 的一维数组对象
        c=np.array(a)
        #通过%time 魔术命令，查看当前行的代码运行一次所花费的时间
        %time sum1=sum(a)
        %time sum2=sum(b)
        %time sum3=np.sum(c)
Out[4]:
        Walltime: 58.8 ms
        Walltime: 61.1 ms
        Walltime: 15 ms
```

从运行结果可以看到，ndarray 的计算速度要快很多。科学计算的最大特点就是大量的数据运算，因此更加需要一个快速的解决方案。NumPy 专门针对 ndarray 的操作和运算进行了设计，ndarray 是一个通用的同构数据容器，也就是其中的数据元素必须是相同的数据类型，并且在内部将数据存储在连续的内存块上，这与 Python 内置的数据结构是不同的。除此之外，NumPy 的算法库是采用 C 语言编写的，在操作内存时不需要类型检查或其他管理程序，因此速度更快。故而 NumPy 的数组存储效率和输入/输出性能远优于 Python 中的嵌套列表，数组越大，NumPy 的优势就越明显。

2.2.1　数组基本操作

1．创建 ndarray 对象

创建 ndarray 对象最简单的方式就是使用 NumPy 的 array()函数，array()函数可以将 Python 的任何序列类型转化为 ndarray 对象。下面是一个将 Python 内置数据结构列表转化为 ndarray 对象的例子。

```
In[5]:data1_py=[1,2,3,4,5,6,7,8,9]
      data1_np=np.array(data1_py)
      print(data1_np)
Out[5]: [1 2 3 4 5 6 7 8 9]
```

如果是嵌套的列表，则转化为多维数组对象。

```
In[6]:data2_py=[[1,2,3,4,5,6,7,8,9],[1,2,3,4,5,6,7,8,9]]
      data2_np=np.array(data2_py)
      print(data2_np)
Out[6]:[[1 2 3 4 5 6 7 8 9]
        [1 2 3 4 5 6 7 8 9]]
```

ndarray 数组对象由以下两部分构成。

① 实际的数据。

② 描述数据的元数据（数据维度、数据类型等）。表 2-1 所示为描述 ndarray 数组对象中元数据的属性和说明。

表 2-1　ndarray 元数据的属性和说明

属性	说明
.dtype	ndarray 对象的元素类型
.itemsize	ndarray 对象中每个元素的大小，以字节为单位

续表

属性	说明
.ndim	维度的数量
.shape	ndarray 元素各个轴长度的元组
.size	ndarray 对象中元素的个数

下面来查看 data1_np 和 data2_np 两个 ndarray 对象的各种属性，代码如下。

```
In[7]:data1_np.dtype
Out[7]:int32
In[8]:data1_np.itemsize
Out[8]:4
In[9]:data1_np.ndim
Out[9]:1
In[10]:data1_np.shape
Out[10]:(9,)
In[11]:data1_np.size
Out[11]:9
In[12]:data2_np.dtype
Out[12]:int32
In[13]:data2_np.itemsize
Out[13]:4
In[14]:data2_np.ndim
Out[14]:2
In[15]:data2_np.shape
Out[15]:(2, 9)
In[16]:data2_np.size
Out[16]:18
```

如果没有显式说明 ndarray 的类型，array()会为新建的数组推断出一个合适的数据类型，因此 data1_np 数组和 data2_np 数组的 dtype 属性都为 int32（ndarray 数据类型后面会详细介绍）。另外，data1_np 是一个一维数组，shape 属性的值是由一个元素构成的元组；data2_np 是一个二维数组，shape 属性的值是由两个元素构成的元组。

2. NumPy 的数据类型

NumPy 支持的数据类型比 Python 内置的类型要多很多，基本可以与 C 语言的数据类型对应，其中部分类型对应于 Python 内置的类型。表 2-2 所示为常用的 NumPy 数据类型。

表 2-2　NumPy 数据类型

数据类型	说明
bool_	布尔型数据类型（True 或 False）
int_	默认的整数类型（类似 C 语言中的 long、int32 或 int64）
intc	与 C 语言的 int 类型一样，一般是 int32 或 int64
intp	用于索引的整数类型（类似 C 语言的 ssize_t，一般情况下仍然是 int32 或 int64）
int8	字节（-128～127）
int16	整数（-32 768～32 767）
int32	整数（-2 147 483 648～2 147 483 647）
int64	整数（-9 223 372 036 854 775 808～9 223 372 036 854 775 807）
uint8	无符号整数（0～255）
uint16	无符号整数（0～65 535）
uint32	无符号整数（0～4 294 967 295）
uint64	无符号整数（0～18 446 744 073 709 551 615）

续表

数据类型	说明
float_	float64 类型的简写
float16	半精度浮点数，包括 1 个符号位、5 个指数位、10 个尾数位
float32	单精度浮点数，包括 1 个符号位、8 个指数位、23 个尾数位
float64	双精度浮点数，包括 1 个符号位、11 个指数位、52 个尾数位
complex_	complex128 类型的简写，即 128 位复数
complex64	复数，表示双 32 位浮点数（实数部分和虚数部分）
complex128	复数，表示双 64 位浮点数（实数部分和虚数部分）

前面创建数组所用的序列的类型都是整数，并且是 32 位的整型。元素的类型可以通过 ndarray 对象的 dtype 属性获得，当然也可以通过 dtype 参数在创建数组时指定元素类型。

```
In[17]:data3_np=np.array([1,2,3,4,5],np.int64)
       data3_np.dtype
Out[17]:int64
In[18]:data4_np=np.array([1,2,3,4,5],np.complex128)
      data4_np.dtype
Out[18]:complex128
Out[19]:data5_np=np.array([1,2,3,4,5],np.float64)
       data5_np.dtype
Out[19]:float64
In[20]:data6_np=np.array([1,2,3,4,5],int)
       data6_np.dtype
Out[20]:int32
In[21]:data7_np=np.array([1,2,3,4,5],float)
       data7_np.dtype
Out[21]:float64
In[22]:data8_np=np.array([1,2,3,4,5],complex)
     data8_np.dtype
Out[22]:complex128
```

在上面的代码中，int、float、complex 为 Python 的内置类型，从上面的运行结果可以看出它们分别对应 NumPy 中的 int32、float64、complex128。

在需要指定数据类型时，我们也可以使用字符串来表示元素的类型，例如 int8、int16、int32、int64 这 4 种数据类型可以使用字符串'i1'、'i2'、'i4'、'i8'代替。其中 i 表示有符号的整型（每个类型都有唯一定义它的字符代码，表 2-3 所示为 NumPy 数据类型的字符表示），后面的数字 1、2、4、8 分别表示 1 字节（8 位）、2 字节（16 位）、4 字节（32 位）、8 字节（64 位），因此'i1'表示 int8，'i2'表示 int16，'i4'表示 int32，'i8'表示 int64。依此类推，则'f4'、'f8'分别对应 float32 和 float64。

表 2-3　NumPy 数据类型的字符表示

字符	对应类型
b	布尔型
i	（有符号）整型
u	无符号整型
f	浮点型
c	复数浮点型
m	timedelta（时间间隔）
M	datetime（日期时间）
O	（Python）对象

续表

字符	对应类型
S, a	（byte-string）字符串
U	unicode
V	原始数据（void）

NumPy 数据类型的字符表示的例子如下。

```
In[23]:data9_np=np.array([1,2,3,4,5],'i1')
       data9_np.dtype
Out[23]:int8
In[24]:data10_np=np.array([1,2,3,4,5],'i8')
      data10_np.dtype
Out[24]:int64
In[25]:data9_np=np.array([1,2,3,4,5],'f4')
       data9_np.dtype
Out[25]:float32
Int[26]:data10_np=np.array([1,2,3,4,5],'f8')
      data10_np.dtype
Out[26]:float64
In[27]:data9_np=np.array([1,2,3,4,5],'c8')
       data9_np.dtype
Out[27]:complex64
Int[28]:data10_np=np.array([1,2,3,4,5],'c16')
       data10_np.dtype
Out[28]:complex128
```

2.2.2 数组生成函数

在 2.2.1 小节中，是通过使用 NumPy 的 array()函数将 Python 列表转化为 ndarray 数组的，这样做显然效率不高。本小节介绍如何使用 NumPy 提供的其他函数快速生成 ndarray 数组。表 2-4 所示为常用的 ndarray 数组生成函数。

表 2-4　　ndarray 数组生成函数

函数	作用
array()	将输入数据（列表、元组、数组等）转换为 ndarray，默认直接复制输入数据
asarray()	将输入数据转化为 ndarray，与 array()函数的主要区别是当数据源是 ndarray 时，array()函数仍然会复制出一个副本，占用新的内存，但 asarray()函数不进行复制
arange()	类似 Python 的内置函数 range()，range()函数的返回类型是一个列表；arange()函数的返回类型是一个 ndarray 数组对象
linspace()	根据起止数据和元素个数生成一个由等差序列构成的数组
logspace()	根据起止数据和元素个数生成一个由等比序列构成的数组
ones()、ones_like()	ones()函数根据指定的 shape 和 dtype 创建一个全 1 数组，ones_like()函数是以一个数组为参数，根据 shape 和 dtype 生成全 1 数组
zeros()、zeros_like()	类似 ones()函数、ones_like()函数，只是生成的是全 0 数组
empty()、empty_like()	类似 ones()函数、ones_like()函数，但是只分配内存空间不填充数据
eye()、identity()	创建一个 $N\times N$ 单位矩阵（对角线元素为 1，其他元素为 0）
frombuffer()、fromstring()、fromfile()	可以从字节序列或文件创建数组对象
fromiter()	从可迭代对象中生成 ndarray 数组对象，返回一维数组
mershgrid()	np.mershgrid(ndarray, ndarray,...)生成一个 ndarray×ndarray×⋯×ndarray 的多维 ndarray 数组对象
where()	np.where(cond, ndarray1, ndarray2)根据条件 cond，选择 ndarray1 或 ndarray2，返回一个新的 ndarray
in1d()	np.in1d(ndarray, [x,y,...])检查 ndarray 中的元素是否等于[x,y,...]中的一个，返回 bool 数组

1. arange()函数

arange()函数类似 Python 内置函数 range()，通过指定初始值、终止值、步长来创建等差数列的一维数组。

arange()函数格式如下。

```
np.arange(start, stop, step,dtype)
```

参数说明如表 2-5 所示。

表 2-5　arange()函数参数说明

参数	说明
start	初始值，默认为 0
stop	终止值，注意终止值不在数组中
step	步长，默认为 1
dtype	设置 ndarray 的数据类型，如果没有提供，则会使用输入数据的类型

【实例】生成 0～10 的数组。

```
In[29]:data = np.arange(10)
       data
Out[29]:[0 1 2 3 4 5 6 7 8 9]
```

【实例】生成 0～10 的数组并设置数据类型为 float。

```
In[30]:data = np.arange(10, dtype = float)
       data
Out[30]:[ 0.1.2.3.4.5.6.7.8.9.]
```

【实例】生成设置了初始值、终止值及步长的数组。

```
In[31]:data = np.arange(10,20,2)
       data
Out[31]:[1012141618]
```

2. linspace()函数

linspace()函数通过指定初始值、终止值和元素个数来创建一个由等差数列构成的一维数组，格式如下。

```
np.linspace(start, stop, num=50, endpoint=True,retstep=False,dtype=None)
```

参数说明如表 2-6 所示。

表 2-6　linspace()函数参数说明

参数	说明
start	序列的初始值
stop	序列的终止值，如果 endpoint 为 True，该值包含于数列中
num	要生成的等步长的样本数量，默认为 50
endpoint	该值为 True 时，数列中包含 stop 值，反之不包含，默认是 True
retstep	该值为 True 时，生成的数组中会显示间距，反之不显示
dtype	ndarray 的数据类型

【实例】生成一个初始值为 1、终止值为 10、数列个数为 10 的由等差数列构成的数组。

```
In[32]:a = np.linspace(1,10,10)
       a
```

```
Out[32]:[1.2.3.4.5.6.7.8.9.10.]
```

【实例】设置元素全部是 1 的等差数列，且生成由该等差数列构成的数组。

```
In[33]:a = np.linspace(1,1,10)
       a
Out[33]:[1.1.1.1.1.1.1.1.1.1.]
```

【实例】将 endpoint 设为 False，不包含终止值。

```
In[34]:a = np.linspace(10, 20, 5, endpoint = False)
       a
Out[34]:[10.12.14.16.18.]
```

如果将 endpoint 设为 True，则会包含 20。

【实例】设置间距。

```
In[35]:a =np.linspace(1,10,10,retstep=True)
       a
Out[35]:(array([1.,2.,3.,4.,5.,6.,7.,8.,9.,10.]),1.0)
```

3. logspace()函数

logspace()函数与 linspace()函数类似，只不过 logspace()函数返回一个由等比数列构成的数组，格式如下。

```
np.logspace(start, stop, num=50, endpoint=True,base=10.0,dtype=None)
```

参数说明如表 2-7 所示。

表 2-7　　**logspace()函数参数说明**

参数	说明
start	序列的初始值为：base ** start
stop	序列的终止值为：base ** stop。如果 endpoint 为 True，该值包含于数列中
num	要生成的等步长的样本数量，默认为 50
endpoint	该值为 True 时，数列中包含 stop 值，反之不包含，默认是 True
base	对数 log 的底数，默认底数是 10
dtype	ndarray 的数据类型

【实例】生成有 10 个元素的等比序列（也就是 start=1、stop=2、num=6）。

```
In[36]:a = np.logspace(1, 2, num = 10)
       a
Out[36]:[10.12.9154966516.6810053721.544346927.8255940235.9381366446.415888345
9.9484250377.42636827100.]
```

【实例】将对数的底数设置为 2。

```
In[37]:a = np.logspace(0,9,10,base=2)
       a
Out[37]:[1.2.4.8.16.32.64.128.256.512.]
```

4. zeros()函数

zeros()函数与 empty()函数类似，也是用来创建一个指定形状（shape）、数据类型（dtype）和大小的数组，zeros()函数创建的数组元素以 0 来填充。

zeros()函数格式如下。

```
np.zero(shape, dtype, order)。
```

参数说明如表 2-8 所示。

表 2-8 **zeros()函数参数说明**

参数	说明
shape	数组各个轴的长度
dtype	表示数组元素类型，可选
order	表示数组在计算机内存中的存储元素的顺序，有'C'和'F'两个选项，分别代表行优先和列优先

【实例】创建一个初始值为 0 的 3×2 的二维数组。

```
In[38]:x = np.zeros([3,2],'i1','C')
       x
Out[38]:[[0 0]
         [0 0]
         [0 0]]
```

5．frombuffer()函数

frombuffer()、fromstring()、fromfile()等函数可以从字节序列或文件创建数组，下面以 frombuffer()函数为例来介绍它们的用法。

frombuffer()函数用于实现动态数组，它接受 buffer 输入参数，以流的形式读入转化成 ndarray 对象。

frombuffer()函数参数说明如表 2-9 所示，格式如下。

```
np.frombuffer(buffer, dtype = float, count =-1, offset = 0)
```

buffer 是字符串的时候，Python3 默认 str 是 Unicode 类型，因此要转成 byte-string（在原 str 前加上 b）。

表 2-9 **frombuffer()函数参数说明**

参数	说明
buffer	可以是任意对象，会以流的形式读入
dtype	返回数组的数据类型，可选
count	读取的数据数量，默认为-1，读取所有数据
offset	读取的起始位置，默认为 0

```
In[39]:s = b'Hello World'
       a = np.frombuffer(s, dtype = 'S1')
       a
Out[39]:[b'H' b'e' b'l' b'l' b'o' b' ' b'W' b'o' b'r' b'l' b'd']
```

6．fromiter()函数

fromiter()函数从可迭代对象中建立 ndarray 对象，返回一维数组，fromiter()函数格式如下。

```
np.fromiter(iterable, dtype, count=-1)
```

常用参数说明如表 2-10 所示。

表 2-10 **fromiter()函数参数说明**

参数	说明
iterable	可迭代对象
dtype	返回数组的数据类型
count	读取的数据数量，默认为-1，读取所有数据

【实例】从迭代对象生成数组。

```
In[40]:list=range(5)
        it=iter(list)
        # 使用迭代器创建 ndarray
        x=np.fromiter(it, dtype=float)
        x
Out[40]:[0. 1. 2. 3. 4.]
```

2.2.3 数组存取

1. 一维数组的索引和切片

ndarray 数组可以使用和列表相同的方式（切片和索引）对数组元素进行存取，即 ndarray 数组可以基于 0～(*n*-1)的下标进行索引，也可以使用冒号隔开的 2 个或 3 个参数来表示切片，从原数组中切割出一个新数组。

首先来看一维数组的切片和索引存取规则。

① data[x]：用整数作为下标，用于获取数组中下标为 x 的元素。

② data[start:stop]：用切片作为下标，用于获取下标从 start 到 stop-1 数组中的一部分，包括 data[start]，但不包括 data[stop]。

③ data[:stop]：切片中省略 start 下标，表示下标从 0 开始。

④ data[start:]：切片中省略 stop 下标，表示下标从 start 开始到最后一个元素结束。

⑤ data[start:stop:step]：用于获取从下标 start 开始到下标 stop 停止（不包括 stop），间隔为 step 的子数组。

⑥ data[::2]：切片中省略 start、stop 下标，表示下标从 0 开始到最后一个元素结束，步长为 2。

⑦ data[:-1]：切片中下标使用负数，表示从数组最后往前数，-1 表示倒数第一个元素，-3 表示倒数第三个元素。省略 start 表示下标从 0 开始到倒数最后一个元素（不包含最后一个元素）结束。

【实例】创建 ndarray 对象并使用切片访问 ndarray 对象。

```
In[41]:data=np.arange(10)
       data[5]
Out[41]:5
In[42]:data[2:5]
Out[42]:[2 3 4]
In[43]:data[1:8:2]
Out[43]:[1 3 5 7]
In[44]:data[:5]
Out[44]:[0 1 2 3 4]
In[45]:data[2:]
Out[45]:[2 3 4 5 6 7 8 9]
In[46]:data[::2]
Out[46]:[0 2 4 6 8]
In[47]:data[-5:-1]
Out[47]:[5 6 7 8]
In[48]:data[:-1]
Out[48]:[0 1 2 3 4 5 6 7 8]
```

与列表不同的是，通过切片获取的新的 ndarray 数组是原始 ndarray 数组的一个视图，也就是说新数组与原数组在内存中占用同一内存地址。下面的程序将新数组 data_new 的第二个元素修改为 2，那么 data 的第五个元素也同时被修改为 2。

```
In[49]:data_new=data[3:7]
```

```
        data_new[2]=2
        data_new
Out[49]:[3 4 2 6]
In[50]:data
Out[50]:[0 1 2 3 4 2 6 7 8 9]
```

2. 多维数组的索引和切片

多维数组的存取与一维数组类似，因为多维数组有多个轴，所以它的下标需要多个值来表示。NumPy 采用元组作为数组的下标（因此 a[1,2]与 a[(1,2)]相同），每个轴（维度）一个索引值（第一个索引值是第 0 轴的，第二个索引值是第 1 轴的），用逗号分隔。图 2-1 所示为一个 shape 为(4,6)的二维数组。

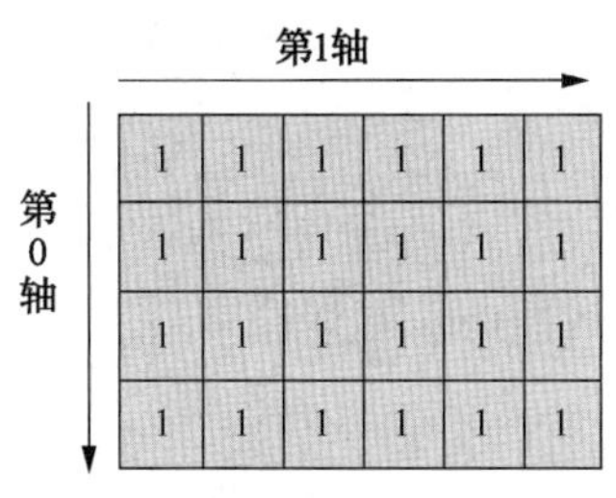

图 2-1　shape 为(4,6)的二维数组

【实例】shape 为(5,5)的二维数组的切片或索引访问。

```
In[51]:data2=np.array([[0,1,2,3,4],
        [5,6,7,8,9],
        [10,11,12,13,14],
        [15,16,17,18,19],
        [20,21,22,23,24]])
```

每个轴（维度）一个索引值，中间用逗号分隔。

```
In[52]:data2[2,2]
Out[52]:12
```

每个轴（维度）取切片，中间用逗号分隔。

```
In[53]:data2[1:3,2:3]
Out[53]:[[ 7]
         [12]]
In[54]:data2[:5,2:]
Out[54]:[[ 2  3  4]
         [ 7  8  9]
         [12 13 14]
         [17 18 19]
         [22 23 24]]
```

负数表示从后向前数（-1 表示倒数第一个元素，-3 表示倒数第三个元素）。

```
In[55]:data2[-3:-1,1:2])
Out[55]:[[11]
         [16]]
```

每个维度可以使用步长跳跃切片。

```
In[56]:data2[:7:2,2:8:3]
Out[56]:[[ 2]
         [12]
         [22]]
```

```
In[57]:data2[::2,::2]
Out[57]: [[ 0  2  4]
          [10 12 14]
          [20 22 24]]
```

对于二维数组也一样，如果下标元组中只包含整数下标和切片，那么得到的数组为原数组的一个视图，新数组与原数组在内存中占用同一内存地址。下面的例子中数组 data2 是 data1 的视图，它们共享数据，因此修改数组 data2 中的数据，data1 中相应的数据也会被修改。

【实例】二维数组整数下标和切片的访问及修改。

```
In[58]:data1=np.array([[0, 1, 2, 3, 4],
             [5, 6, 7, 8, 9]])
   print("data1 修改前:")
   print(data1)
   data2=data1[:,:2]
   print("data2 修改前:")
   print(data2)
   data2[1,1]=10
   print("修改后 data2 的值:")
   print(data2)
   print("修改后 data1 的值:")
   print(data1)
Out[58]:
data1 修改前:
[[0 1 2 3 4]
 [5 6 7 8 9]]
data2 修改前:
[[0 1]
 [5 6]]
修改后 data2 的值:
[[ 0  1]
 [ 5 10]]
修改后 data1 的值:
[[ 0 1 2 3 4]
 [ 5 10 7 8 9]]
```

3. slice()函数和 s_切片对象

在多维数组中可以用冒号隔开的两个或多个切片对象来表示切片，可以使用 Python 的内置函数 slice()来创建切片对象。它有 3 个参数，分别为初始值、结束值和步长，当这些值需要省略时可以使用 None。例如 data1[slice(None,None,2)，slice(2,None)]与 data1[::2,2:]相同。

因为多维数组的下标是一个元组，所以可以将下标元组保存起来，用同一个元组存取多个数组。看下面的例子。

```
In[59]:data1=np.array([[ 0,1,2,3,4,5],
            [ 6,7,8,9,10,11],
            [12,13,14,15,16,17],
            [18,19,20,21,22,23]])
    #使用 Python 的内置函数 slice()来创建切片对象将下标元组保存起来
    index=slice(None,None,2),slice(2,None)
    data1[index]
Out[59]:[[ 2 3 4 5]
    [14 15 16 17]]
```

```
In[60]:data1[index][index])
Out[60]:[[4 5]]
```

在上面的代码中 data1[index]和 data1[::2,2:]相同，data[index][index]和 data1[::2,2:][::2,2:]相同。

除了使用 Python 的内置函数 slice()创建切片对象外，NumPy 还提供了一个 s_对象来帮助我们快速创建切片对象。事实上，s_是 IndexExpression 类的一个对象。s_[::2,2:]与 slice(None, None,2)、slice(2,None)是相同的。因此上面的代码可以作如下修改。

```
In[61]:data1=np.array([[ 0,1,2,3,4,5],
                [ 6,7,8,9,10,11],
                [12,13,14,15,16,17],
                [18,19,20,21,22,23]])
       #使用 NumPy 的 s_对象将下标元组保存起来
       index=np.s_[::2,2:]
       data1[index]
Out[61]:[[ 2 3 4 5]
        [14 15 16 17]]
```

4. 花式索引

花式索引（fancy indexing）是指利用整数数组进行索引，这里的整数数组可以是 NumPy 数组，也可以是 Python 中列表、元组等可迭代类型。

花式索引根据索引整型数组的值作为目标数组的某个轴的下标来取值。这句话对于理解花式索引非常关键，而核心就是“轴”和“下标”，既然是整数数组作为下标，就要求如果设置多个整数数组来索引，这些整数数组的元素个数要相等，这样才能够将整数数组映射成下标。例如，在 data[[0,1,2,3]，[1,2,3,4]]中，下标仍然是有两个元素的元组，两个元素分别对应数组的第 0 轴和第 1 轴。从两个序列[0,1,2,3]、[1,2,3,4]的对应位置取出两个元素组成下标元组，也就是 data[0,1]、data[1,2]、data[2,3]、data[3,4]。而对于在[1,2,3]和[3,4]两个元素个数不相等的情况下，是不能拼接成对应的下标的。

当然得益于 NumPy 中的广播机制，如果其中的一个整型数组只有一个元素可以广播到与其他整型数组相同的元素个数，例如[0,1]和[2]两个整数数组，那么 NumPy 的广播机制先将[2]变成[2,2]，然后拼接成相应的下标 data[0,2]和 data[1,2]。

【实例】获取 2×3 数组中(0,0)、(1,1)和(2,0)位置处的元素。

```
In[62]:data1 = np.array([[1, 2], [3, 4], [5, 6]])
       data2 = data1[[0,1,2], [0,1,0]]
       data2
Out[62]:[1  4  5]
```

【实例】获取 4×3 数组中的 4 个角的元素。

```
In[63]:data1= np.array([[ 0, 1, 2],[ 3, 4, 5],[ 6, 7, 8],[ 9, 10, 11]])
        data1
Out[63]: [[ 0  1  2]
          [ 3  4  5]
          [ 6  7  8]
          [ 9 10 11]]
In[64]:rows = np.array([[0,0],[2,2]])
       cols = np.array([[0,2],[0,2]])
       data2 = data1[rows,cols]
       print ('4个角元素是：')
       print (data2)
Out[64]:4个角元素是：
```

```
[[ 0  2]
 [ 9 11]]
```

在上面的例子中，rows 和 cols 是两个二维数组，data1[rows,cols]是从两个二维数组（rows 和 cols）中的对应位置[例如 rows 中的(0,0)对应 cols 中的(0,0)]取出两个整数组成有两个元素的元组下标，返回的结果是包含每个角元素的 ndarray 对象。

更进一步，我们还可以借助切片和索引与花式索引组合，如下面的例子。

```
In[65]:data1 = np.array([[1,2,3], [4,5,6],[7,8,9]])
       a = data1[1:3,[1,2]]
       b = data1[...,1:]
       a
Out[65]:[[5 6]
    [8 9]]
In[66]:b
Out[66]:[[2 3]
        [5 6]
        [8 9]]
```

在上面的代码中，data1[1:3,[1,2]]的第 0 轴的下标是一个切片对象，它选择第 1、2 行；第 1 轴的下标是整数列表，它选择第 1、2 列；因此 data1[1:3,[1,2]]选择的是第 1、2 行的第 1、2 列构成的数组，返回的是一个数组对象。在 data1[...,1:]中，第 0 轴的省略号用来代替冒号（[...]与[::]等价），也就是选择第 0、1、2 行；第 1 轴上的切片表示选择第 1、2 列；因此 data1[...,1:]选择的是第 0、1、2 行的第 1、2 列构成的数组。

5. 布尔索引

我们还可以通过一个布尔索引来进行目标数组的存取，布尔索引通过布尔运算（如比较运算）来获取符合指定条件的元素的数组。

【实例】获取大于 5 的元素。

```
In[67]:data = np.array([[ 0, 1, 2],[ 3, 4, 5],[ 6, 7, 8],[ 9, 10, 11]])
      print ('输出原数组：')
      print (data)
      print ('输出大于 5 的元素：')
      print (data[data > 5])
Out[67]:
输出原数组：
[[ 0  1  2]
 [ 3  4  5]
 [ 6  7  8]
 [ 9 10 11]]
输出大于 5 的元素：
[ 6 7 8 9 10 11]
```

【实例】通过布尔数组来进行数组的存取。

```
In[68]:bl=np.array([1,0,1,1],dtype=np.bool)
      data1=np.array([[ 0, 1, 2],[ 3, 4, 5],[ 6, 7, 8],[ 9, 10, 11]])
      data=data1[bl,0:2]
      data
Out[68]:[[ 0 1]
     [ 6 7]
     [ 9 10]]
```

在 data1[bl,0:2]中，第 0 轴上是一个布尔数组，因此所取布尔值为 True，是第 0、2、3 行；

第 1 轴是切片对象，表示选择的是第 0、1 列；因此 data1[bl, 0:2]选择的是第 0、2、3 行的第 0、1 列所构成的数组。

当下标的长度小于数组的维度时，剩余的各轴所对应的下标为:。例如，data 是一个二维数组，那么 data[[1,2],:]与 data[[1,2]]是相同的。

```
In[69]:data1=np.array([[ 0,1,2],[ 3,4,5],[ 6,7,8],[ 9,10,11]])
       data1[[1,2],:]
Out[69]: [[3 4 5]
       [6 7 8]]
In[70]:data1[[1,2]]
Out[70]: [[3 4 5]
       [6 7 8]]
```

前面介绍过整数和切片索引是原数组的视图（生成的新数组与原数组共享同一内存），花式索引、布尔数组与整数索引、切片不一样，前两者总是将数据复制到新数组中，因此改变新数组的值不会影响原数组。

```
In[71]:data1=np.array([[ 0,1,2],[ 3,4,5],[ 6,7,8],[ 9,10,11]])
       newdata=data1[[1,2],:]
       print("原数组 data1 的值：")
       print(data1)
       print("新数组 newdata 的值：")
       print(newdata)
       newdata[0,0]=100
       print("修改 newdata[0,0]=100")
       print("修改后 data1 的值：")
       print(data1)
       print("修改后 newdata 的值：")
       print(newdata)
Out[71]:
原数组 data1 的值:
[[ 0 1 2]
 [ 3 4 5]
 [ 6 7 8]
 [ 9 10 11]]
新数组 newdata 的值:
[[3 4 5]
 [6 7 8]]
修改 newdata[0,0]=100
修改后 data1 的值:
[[ 0 1 2]
 [ 3 4 5]
 [ 6 7 8]
 [ 9 10 11]]
修改后 newdata 的值:
[[100 4 5]
 [ 6 7 8]]
```

2.2.4　结构体数组

“结构体数组”这一称呼来源于 C 语言，在 C 语言中，如果需要创建一个“学生”的数组（每一个学生包括学号、姓名、年龄 3 个信息），需要先构造一个结构体，然后使用结构体数组。那么这样的结构体数组在 NumPy 里面该怎么实现呢？

先来看 NumPy 中 int 型数组，创建数组时，每一个元素的“类型”都是相同的：

```
a=np.array([1,2,3,4,5],dtype=np.int32)
```

也就是说，如果要创建上面的“结构体数组”，首先需要定义一个全新的 dtype。

在 NumPy 中可以使用 dtype()函数定义一个结构类型，dtype()函数的参数是一个描述结构类型各个字段的字典，字典各个键的说明如表 2-11 所示。下面的代码定义了结构类型 student，它包含 id、name、age 这 3 个属性。

```
student=np.dtype({"names":["id","name","age"],"formats":['i4','S30','i1'],
"aligned":True})
```

表 2-11　　dtype()函数字典参数各个键的说明

键	功能
names	定义结构类型中每个字段的名称列表，必选
formats	定义结构类型中每个字段的类型列表，必选
offsets	字节偏移列表，可选
itemsize	字节总数，可选
aligned	是否自动偏移（布尔值），可选
titles	标题列表，可选

有了结构类型就可以定义结构数组了，看下面的例子。

```
In[72]:student=np.dtype({"names":["id","name","age"],"formats":['i4','S30',
'i1'],"aligned":True})
stus=np.array([(201201,'zhangsan',23),(201202,'lisi',23),(201203,'wangwu',23)],
dtype=student)
stus
Out[72]:[(201201, b'zhangsan', 23) (201202, b'lisi', 23) (201203, b'wangwu', 23)]
```

结构数组的存取和普通数组一样，可以使用下标进行存取，虽然元素的值看上去像元组，但实际上是结构类型的。

```
In[73]:student=np.dtype({"names":["id","name","age"],"formats":['i4','S30',
'i1'],"aligned":True})
stus=np.array([(201201,'zhangsan',23),(201202,'lisi',23),(201203,'wangwu',23)],
dtype=student)
stus[0]
Out[73]:(201201, b'zhangsan', 23)
In[74]:stus[0].dtype
Out[74]:{'names':['id','name','age'], 'formats':['<i4','S30','i1'], 'offsets': [0,4,34],
'itemsize':36, 'aligned':True}
```

更进一步，可以通过字段名（或下标）来获取结构体元素对应的字段值：

```
In[75]:stus[0]['name']
Out[75]:zhangsan
In[76]:stus[0][1]
Out[76]:zhangsan
```

stus[0]结构元素与数组 stus 共享同一内存，因此对 stus[0]的修改也会改变 stus 数组的值。

2.2.5 数组高级操作

1. 数组重塑与转置

我们还可以在保证数组元素个数不变的条件下，改变数组每个轴的长度。下面将数组 arr 的 shape 属性从(2,3)改为(3,2)。

```
In[77]:data1=np.array([[0, 1, 2],
      [3,4,5]])
      data1
Out[77]: [[0 1 2]
      [3 4 5]]
In[78]:data1.shape=(3,2)
      data1
Out[78]:[[0 1]
      [2 3]
      [4 5]]
```

从(2,3)改为(3,2)并不是对数组进行转置，而只是改变每个轴的长度，数组元素在内存中的位置并不发生改变。

当某个轴的长度被设置成-1 时，这时将自动计算该轴的长度。例如，将数组 data1 的 shape 属性设置为(3,-1)，由于数组 data 有 6 个元素，因此 shape 的属性实际修改为(3,2)。

要想保留原数组的维度，可以使用 reshape()函数，reshape()函数使得数组无须复制元素就能从一个形状转化为另一个形状。下面的代码完成从一个一维数组转化为一个二维数组的操作。

```
In[79]:arr=np.arange(12)
      arr2=arr.reshape(3,4)
      print("一维数组")
      print(arr)
      print("二维数组")
      print(arr2)
Out[79]:
      一维数组
      [ 0 1 2 3 4 5 6 7 8 9 10 11]
      二维数组
      [[ 0 1 2 3]
       [ 4 5 6 7]
       [ 8 9 10 11]]
```

arr 和 arr2 两个数组的数据在内存中占用同一内存地址，arr 和 arr2 的维度不同，但是数组元素并没有进行复制。因此 arr2=arr.reshape(3,4)只是修改了 arr2 数组的维度，并没有进行元素的复制。

与 shape 类似，reshape()函数的参数中也可以有一个元素是-1，此时根据数据元素个数自动计算轴的长度。

reshape()函数有一个 order 参数，这个参数表示数组数据元素存放顺序，它主要有“C”和“F”两个常用值。“C”表示行优先顺序（这是因为在 C 语言中数组的存放默认是行优先的，所以用“C”表示），“F”表示列优先顺序（这是因为在 FORTRAN 语言中数组的存放默认是列优先的，所以用“F”表示）。

【实例】使用 reshape()函数的参数 order 改变数组元素的存放顺序。

```
In[80]:arr=np.arange(12)
     arr1=arr.reshape((2,6),order="C")
     print("arr1=",arr1)
     arr2=arr.reshape((2,6),order="F")
     print("arr2=",arr2)
Out[80]:
     arr1= [[ 0  1  2  3  4  5]
      [ 6  7  8  9 10 11]]
     arr2= [[ 0  2  4  6  8 10]
      [ 1  3  5  7  9 11]]
```

简单解释一下，arr 在内存中是一块连续的区域，存储格式如下：

0	1	2	3	4	5	6	7	8	9	10	11

arr1 和 arr2 只是形状不一样，但是数据存储都是上面的这一个存储格式，因此上面的存储格式是 arr1 的 2 行 6 列按照行优先存储的格式，也是 arr2 的 2 行 6 列按照列优先存储的格式，如图 2-2 所示。

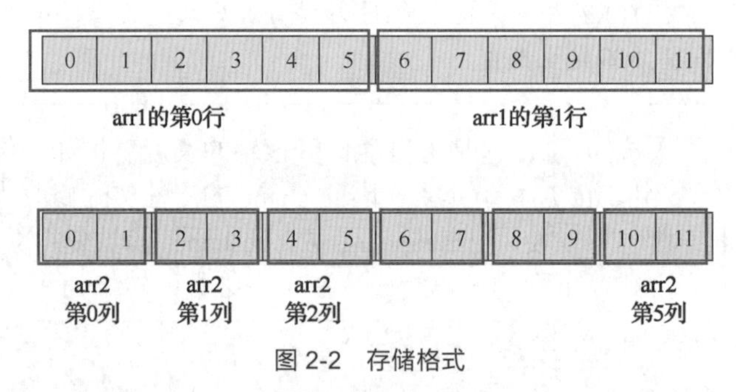

图 2-2　存储格式

与 reshape()函数类似，实现数组重塑的函数还有 flatten()（通常称为扁平化）和 ravel()（通常称为散开）。这两个函数通常将多维数组转化为一维数组，而 reshape()函数通常用来将一维数组转化为多维数组。这 3 个函数也都接受一个表示数组顺序的 order 参数。

flatten()与 ravel()函数的不同之处是 ravel()函数不会产生源数据的副本，flatten()函数总是返回源数据的副本。通过下面的两个例子可以理解这两个函数的相同与不同之处。

【实例】使用 ravel()函数实现数组重塑不会产生源数据的副本。

```
In[81]:arr=np.arange(15).reshape(3,5)
     print("arr=",arr)
     arr1=arr.ravel(order="C")
     arr2=arr.ravel(order="F")
     print("按行优先 arr1=",arr1)
     print("按列优先 arr2=",arr2)
     arr1[0]=100
     print("修改 arr1[0]=100 后,arr=")
     print(arr)
Out[81]:
     arr= [[ 0 1 2 3 4]
      [ 5 6 7 8 9]
      [10 11 12 13 14]]
     按行优先 arr1= [ 0 1 2 3 4 5 6 7 8 9 10 11 12 13 14]
     按列优先 arr2= [ 0 5 10 1 6 11 2 7 12 3 8 13 4 9 14]
```

```
修改 arr1[0]=100 后 arr= [[100  1  2  3  4]
 [ 5  6  7  8  9]
 [ 10 11 12 13 14]]
```

arr 和 arr1、arr2 的数据是同一份，因为 ravel()函数不会产生 arr 的数据副本，所以对 arr1 的数据修改 arr1[0]=100 就是对 arr 的数据修改。

【实例】使用 flatten()函数实现数组重塑总是返回源数据的副本。

```
In[82]:arr=np.arange(15).reshape(3,5)
      print("arr=",arr)
      arr3=arr.flatten(order="C")
      arr4=arr.flatten(order="F")
      print("按行优先 arr3=",arr3)
      print("按列优先 arr4=",arr4)
      arr3[0]=100
      print("修改 arr3[0]=100 后 arr=",arr)
      print("修改 arr3[0]=100 后 arr3=",arr3)
      print("修改 arr3[0]=100 后 arr4=",arr4)
Out[82]:
      arr= [[ 0  1  2  3  4]
       [ 5  6  7  8  9]
       [10 11 12 13 14]]
      按行优先 arr3= [ 0  1  2  3  4  5  6  7  8  9 10 11 12 13 14]
      按列优先 arr4= [ 0  5 10  1  6 11  2  7 12  3  8 13  4  9 14]
      修改 arr3[0]=100 后 arr= [[ 0  1  2  3  4]
                                [ 5  6  7  8  9]
                                [10 11 12 13 14]]
      修改 arr3[0]=100 后 arr3= [100  1  2  3  4  5  6  7  8  9 10 11 12 13 14]
      修改 arr3[0]=100 后 arr4= [ 0  5 10  1  6 11  2  7 12  3  8 13  4  9 14]
```

arr 和 arr3、arr4 的数据不是同一份，因为 flatten()函数总会产生 arr 的数据副本，所以对 arr3 的数据修改 arr3[0]=100 不会影响 arr 和 arr4 的数据。

2. 数组元素重复

NumPy 数组重复函数有 repeat()和 tile()，由于数组不能进行动态扩展，故函数调用之后都重新分配新的空间来存储扩展后的数据。

（1）repeat()函数功能

对数组中的元素进行连续重复复制，用法有两种。

① repeat(a, repeats, axis=None)。

② a.repeat(repeats, axis=None)。

其中 a 为数组，repeats 为重复的次数，axis 表示数组维度。若 axis=None，对于多维数组而言，可以将多维数组变化为一维数组，然后根据 repeats 参数扩充数组元素；若 axis=M，表示数组在 M 轴上扩充数组元素。

【实例】axis=None，数组 arr 首先被扁平化，然后将数组 arr 中的各个元素依次重复 *N* 次。

```
In[83]:arr=np.arange(15).reshape(3,5)
      arr1=np.repeat(arr,2,None)
      print("arr=",arr)
      print("arr1=",arr1)
Out[83]:
      arr= [[ 0  1  2  3  4]
       [ 5  6  7  8  9]
```

```
 [10 11 12 13 14]]
arr1= [ 0 0 1 1 2 2 3 3 4 4 5 5 6 6 7 7 8 8 9 9 10 10 11 11 12 12 13 13 14 14]
```

【实例】若 axis=M，表示数组在 M 轴上扩充数组元素。

```
In[84]:arr=np.arange(15).reshape(3,5)
    arr1=arr.repeat(2,0)
    arr2=arr.repeat(2,1)
    print("arr=",arr)
    print("arr1.shape=",arr1.shape)
    print("arr1=",arr1)
    print("arr2.shape=",arr2.shape)
    print("arr2=",arr2)
  Out[84]:
    arr= [[ 0  1  2  3  4]
     [ 5  6  7  8  9]
     [10 11 12 13 14]]
    arr1.shape= (6, 5)
    arr1= [[ 0  1  2  3  4]
     [ 0  1  2  3  4]
     [ 5  6  7  8  9]
     [ 5  6  7  8  9]
     [10 11 12 13 14]
     [10 11 12 13 14]]
    arr2.shape= (3, 10)
    arr2= [[ 0 0 1 1 2 2 3 3 4 4]
     [ 5 5 6 6 7 7 8 8 9 9]
     [10 10 11 11 12 12 13 13 14 14]]
```

（2）tile()函数功能

沿指定轴的方向堆叠数组的副本。

用法：tile(a, repeats)。

其中 a 为数组，repeats 为重复的次数，示例如下。

```
In[85]:arr=np.arange(15).reshape(3,5)
    arr1=np.tile(arr,2)
    print("arr=",arr)
    print("arr1=",arr1)
Out[85]:
    arr= [[ 0  1  2  3  4]
     [ 5  6  7  8  9]
     [10 11 12 13 14]]
    arr1= [[ 0  1  2  3  4  0  1  2  3  4]
     [ 5  6  7  8  9  5  6  7  8  9]
     [10 11 12 13 14 10 11 12 13 14]]
```

3. 复制和视图

当对数组进行操作时，其数据有时会被复制到一个新的数组而有时又不会复制。这一点常常给刚使用 NumPy 的用户造成困惑。下面分 3 种情况来讲解 NumPy 中的复制与视图。

（1）完全不复制

简单的赋值操作不会产生对象，是完全不复制的；完全不复制（直接赋值）其实就是对象的引用，不会产生对象的复制操作。

【实例】简单的赋值不会产生新的对象。

```
In[86]:a = np.arange(9)
    #简单赋值后，a、b 引用地址一样
```

```
        b=a
        print("id(a)=",id(a))
        print("id(b)=",id(b))
        #b 对象的 shape 改变，a 对象的 shape 也会变化
        b.shape =(3,3)
        print("a.shape=",a.shape)
        print("a=",a)
        print("b.shape=",b.shape)
        print("b=",b)
Out[86]:
        id(a)= 3030422058768
        id(b)= 3030422058768
        a.shape= (3,3)
        a= [[0 1 2]
         [3 4 5]
         [6 7 8]]
        b.shape= (3,3)
        b= [[0 1 2]
         [3 4 5]
         [6 7 8]]
```

（2）浅复制（视图）

view操作会创建一个共享原数组数据的新的数组对象。view操作有很多，如NumPy的view()函数、slice()函数、reshape()函数、ravel()函数等。浅复制（视图）只会复制父对象，不会复制底层的数据，共用原始引用指向的对象数据。如果在视图上修改数据，会直接反馈到原对象。

【实例】 用view()函数创建一个共享原数组数据的新的数组对象，实现浅复制。

```
In[87]:a = np.arange(12).reshape(3,4)
        #b 的引用地址变化了
        b = a.view()
        print("id(a)=",id(a))
        print("id(b)=",id(b))
        #a.shape 改变，b 的 shape 保持不变
        a.shape = (2,6)
        print("a.shape=",a.shape)
        print("b.shape=",b.shape)
        #b 的数据改变，a 的数据也改变
        print("a=",a)
        b[0,0]=100
        print("after b[0,0]=100")
        print("a=",a)
        print("b=",b)
Out[87]:
        id(a)= 3030422058768
        id(b)= 3030422057648
        a.shape= (2,6)
        b.shape= (3,4)
        a= [[ 0 1 2 3 4 5]
         [ 6 7 8 9 10 11]]
        after b[0,0]=100
        a= [[100 1 2 3 4 5]
         [  6 7 8 9 10 11]]
        b= [[100 1 2 3]
```

```
        [  4  5  6  7]
        [  8  9 10 11]]
```

【实例】用 reshape()函数实现浅复制。

```
In[88]:a = np.arange(12).reshape(3,4)
    #b 的引用地址变化了
    b = a.reshape(2,6)
    print("id(a)=",id(a))
    print("id(b)=",id(b))
    #a.shape 改变，b 的 shape 保持不变
    a.shape =(1,12)
    print("a.shape=",a.shape)
    print("b.shape=",b.shape)
    #b 的数据改变，a 的数据也改变
    print("a=",a)
    b[0,0]=100
    print("after b[0,0]=100")
    print("a=",a)
    print("b=",b)
Out[88]:
    id(a)= 3030422059568
    id(b)= 3030422058768
    a.shape= (1, 12)
    b.shape= (2, 6)
    a= [[ 0 1 2 3 4 5 6 7 8 9 10 11]]
    after b[0,0]=100
    a= [[100 1 2 3 4 5 6 7 8 9 10 11]]
    b= [[100 1 2 3 4 5]
     [  6 7 8 9 10 11]]
```

（3）完全复制

对对象及其子对象都进行复制，对新生成的对象进行修改、删除操作不会影响原对象。NumPy 的 copy()函数、flatten()函数等都是完全复制的。

【实例】用 copy()函数实现完全复制。

```
In[89]:a = np.arange(12).reshape(3,4)
    b=a.copy()
    b[0][0]=100
    print("after b=a.copy() and b[0][0]=100")
    print("a=",a)
    print("b=",b)
Out[89]:
    after b=a.copy() and b[0][0]=100
    a= [[ 0  1  2  3]
     [ 4  5  6  7]
     [ 8  9 10 11]]
    b= [[100  1  2  3]
     [   4  5  6  7]
     [   8  9 10 11]]
```

【实例】用 flatten()函数实现完全复制。

```
In[90]:a = np.arange(12).reshape(3,4)
    b=a.flatten()
    b[0]=100
    print("after b=a.flatten() and b[0]=100")
```

```
        print("a=",a)
        print("b=",b)
Out[90]:
        after b=a.flatten() and b[0]=100
        a= [[ 0  1  2  3]
         [ 4  5  6  7]
         [ 8  9 10 11]]
        b= [100  1  2  3  4  5  6  7  8  9 10 11]
```

4. 数组连接与拆分

在进行数据处理的时候，会把一些具有多个特征的样本数据进行拼接合并，放在一起分析、预测。表 2-12 所示为用 NumPy 中常用的数组连接与拆分函数。

表 2-12　　NumPy 中的数组连接与拆分函数

函数	作用
concatenate()	连接多个数组
vstack()	沿 0 轴方向连接数组
hstack()	沿 1 轴方向连接数组
dstack()	沿 2 轴方向连接数组
column_stack()	按列连接多个一维数组
split()、array_split()	拆分数组为多段
vsplit()、hsplit()、dsplit()	split 的快捷操作，分别沿 0 轴、1 轴、2 轴方向进行拆分

concatenate()函数可以沿指定轴将一个由数组组成的序列（列表、元组等）连接在一起，它是连接数组的最基本的函数，其他函数都是它的快捷实现。它的第一个参数是要进行连接的多个数组的序列，第二个参数是 axis，指定沿着哪个轴连接（默认 axis=0）。

vstack()函数中 v 表示 vertical（垂直），也就是沿着 0 轴连接，实际上它是 concatenate 的 axis=0 的快捷操作。

hstack()函数中 h 表示 horizontal（水平），也就是沿着 1 轴连接，实际上它是 concatenate 的 axis=1 的快捷操作。

column_stack()与 hstack()函数类似，都是沿着 1 轴连接，但是当数组为一维时，将其形状改为(N,1)后再进行连接，经常用于按列连接多个一维数组。

进行连接操作时，连接的几个数组除了 axis 轴外形状应该相同。例如，np.concatenate([arr1,arr2],axis=1)要求 arr1 和 arr2 在 0 轴上维度相同（假如 arr1 和 arr2 都是二维数组），np.concatenate([arr1,arr2],axis=0)要求 arr1 和 arr2 在 1 轴上维度相同，np.vstack([arr1,arr2])要求 arr1 和 arr2 在 1 轴上维度相同，np.hstack([arr1,arr2])要求 arr1 和 arr2 在 0 轴上维度相同，否则无法进行连接。

【实例】concatenate()函数的使用。

```
In[91]:arr1=np.arange(12).reshape(3,4)
       arr2=np.arange(15).reshape(3,5)
       arr3=np.concatenate([arr1,arr2],axis=1)
       print("arr1=",arr1)
       print("arr2=",arr2)
       print("arr3=",arr3)
Out[91]:
       arr1= [[ 0  1  2  3]
        [ 4  5  6  7]
        [ 8  9 10 11]]
```

```
        arr2= [[ 0  1  2  3  4]
         [ 5  6  7  8  9]
         [10 11 12 13 14]]
        arr3= [[ 0  1  2  3  0  1  2  3  4]
         [ 4  5  6  7  5  6  7  8  9]
         [ 8  9 10 11 10 11 12 13 14]]
```

【实例】vstack()函数的使用。

```
In[92]:arr1=np.arange(12).reshape(4,3)
       arr2=np.arange(15).reshape(5,3)
       arr3=np.vstack([arr1,arr2])
       print("arr1=",arr1)
       print("arr2=",arr2)
       print("arr3=",arr3)
Out[92]:
       arr1= [[ 0  1  2]
        [ 3  4  5]
        [ 6  7  8]
        [ 9 10 11]]
       arr2= [[ 0  1  2]
        [ 3  4  5]
        [ 6  7  8]
        [ 9 10 11]
        [12 13 14]]
       arr3= [[ 0  1  2]
        [ 3  4  5]
        [ 6  7  8]
        [ 9 10 11]
        [ 0  1  2]
        [ 3  4  5]
        [ 6  7  8]
        [ 9 10 11]
        [12 13 14]]
```

【实例】column_stack()函数的使用。

```
In[93]:arr1=np.arange(5)
       arr2=np.arange(5)
       arr3=np.column_stack([arr1,arr2])
       print("arr1=",arr1)
       print("arr2=",arr2)
       print("arr3=",arr3)
Out[93]:
       arr1= [0 1 2 3 4]
       arr2= [0 1 2 3 4]
       arr3= [[0 0]
        [1 1]
        [2 2]
        [3 3]
        [4 4]]
```

与连接相对的就是拆分，NumPy 数组可以进行水平、垂直或深度拆分，相关的函数有 hsplit()、vsplit()、dsplit()和 split()。我们可以将数组拆分成大小相同的子数组，也可以在原数组中指定需要拆分的位置。

split()函数沿特定的轴将数组分割为子数组，格式如下。

```
np.split(arr, indices_or_sections, axis)
```

参数说明如下。

① arr：被分割的数组。

② indices_or_sections：如果是一个整数，就用该数平均拆分；如果是一个数组，为沿轴拆分的位置。

③ axis：沿着哪个维度（轴向）进行拆分，默认为 0，表示横向切分（水平方向）。设置为 1 时，表示纵向切分（垂直方向）。

indices_or_sections 为整数平均切分时，原数组一定要能平均切分，如果不能平均将会抛出（raise）异常。

【实例】 indices_or_sections 是一个数组，axis=1 表示横向切分。

```
In[94]:arr1=np.arange(16).reshape(4,4)
       arr2=np.split(arr1,[1,2],axis=1)
       print("arr1=",arr1)
       print("arr2[0]=",arr2[0])
       print("arr2[1]=",arr2[1])
       print("arr2[2]=",arr2[2])
Out[94]:
       arr1= [[ 0  1  2  3]
        [ 4  5  6  7]
        [ 8  9 10 11]
        [12 13 14 15]]
       arr2[0]= [[ 0]
        [ 4]
        [ 8]
        [12]]
       arr2[1]= [[ 1]
        [ 5]
        [ 9]
        [13]]
       arr2[2]= [[ 2  3]
        [ 6  7]
        [10 11]
        [14 15]]
```

上面的例子中，split 的 indices_or_sections 参数是一个数组，表示沿轴切分的位置，又因为 axis=1 说明切分的轴向是“1”，也就是垂直切分，所以 np.split(arr1,[1,2],axis=1)将数组 arr1 在第一列、第二列处进行切分，也就是将 4×4 的数组拆分成 4×1（原数组的第 0 列）、4×1（原数组的第 1 列）、4×2（原数组的第 2、3 列）三个子数组。

当第二个参数（indices_or_sections）为整数时，表示分组个数。split()函数只能平均分，而 array_split()函数尽量平均分。例如，原数组为 4×4，如果使用 split()函数且第二个参数为整数，那么这个整数只能是 2 或 4，否则不能平均分。而如果使用 array_split()函数，则这个整数可以是 3。

【实例】 用 split()函数把 4×4 矩阵沿 axis=0 拆分成两个 2×4 矩阵。

```
In[95]:arr1=np.arange(16).reshape(4,4)
       arr2=np.split(arr1,2,axis=0)
       print("arr1=",arr1)
       print("arr2[0]=",arr2[0])
       print("arr2[1]=",arr2[1])
Out[95]:
       arr1= [[ 0  1  2  3]
```

```
 [ 4  5  6  7]
 [ 8  9 10 11]
 [12 13 14 15]]
arr2[0]= [[0 1 2 3]
 [4 5 6 7]]
arr2[1]= [[ 8  9 10 11]
 [12 13 14 15]]
```

split()函数把 4×4 矩阵进行划分，当第二个参数为 3 不能平分时，报如下的错误。

```
ValueError: array split does not result in an equal division
```

【实例】用 array_split()函数把 4×4 矩阵进行划分，且第二个参数为 3 时能够尽量平分。

```
In[96]:arr1=np.arange(16).reshape(4,4)
      arr2=np.array_split(arr1,3,axis=0)
      print("arr1=",arr1)
      print("arr2[0]=",arr2[0])
      print("arr2[1]=",arr2[1])
      print("arr2[2]=",arr2[2])
Out[96]:
      arr1= [[ 0  1  2  3]
       [ 4  5  6  7]
       [ 8  9 10 11]
       [12 13 14 15]]
      arr2[0]= [[0 1 2 3]
       [4 5 6 7]]
      arr2[1]= [[ 8  9 10 11]]
      arr2[2]= [[12 13 14 15]]
```

hsplit()函数和 vsplit()函数是 split()函数的快捷操作。

vsplit()函数中 v 表示 vertical（垂直），也就是沿着 0 轴拆分，实际上它是 split()函数的 axis=0 的快捷操作。该函数有两个参数，第一个参数表示待分隔的数组，第二个参数表示将数组垂直分隔成几个子数组。

hsplit()函数中 h 表示 horizontal（水平），也就是沿着 1 轴拆分，实际上它是 split()函数的 axis=1 的快捷操作。该函数有两个参数，第一个参数表示待分隔的数组，第二个参数表示要将数组水平分隔成几个子数组。

vsplit()和 hsplit()函数第二个参数值必须可以整除待分隔数组，即原数组必须可以平均等分，如果不能则抛出异常。

例如，4×4 矩阵将被切分为两个 4×2 的矩阵。反之，vsplit()函数垂直切分是将数组按照高度分为两部分，如 4×4 矩阵将被切分为两个 2×4 矩阵：

```
In[97]:arr1=np.arange(16).reshape(4,4)
      arr2=np.vsplit(arr1,2)
      arr3=np.hsplit(arr1,2)
      print("arr1=",arr1)
      print("arr2[0]=",arr2[0])
      print("arr2[1]=",arr2[1])
      print("arr3[0]=",arr3[0])
      print("arr3[1]=",arr3[1])
Out[97]:
      arr1= [[ 0  1  2  3]
       [ 4  5  6  7]
```

```
  [ 8  9 10 11]
  [12 13 14 15]]
 arr2[0]= [[0 1 2 3]
  [4 5 6 7]]
 arr2[1]= [[ 8  9 10 11]
  [12 13 14 15]]
 arr3[0]= [[ 0  1]
  [ 4  5]
  [ 8  9]
  [12 13]]
 arr3[1]= [[ 2  3]
  [ 6  7]
  [10 11]
  [14 15]]
```

5. take()和 put()函数

NumPy 中 take()和 put()函数有着与花式索引类似的作用，但是 take()和 put()函数的性能通常要比花式索引好得多。take()函数可以获取数组子集，而 put()函数可以设置数组子集：

```
In[98]:#take()函数
       arr = np.arange(6)+10
       indexs = [4,3,2]
       #相当于从 arr 序列中依次获取索引为 4、3、2 位置上的元素
Out[98]:arr.take(indexs))
       [14,13,12]
In[99]:#put()函数
       arr = np.arange(6)+10
       indexs = [4,3,2]
       arr.put(indexs, 11)
       #相当于将 arr 序列中索引为 4、3、2 位置上的元素用 11 来替换
Out[99]:arr
       [10 11 11 11 11 15]
```

2.3　通用函数

NumPy 提供了一个简单灵活的接口来优化数据数组的计算，该接口使得 NumPy 成为 Python 数据科学中极其重要的一部分。NumPy 主要通过向量进行操作，而这些操作主要依靠一些通用函数实现。接下来就学习这些通用函数，以方便我们提高计算的效率。

通用（ufunc）函数是一种对 ndarray 中的数据执行元素级运算的函数，那什么是元素级的运算呢？其实就是函数对数组中的每一个元素值运算然后产生新的元素值，返回新的元素值并组成数组。用户可以将其看作简单函数（接受一个或多个标量值，并产生一个或多个标量值）的矢量化包装器。

NumPy 提供了大量的通用函数，这些函数都是用 C 语言来实现的。因此使用这些函数进行运算的速度比使用循环或列表推导式要快很多。下面看一个例子，比较 np.sin()和 Python 标准库的 math.sin 的计算速度。

```
In[100]:import time
      import math
      import NumPy as np
      x=np.arange(1000000)
```

```
    def mathsin(x):
        y1=[]
        for i in range(1000000):
            y1.append(math.sin(x[i]))
        return y1
    print("time math.sin")
    #通过%time 魔术命令，查看 mathsin(x)运行一次所花费的时间
    %time y1=mathsin(x)

    print ("time np.sin:")
    #通过%time 魔术命令，查看 np.sin(x)运行一次所花费的时间
    %time y2=np.sin(x)
Out[100]:
    time math.sin
    Wall time: 444 ms
    Time np.sin:
    Wall time: 15 ms
```

从结果中可以看出，计算 100 万次正弦值，np.sin()比 math.sin 快近 30 倍。这得益于 np.sin()在 C 语言级别的循环计算。np.sin()同样也支持对单个数值求正弦，例如 np.sin(1)。不过，值得注意的是，对单个数的计算 math.sin 则要比 np.sin()快得多了，这是因为 np.sin()为了同时支持数组和单个值的计算，其 C 语言的内部实现要比 math.sin 复杂很多。

因此，math 库和 NumPy 库中的数学函数各有长短，用户可以根据需要选择合适的函数。

NumPy 中有众多的通用函数提供各种各样的计算。表 2-13 和表 2-14 所示分别为常用的一元通用函数和二元通用函数。

表 2-13　　常用一元通用函数

函数	作用
abs()、fabs()	计算每个元素的绝对值
sqrt()	计算每个元素的平方根
square()	每个元素的平方
exp()	计算每个元素的自然指数值 e^x
log()、log10()、log2()、log1p()	分别计算元素的自然对数（e 为底），对数 10 为底、对数 2 为底、log(1+x)
sign()	计算每个元素的符号，1 表示正数，0 表示 0，-1 表示负数
ceil()	向上取整，取不小于自变量的最大整数，例如变量是 3.1 或 3.9，返回都是 4
floor()	向下取整，取不大于自变量的最大整数，例如自变量是 3.1 或 3.9，返回都是 3
rint()	计算每个元素四舍五入的整数
modf()	将每个元素的小数和整数部分以两个独立数组形式返回
isnan()	返回布尔值数组，判断每个元素是否为 NaN（Not a Number），不是数值型数据返回 1，是数值型数据返回 0
isfinite()、isinf()	返回布尔型数组，判断每个元素是否为有限的或者为无限的
cos()、cosh()、sin()、sinh()、tan()、tanh()	普通三角函数
arccos()、arccosh()、arcsin()、arcsinh()、arctan()、arctanh()	反三角函数
loggical_not	对每个元素按位取反

表 2-14　　常用二元通用函数

函数	作用
add()	相加
subtract()	相减
multiply()	相乘
divide()、floor_divide()	相除
power()	A 的 B 次方
maximum()、fmax()	元素级最大值计算
minimum()、fmin()	元素级最小值计算
mod()	求余
copysign()	将第二个数组中的值的符号复制给第一个数组中的值
greater()、greater_equal()、less()、less_equal()、equal()、not_equal()	进行逐个元素的比较，返回布尔值数组（分别等价于比较运算>、>=、<、<=、==、!=）
logical_and()、logical_or()、logical_xor()	进行逐个元素的逻辑操作，返回布尔值数组（分别等价于逻辑操作&、|、^）

1. 算术运算

NumPy 为数组定义了各种数学运算的操作符，因此两个数组的四则运算既可以用操作符来完成，也可以用函数来完成。表 2-15 所示为 NumPy 提供的实现四则运算的通用函数与运算符的对应。下面以 add()为例讲解四则运算函数的使用。

```
In[101]:a = np.arange(0,4)
        b = np.arange(1,5)
        c=np.add(a,b)
        print("c=",c)
        np.add(a,b,a)
        print("a=",a)
Out[101]:
        c= [1 3 5 7]
        a= [1 3 5 7]
```

表 2-15　　四则运算通用函数

表达式	对应的通用函数
y = x1 + x2	add(x1, x2 [, y])
y = x1 - x2	subtract(x1, x2 [, y])
y = x1 * x2	multiply (x1, x2 [, y])
y = x1 / x2	true_divide (x1, x2 [, y])，总是返回精确的商
y = x1 // x2	floor_divide (x1, x2 [, y])，总是对返回值取整
y = -x	negative(x [,y])
y = x1**x2	power(x1, x2 [, y])
y = x1 % x2	remainder(x1, x2 [, y])、mod(x1, x2, [, y])

add()函数返回一个新的数组，此数组的每个元素都为两个参数数组的对应元素之和。它接受第 3 个参数指定计算结果所要写入的数组，如果指定的话，add()函数就不再产生新的数组，也就是 c=np.add(a,b)等价于 c=a+b，而 np.add(a,b,a)等价于 a+=b。

数组对象支持这些操作符，极大地简化了算式的编写。不过要注意，如果算式很复杂，并且要运算的数组很大，则会因为产生大量的中间结果而降低程序的运算效率。例如，a*b+c 3 个数组采用算式 x=a*b+c 计算，那么它相当于以下条件。

```
t = a*b
x =t+c
```

也就是说，需要产生一个数组 t 保存乘法的计算结果，然后产生最后的结果数组 x。我们可以通过手工将一个算式分解为 x=a*b 和 x+=c 以减少一次内存分配。

2. 比较运算

使用==、>=等比较运算符对两个数组进行比较，返回值为一个布尔数组，布尔数组的每个值就是两个数组对应元素比较的结果。举例如下。

```
In[102]:arr1=np.array([1,2,3])
     arr2=np.array([4,2,3])
     print(arr1==arr2)
Out[102]:
     [False  True  True]
```

每个比较运算符也与一个通用函数对应，表 2-16 所示为比较运算符与对应通用函数。

表 2-16　　比较运算符与对应通用函数

表达式	对应通用函数
y=x1==x2	equal(x1,x2[,y])
y=x1>=x2	greater_equal(x1,x2[,y])
y=x1>x2	greater(x1,x2[,y])
y=x1<=x2	less_equal(x1,x2[,y])
y=x1<x2	less(x1,x2[,y])
y=x1!=x2	not_equal(x1,x2[,y])

3. 逻辑运算

Python 中的逻辑运算采用 and、or 和 not 等关键字，但是对两个数组采用 and、or 和 not 进行运算会抛出异常，如下面的例子。

```
In[103]:arr1=np.array([1,2,3])
     arr2=np.array([4,2,3])
     arr3=np.array([4,2,3])
     print(arr1==arr2 and arr2==arr3)
Out[103]:
     ValueError: The truth value of an array with more than one element is ambiguous.
Use a.any() or a.all()
```

因此，数组的逻辑运算只能通过相应的通用函数来进行，这些函数都是以 logical_开头的。logical_and、logical_or、logical_xor（分别等价于逻辑操作与、或、非）进行逐个元素的逻辑操作，返回布尔数组。上面的例子修改后代码如下。

```
In[104]:arr1=np.array([1,2,3])
     arr2=np.array([4,2,3])
     arr3=np.array([4,2,3])
     print(np.logical_and(arr1==arr2,arr2==arr3))
Out[104]:
     [False  True  True]
```

NumPy 中的 any()和 all()函数与 Python 中的 any()和 all()函数类似。只有数组中的元素全为 True 时 all()函数才为 True，而只要数组中的元素有一个为 True，any()函数即为 True。

```
In[105]:arr1=np.array([1,2,3])
     arr2=np.array([4,2,3])
     arr3=np.array([4,2,3])
     print(np.any(arr1==arr2))
```

```
    print(np.all(arr2==arr3))
Out[105]:
    True
    True
```

2.4　聚合函数

当我们面对大量的数据时，首先想到的就是去获取它们的一些描述性统计信息，如中值、中位数、均值、最大值、最小值等。NumPy 内置了一些函数，在求取这些信息时会非常便利和高效。下面介绍一些比较常用的函数。

（1）数组值求和

使用 NumPy 的 sum()函数可以完成数组值求和运算，当然也可以使用 Python 内置的 sum()函数来求和。

```
data1=np.array([1,2,3,4,5,6])
#使用 NumPy 的 sum()函数求和
np.sum(data1)
#使用 Python 内置的 sum 函数()函数求和
sum(data1)
```

由于 NumPy 的 sum()函数是在编译的过程中进行计算的，因此速度会比 Python 的 sum()函数更快一些。

（2）最大值和最小值

同样，使用 NumPy 的 max()、min()函数可以获取数组的最大值和最小值，当然也可以使用 Python 内置的 max()、min()函数来求，但是 NumPy 的 max()、min()函数速度更快一些。

```
np.min(data1)
```

对于 max()、min()、sum()和其他 NumPy 聚合，一种更简洁的语法形式是数组对象直接调用这些函数。

```
data1.min();
```

（3）多维度聚合

一种常用的聚合操作是沿着一行或一列聚合。例如，有如下二维数组，我们想要统计它的某些聚合信息。

```
data2=np.array([1,2,3],[4,5,6],[7,8,9])
```

默认情况下，每一个 NumPy 聚合函数都会返回对整个数组的聚合结果，例如 data2.sum()函数得到的是数组所有元素的求和结果。

聚合函数还有一个参数 axis，用于指定沿着哪个轴的方向进行聚合。axis 参数指定的是数组将会被折叠的维度，而不是将要返回的维度。因此，指定 axis=0 意味着第一个轴将要被折叠，而对于二维数组，这意味着每一列的值都将被聚合。例如，可以通过指定 axis=0 找到每一列的最小值，通过 axis=1 找到每一行的最小值等。

```
数组名.min(axis=指定轴)
数组名.max(axis=指定轴)
```

或

```
np.max(数组名,axis=指定轴)
np.min(数组名,axis=指定轴)
```

除了上面介绍的一些简单聚合函数以外，表 2-17 还列出了其他常用的聚合函数。NumPy 并不支持对缺失值（NaN）的处理。因此，一般的聚合函数在遇到缺失值 NaN 时，就会报错。所以 NaN 安全版本是指遇到缺失值时，函数就会跳过，而非报错。

表 2-17　　常用聚合函数

函数	NaN 安全版本	作用
sum()	nansum	计算元素的和
prod()	nanprod	计算元素的积
mean()	nanmean	计算元素的平均值
std()	nanstd	计算元素的标准差
var()	nanvar	计算元素的方差
min()	nanmin	找出最小值
max()	nanmax	找出最大值
argmin()	nanargmin	找出最小值的索引
argmax()	nanargmax	找出最大值的索引
median()	nanmedian	计算元素的中位数
percentage()	nanpercentage	计算基于元素排序的统计值
any()	无	验证数组中是否有一个元素
all()	无	验证所有元素是否为某个值

2.5　排序函数

NumPy 提供了多种排序函数。这些排序函数实现不同的排序算法，每个排序算法的特征在于执行速度、最坏情况下的性能、所需的工作空间和算法的稳定性。表 2-18 所示为 3 种常用的排序算法，并对它们的性能进行了比较。

表 2-18　　3 种常用排序算法的性能比较

种类	最坏情况	工作空间	稳定性
quicksort（快速排序）	O(n^2)	0	否
mergesort（归并排序）	O(n*log(n))	～n/2	是
heapsort（堆排序）	O(n*log(n))	0	否

1. sort()函数

sort() 函数返回输入数组的排序副本，函数格式如下。

```
np.sort(a, axis, kind, order)
```

参数说明如下。

① a：要排序的数组。

② axis：排序的方向。默认值为 axis=-1，表示沿最后的轴排序，axis=None 表示展开来排序。如果是二维数组，axis 可选 0、1，axis=0 表示按列排序，axis=1 表示按行排序。

③ kind：排序的算法，包含 quicksort（快速排序）、mergesort（归并排序）、heapsort（堆排序），默认为 quicksort。

④ order：一个字符串或列表，如果数组包含字段，则是要排序的字段。

【实例】使用参数 axis 控制按行排序或按列排序。

```
In[106]:arr=np.arange(12)
      np.random.shuffle(arr)
      arr.shape=(2,6)
      print("源数据")
      print(arr)
      #axis=1，说明按照行进行排序，也就是说，每一行的元素实现了递增
      data=np.sort(arr,axis=1)
      print("axis=1，说明按照行进行排序")
      print(data)
      #axis=0，说明按照列进行排序，也就是说，每一列的元素实现了递增
      data=np.sort(arr,axis=0)
      print("axis=0，说明按照列进行排序")
      print(data)
      #当 axis=None，将所有元素展开后排序
      data=np.sort(arr, axis=None)
      print("当 axis=None，将所有元素展开后排序")
      print(data)
Out[106]:
      源数据
      [[ 2  4  9  7  5  1]
       [ 3 11  0  6  8 10]]
      axis=1，说明按照行进行排序
      [[ 1  2  4  5  7  9]
       [ 0  3  6  8 10 11]]
      axis=0，说明按照列进行排序
      [[ 2  4  0  6  5  1]
       [ 3 11  9  7  8 10]]
      当 axis=None，将所有元素展开后排序
      [ 0  1  2  3  4  5  6  7  8  9 10 11]
```

【实例】使用 order 参数控制排序的关键字。

```
In[107]:#首先定义一个新的结构类型
      dtype = [('Name', 'S10'), ('Height', float), ('Age', int)]
      values = [('Li', 1.8, 20), ('Wang', 1.9, 18),('Duan', 1.7, 23)]
      #定义结构体数组 arr
      arr = np.array(values, dtype=dtype)
      #按照属性 Height 进行排序，此时参数为字符串
      arr1=np.sort(arr, order='Height')
      print("按照身高排序")
      print(arr1)
      #先按照属性 Age 排序，如果 Age 相等，再按照 Height 排序，此时参数为列表
      arr2=np.sort(arr, order=['Age', 'Height'])
      print("先按照属性 Age 排序，如果 Age 相等，再按照 Height 排序")
      print(arr2)
Out[107]:
      按照身高排序
      [(b'Duan',  1.7, 23) (b'Li',  1.8, 20) (b'Wang',  1.9, 18)]
      先按照属性 Age 排序，如果 Age 相等，再按照 Height 排序
      [(b'Wang',  1.9, 18) (b'Li',  1.8, 20) (b'Duan',  1.7, 23)]
```

2. ndarray.sort()函数

ndarray.sort()与 sort()函数功能基本相同，不同之处在于 sort()函数返回排序副本，而 ndarray.sort()函数不需要 a 参数且无返回值，也就是说 ndarray.sort()函数在原数组上进行排序。

前面的代码使用 sort()函数对结构体数组排序，下面使用 ndarray.sort()函数实现。

```
In[108]:#首先定义一个新的结构类型
        dtype = [('Name', 'S10'), ('Height', float), ('Age', int)]
        values = [('Li', 1.8, 20), ('Wang', 1.9, 18),('Duan', 1.7, 23)]
        #定义结构体数组 arr
        arr = np.array(values, dtype=dtype)
        #按照属性 Height 进行排序，此时参数为字符串
        ndarray.sort(order='Height')
        print("按照身高排序")
        print(arr)
        #先按照属性 Age 排序，如果 Age 相等，再按照 Height 排序，此时参数为列表
        ndarray.sort(order=['Age', 'Height'])
        print("先按照属性 Age 排序，如果 Age 相等，再按照 Height 排序")
        print(arr)
Out[108]:
        按照身高排序
        [(b'Duan',  1.7, 23) (b'Li',  1.8, 20) (b'Wang',  1.9, 18)]
        先按照属性 Age 排序，如果 Age 相等，再按照 Height 排序
        [(b'Wang',  1.9, 18) (b'Li',  1.8, 20) (b'Duan',  1.7, 23)]
```

3. argsort()函数

argsort()函数返回的是数组元素从小到大排序后所对应的索引值，函数格式如下。

```
np.argsort(a, axis=1, kind='quicksort', order=None)
```

各参数说明与 sort()函数相同。

【实例】无 axis 和 order 参数时 argsort()函数的使用。

```
In[109]:a=np.arange(6)
        a+=8
        np.random.shuffle(a)
        b=np.argsort(a)
        print("原数组=",a)
        print("argsort 后索引",b)
Out[109]:
        原数组= [11 8 13 9 12 10]
        argsort 后索引 [1 3 5 0 4 2]
```

列表 b 的元素表示的是原列表 a 中的元素的索引 b[0]=1，表示原列表 a 的最小元素的索引为 1，即原列表 a 中的第二个元素为最小值；b[1]=3，表示原列表 a 的第二小元素的索引为 3，即原列表 a 中的第四个元素为第二小元素。

【实例】使用 axis 参数控制按行排序或按列排序。

```
In[110]:c=a.reshape(2,3)
        d=np.argsort(c, axis=1)
        print("源数据",c)
        print("行排序",d)
        e=np.argsort(c, axis=0)
```

```
        print("列排序",e)
    Out[110]:
        源数据 [[11  8 13]
         [ 9 12 10]]
        行排序 [[1 0 2]
         [0 2 1]]
        列排序 [[1 0 1]
         [0 1 0]]
```

axis=1，表明按照行进行排序，对第一行[11 8 13]进行排序，所以得到索引为[1,0,2]，也就是 b 的第一行为[1,0,2]，其他同理。

axis=0，表明按照列进行排序，对第一列$[11\ 9]^T$进行排序，所以得到索引为$[1, 0]^T$，也就是 b 的第一列为$[1,0]^T$；对第二列$[8\ 12]^T$进行排序得到的索引为$[0,1]^T$，也就是 b 的第二列为$[0,1]^T$；对第三列$[13\ 10]^T$进行排序得到的索引为$[1,0]^T$，也就是 b 的第三列为$[1,0]^T$。

4. lexsort()函数

lexsort()函数用于对多个序列进行排序，排序时优先考虑后面的列。lexsort()函数返回排序后的索引，数组中最后的列为主键（也就是排序时优先考虑后面的列）。函数格式如下。

```
    np.argsort(a, axis=-1, kind='quicksort', order=None)
```

各参数说明与 sort()函数类似。

【实例】先按照总分排序，总分相同的按照姓名排序。

```
    In[111]:a=["zhanga","lia","wanga","zhangb","lib","wangb"]
        b=[80,80,89,80,89,89]
        c=np.lexsort((a,b))
        print("a=",a)
        print("b=",b)
        print("lexsort(b,a)=",c)
    Out[111]:
        a= ['zhanga', 'lia', 'wanga', 'zhangb', 'lib', 'wangb']
        b= [80, 80, 89, 80, 89, 89]
        lexsort(b,a)= [1 0 3 4 2 5]
```

a 在前，b 在后，即先按照 b 的元素进行比较，b 的元素相同的再按照 a 的元素进行比较。如 b 中的最小值为 3 个 80，其索引分别为 0、1、3；再比较这 3 个位置上的 a 中的元素值分别为 zhanga、lia、zhangb，排序后为 1、0、3。如 b 中的次最小值为 3 个 89，其索引分别为 2、4、5；再比较这 3 个位置上的 a 中的元素值分别为 wanga、lib、wangb，排序后为 4、2、5。因此返回的 c 的值为[1 0 3 4 2 5]。

5. searchsorted()函数

函数格式为 searchsorted(a, v, side="left", sorter=None)，其作用为在数组 a 中搜索数组 v，返回一个下标列表，这个列表指明了 v 中对应元素应该插入在 a 中的位置（之所以是应该插入，是因为实际上并不执行插入操作）。

参数说明如下。

① a：输入数组。当 sorter 参数为 None 的时候，a 必须为升序数组；否则，sorter 不能为空。sorter 存放 a 数组中元素的 index，用于反映 a 数组的升序排列方式。

② v：插入 a 数组的值，可以为单个元素，也可以是列表和数组。

③ side：如果是"left"，则给出找到的第一个合适位置的索引；如果是"right"，则返回合适位置的后一个索引。默认为"left"。当搜索一个元组 a 中不存在的元素时，side 模式不起作用。如果这个元素比 a 的最小值还小，就返回 0；如果比 a 的最大值还大，就返回数组 a 的长度 N。side

的默认模式为"left"。

④ sorter：可选的整数索引数组，用于按升序对数组 a 进行排序。它们通常是 argsort()函数的结果。

【实例】当搜索的 v 值在输入数组 a 中时的情况。

```
In[112]:a=[1,4,6,12,56,78,89,90]
        data1 = np.searchsorted(a, 90,side="left")
        data2= np.searchsorted(a, 90,side="right")
        print("data1=",data1)
        print("data2=",data2)
Out[112]:data1= 7
        data2= 8
```

由此可知，当 v 在 a 中，且 side="left"时，函数 searchsorted()返回 v 在 a 中的索引；side="right"时，函数 searchsorted()返回 v 在 a 中的索引加 1。

【实例】当搜索的 v 不在输入数组 a 中时的情况。

```
In[113]:a=[1,4,6,12,56,78,89,90]
        #v 的值不在 a 中，且 v 的值在 a 的最小值和最大值之间
        data1 = np.searchsorted(a,7,side="left")
        data2= np.searchsorted(a,7,side="right")
        print("data1=",data1)
        print("data2=",data2)
        #v 的值不在 a 中，且 v 的值比 a 的最小值还小
        data3 = np.searchsorted(a,-4,side="left")
        data4= np.searchsorted(a,-4,side="right")
        print("data3=",data3)
        print("data4=",data4)
        #v 的值不在 a 中，且 v 的值比 a 的最大值还大
        data5 = np.searchsorted(a,99,side="left")
        data6= np.searchsorted(a,99,side="right")
        print("data5=",data5)
        print("data6=",data6)
Out[113]:
        data1= 3
        data2= 3
        data3= 0
        data4= 0
        data5= 8
        data6= 8
```

由此可知，当 v 的值在 a 中时，函数 searchsorted()返回值与 side="left"、side="right"无关，函数 searchsorted()返回 v 应该插入的位置（插入 v 后 a 应有序，但是并不执行插入操作）。

从上面的两个实例中可以看到，函数 searchsorted()实际上返回的是 v 在 a 中应该插入的位置。当 v 在 a 中已经存在（假设索引为 index）且 side="left"时是左插入，因此 v 应该插入的位置是 index；side="right"时是右插入，在 index+1 的位置插入。而当 v 不在 a 中时，side 模式不起作用，因此 side="left"或"right"是一样的。

【实例】sorter 不等于 None 时，a 可以是无序的，这时 sorter 是 a 的排序索引。

```
In[114]:a=[23,45,12,34,36,57,87]
        index1=np.argsort(a)
        #index1 是 a 的有序索引数组
        data1=np.searchsorted(a,12,side="left",sorter=index1)
        data2=np.searchsorted(a,57,side="right",sorter=index1)
        print("data1=",data1)
```

```
        print("data2=",data2)
        data3=np.searchsorted(a,3,side="left",sorter=index1)
        data4=np.searchsorted(a,99,side="right",sorter=index1)
        print("data3=",data3)
        print("data4=",data4)
Out[114]:
        data1= 0
        data2= 6
        data3= 0
        data4= 7
```

由此可知，如果 a 无序，那么 sorter 不能为 None，sorter 值必须是 a 的排序索引数组。searchsorted()函数的返回值是 v 在 a 排序后的数组中应该插入的位置。

2.6　随机数生成函数

在计算领域，随机数生成函数是一种产生不包含任意模式的序列的算法。之所以称为随机数是因为它没有任何模式可循。随机数生成函数应用得十分普遍，例如统计抽样、科学领域的计算机仿真等。

random 模块中提供了大量的随机数生成函数，表 2-19 所示为常用随机数生成函数。表 2-20 所示为 random 模块提供的产生服从各类分布的随机数的函数。

表 2-19　常用随机数生成函数

函数	作用	参数说明
rand(d0,d1,…,dn)	产生均匀分布的随机数	dn 为第 *n* 维数据的长度
randn(d0,d1,…,dn)	产生标准正态分布随机数	dn 为第 *n* 维数据的长度
randint(low[,high,size,type])	产生随机整数	low：最小值。high：最大值。size：数据个数
random_sample([size])	在[0,1)区间内产生随机数	size：随机数的 shape，可以为元组或列表，[2,3]表示 2 维随机数，维度为(2,3)
random([size])	同 random_sample([size])	同 random_sample([size])
ranf([size])	同 random_sample([size])	同 random_sample([size])
sample([size]))	同 random_sample([size])	同 random_sample([size])
choice(a[, size, replace, p])	从 a 中随机选择指定数据	从一维数组 a 里随机抽取 size 个数据并组成新的数组返回
bytes(length)	返回随机字节	length：字节的长度
shuffle(x)	打乱对象 x（多维矩阵按照第一维打乱）	x 为矩阵或者列表
permutation(x)	打乱并返回该对象（多维矩阵按照第一维打乱）	整数或者矩阵

表 2-20　产生服从各类分布的随机数的函数

函数	作用
beta(a,b[,size])	贝塔分布样本，在 [0, 1]内
binomial(n,p[,size])	二项分布样本
chisquare(df[, size])	卡方分布样本
dirichlet(alpha[, size])	狄利克雷分布样本
exponential([scale, size])	指数分布样本
f(dfnum, dfden[, size])	*F* 分布样本
gamma(shape[, scale, size])	伽马分布样本
geometric(p[, size])	几何分布样本
gumbel([loc, scale, size])	耿贝尔分布样本

续表

函数	作用
hypergeometric(ngood, nbad, nsample[, size])	超几何分布样本
laplace([loc, scale, size])	拉普拉斯（双指数）分布样本
lognormal([mean, sigma, size])	对数正态分布样本
logseries(p[, size])	对数级数分布样本
multinomial(n, pvals[, size])	多项分布样本
multivariate_normal(mean, cov[, size])	多元正态分布样本
negative_binomial(n, p[, size])	负二项分布样本
noncentral_chisquare(df, nonc[, size])	非中心卡方分布样本
noncentral_f(dfnum, dfden, nonc[, size])	非中心 F 分布样本
normal([loc, scale, size])	正态（高斯）分布样本
poisson([lam, size])	泊松分布样本
standard_cauchy([size])	标准柯西分布样本
standard_exponential([size])	标准指数分布样本
standard_gamma(shape[, size])	标准伽马分布样本
standard_normal([size])	标准正态分布（mean=0, stdev=1）样本
triangular(left, mode, right[, size])	三角形分布样本
uniform([low, high, size])	均匀分布样本

下面介绍表 2-19 和表 2-20 中的部分函数的使用方法，其余函数的使用方法请读者自行学习。

1. random.uniform()函数

random.uniform()函数格式如下。

```
np.random.uniform(low=0.0, high=1.0, size=None)
```

该函数的作用是生成 size 个符合均匀分布的浮点数，取值范围为[low, high)，默认取值范围为[0,1.0)，可以是单个值，也可以是一维数组，还可以是多维数组。

参数说明如下。

① low：float 型数值，默认为 0。

② high：float 型数值，默认为 1。

③ size：int 型数值或元组，默认为空。

【实例】使用 random.uniform()函数产生随机实数。

```
In[115]:from numpy import random
     #uniform没有参数时，产生一个[0,1]区间内的实数
     data0=random.uniform()
     #size 参数为 int 型数值时产生一个数组
     data1=random.uniform(0,3,5)
     #size 参数为元组时产生一个多维数组，如[3,3]产生 3×3 的二维数组
     data2=random.uniform(0,3,(3,3))
     print(data0)
     print(data1)
     print(data2)
Out[115]:
     0.9000892914315933
     [ 1.99925392 1.96433776 1.68549135 1.18407129 1.97468693]
     [[ 2.12285312 1.38302295 1.21860569]
      [ 1.04256564 2.04182109 2.19977134]
      [ 0.86288759 1.6791391 2.85430615]]
```

2. random.rand()函数

random.rand()函数格式如下。

```
np.random.rand(d0,d1,…,dn)
```

该函数的作用是返回一个[0,1)区间内的浮点数，参数(d0,d1,…,dn)代表维度信息，没有输入时，则返回[0,1)区间内的一个随机实数。

【实例】使用 random.rand()函数产生随机数。

```
In[116]:from numpy import random
        #无参数时产生[0,1)区间内的一个实数
        data0=random.rand()
        #返回 2×3 的二维数组
        data1=random.rand(2,3)
        print(data0)
        print(data1)
Out[116]:
        0.9798781762214859
        [[ 0.45223684 0.02342982 0.86401424]
         [ 0.80737966 0.22400196 0.35131628]]
```

3. random.randint()函数

random.randint()函数格式如下。

```
np.random.randint(low, high=None, size=None, dtype='l')
```

该函数的作用是生成 size 个整数，取值区间为[low,high)，若没有输入参数 high，则取值区间为[0,low)。

参数说明如下。

① low：int 型数值，随机数的下限，当此值为空时，函数生成[0,low)区间内的随机数。

② high：int 型数值，默认为空，随机数的上限。

③ size：int 型数值或元组，可以生成单个随机数，也可以是多维的随机数构成的数组。

④ dtype：可选'int'和'int32'等，默认为'l'。

【实例】使用 random.randint()函数产生随机整数。

```
In[117]:from numpy import random
        #randint 至少有一个参数 low，当只有一个参数时生成一个[0,low)区间的随机整数
        data0=random.randint(3)
        #生成[3,8)区间的 5 个随机整数
        data1=random.randint(3,8,5)
        #生成[0,8)区间的 5 个随机整数
        data2=random.randint(8,size=5)
        #生成[3,80)区间的 2×5 个随机整数
        data3=random.randint(3,80,size=(2,5))
        print(data0)
        print(data1)
        print(data2)
        print(data3)
Out[117]:
        1
        [5 4 4 4 3]
        [4 7 3 4 3]
        [[63 69 28 28 48]
         [19 69 65 41 20]]
```

4. random.normal()函数

random.normal()函数格式如下。

```
np.random.normal(loc,scale,size)
```

该函数的作用是返回符合 loc 为均值、标准差是 scale 的符合正态分布的 size 个随机数。

参考说明如下。

① loc：float 型数值，概率分布的均值（对应着整个分布的中心）。

② scale：float 型数值，概率分布的标准差（对应于分布的宽度，scale 值越大越“矮胖”，scale 值越小越“瘦高”）。

③ size：int 型数值或元组，默认值为 None，只输出一个值。

random.randn(size)是标准正态分布（$\mu=0$，$\sigma=1$），对应于 random.normal(loc=0, scale=1, size)。

【实例】下面对生成的 1000 个符合正态分布的样本进行正态分布的拟合，并给出拟合后的图像，如图 2-3 所示。关于 Matplotlib 的部分后面会详细讲解，读者在这里不需要具体理解每个代码的含义。

```
In[118]:from numpy import random
     from matplotlib import pyplot as plt
     mu=0
     sigma=1
     #产生了 1000 个符合正态分布的随机数
     s=random.normal(0,1,1000)
     #下面进行正态分布的拟合，下面的代码可以不用理解
     count,items,a = plt.hist(s,30,normed=True)
     # normed 是进行拟合的关键
     # count 统计某一 items 出现的次数
     plt.plot(items,1./(np.sqrt(2*np.pi)*sigma)*np.exp(-(items-mu)**2/
        (2*sigma **2)),lw=2,c='r')
     plt.savefig("normal.png",dpi=120)
     plt.show()
Out[118]:
```

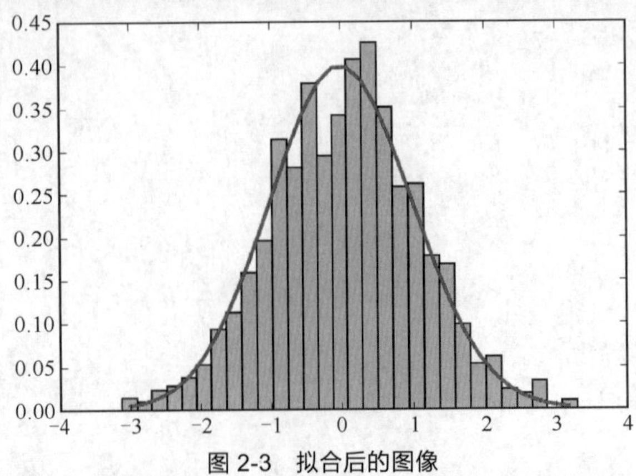

图 2-3　拟合后的图像

5. random.choice()函数

random.choice()函数格式如下。

```
np.random.choice(a,size=None,replace=True,p=None)
```

该函数的作用是从一维数组 a 里随机抽取 size 个数据，并组成新的数组返回。

参数说明如下。

① a：若是一维数组，则从该数组中抽取数据；若是一个整数，则相当于从 arange(a)生成的一维数组中抽取数据。

② size：int 型数值或元组（返回的新数组的 shape）。

③ replace：用来设置是否可以取相同元素。True 表示可以取相同数字，False 表示不可以取相同数字。默认为 True。

④ p：抽取概率，它的形状必须和 a 相同，每个数字代表 a 里相同位置数据被抽取的概率，所有概率的值相加必须等于 1。

```
In[119]:arr=np.arange(4)
      data=random.choice(arr,size=3,p=[1/4,1/2,1/8,1/8])
      print(data)
Out[119]:
      [0 1 1]
```

6. random.shuffle()函数

random.shuffle(x)的作用是对一维数组 x 重排序，返回值为 None。如果 x 为多维数组，则只沿 0 轴洗牌。

【实例】当 x 为一维数组时，对 x 重排序。

```
In[120]:arr=np.arange(10)
      data=random.shuffle(arr)
      print(arr)
      print(data)
Out[120]:
      [7 3 2 0 5 1 4 8 9 6]
      None
```

【实例】当 x 为多维数组时，只沿 0 轴洗牌。

```
In[121]:arr=np.arange(10).reshape(5,2)
      data=random.shuffle(arr)
      print(arr)
      print(data)
Out[121]:
      [[2 3]
       [4 5]
       [8 9]
       [0 1]
       [6 7]]
      None
```

7. random.permutation()函数

random.permutation(x)与 random.shuffle(x)的功能相同，两者最大的区别是前者不会修改 x 的顺序，洗牌后的数据作为返回值返回。

```
In[122]:arr=np.arange(10)
      data=random.permutation(arr)
      print(arr)
      print(data)
Out[122]:[0 1 2 3 4 5 6 7 8 9]
      [9 3 6 4 8 0 2 1 7 5]
```

2.7 NumPy 广播

当两个 ndarray 数组参与运算时，要求输入的两个数组 shape 是相等的。当两个数组的 shape 不相等的时候，则会使用 NumPy 的广播机制。NumPy 广播机制的规则是如果两个数组的后缘维度（trailing dimension，即从末尾开始算起的维度）的轴长度相符，或其中一个数组的后缘维度的轴长度为 1，则认为它们是广播兼容的，这时广播会在缺失或长度为 1 的维度上进行。

由此可知，当参与运算的两个 ndarray 数组的 shape 不相等时，如果满足广播规则，则可以运算，否则就抛出异常 ValueError: frames are not aligned。

如果两个数组 a 和 b 形状相同，即满足 a.shape==b.shape，那么 a*b 的结果就是 a 数组与 b 数组对应位相乘，这要求它们的维度相同，且各维度的长度相同。

```
In[123]:a = np.array([1,2,3,4])
     b = np.array([10,20,30,40])
     c = a * b
     print(c)
Out[123]:[104090160]
```

如果数组维度不同，后缘维度的轴长相容，则会触发 NumPy 广播机制。如下例中数组 a 的 shape 为(4,3)，数组 b 的 shape 为(3,)。前者是二维的，而后者是一维的。但是它们的后缘维度的轴长度相等（均为 3）。尽管数组 a 和数组 b 的 shape 并不一样，但是它们可以执行相加操作，这就是通过 NumPy 广播完成的。进行计算前，NumPy 广播机制会将数组 b 沿着 0 轴进行扩展（把 b 数组在 0 轴上重复 4 次），然后与数组 a 对应位值相加。

【实例】两个数组维度不同，但是后缘维度长度相等，使用 NumPy 广播机制后可以进行计算。

```
In[124]:a = np.array([[0, 0, 0], [10,10,10], [20,20,20], [30,30,30]])
     b = np.array([1,2,3])
     print(a + b)
Out[124]:
     [[1 2 3]
      [11 12 13]
      [21 22 23]
      [31 32 33]]
```

【实例】数组维度不同，其中有个数组的后缘维度的轴长度为 1。

```
In[125]:arr1 = np.array([[0, 0, 0],[1, 1, 1],[2, 2, 2], [3, 3, 3]])
     #arr1.shape = (4,3)
     arr2 = np.array([[1],[2],[3],[4]])
     #arr2.shape = (4, 1)
     arr_sum = arr1 + arr2
     print(arr_sum)
Out[125]:
     [[1 1 1]
      [3 3 3]
      [5 5 5]
      [7 7 7]]
```

arr1 数组的 shape 为(4,3)，arr2 数组的 shape 为(4,1)，它们都是二维的。但是第二个数组在 1 轴上的长度为 1，所以可以在 1 轴上进行广播（把 arr2 数组在 1 轴上重复 3 次）。

这样的例子还有(2,3)和(1,3)、(3,2,1)和(3,2,2)、(3,1,3)和(3,2,3)，它们分别会沿着 0 轴、2 轴、1 轴进行广播。

```
In[126]:
     arr1=np.arange(6).reshape(2,3)
```

```
    arr2=np.arange(3).reshape(1,3)
    print("arr1=")
    print(arr1)
    print("arr2=")
    print(arr2)
    print("arr1+arr2=")
    print(arr1+arr2)
    arr3=np.arange(6).reshape(3,2,1)
    arr4=np.arange(12).reshape(3,2,2)
    print("arr3=")
    print(arr3)
    print("arr4=")
    print(arr4)
    print("arr3+arr4=")
    print(arr3+arr4)
    arr5=np.arange(9).reshape(3,1,3)
    arr6=np.arange(18).reshape(3,2,3)
    print("arr5=")
    print(arr5)
    print("arr6=")
    print(arr6)
    print("arr5+arr6=")
    print(arr5+arr6)
Out[126]:
    arr1=
        [[0 1 2]
         [3 4 5]]
    arr2=
        [[0 1 2]]
    arr1+arr2=
        [[0 2 4]
         [3 5 7]]
    arr3=
        [[[0]
          [1]]
         [[2]
          [3]]
         [[4]
          [5]]]
    arr4=
        [[[ 0  1]
          [ 2  3]]
         [[ 4  5]
          [ 6  7]]
         [[ 8  9]
          [10 11]]]
    arr3+arr4=
        [[[ 0  1]
          [ 3  4]]
         [[ 6  7]
          [ 9 10]]
         [[12 13]
          [15 16]]]
    arr5=
        [[[0 1 2]]
         [[3 4 5]]
         [[6 7 8]]]
    arr6=
```

```
             [[[ 0  1  2]
               [ 3  4  5]]
              [[ 6  7  8]
               [ 9 10 11]]
              [[12 13 14]
               [15 16 17]]]
     arr5+arr6=
               [[[ 0  2  4]
                 [ 3  5  7]]
                [[ 9 11 13]
                 [12 14 16]]
                [[18 20 22]
                 [21 23 25]]]
```

习题

一、基本操作题

在 Jupyter Notebook 中实现下面的操作。

1. 导入 NumPy 库并取别名为 np。
2. 创建长度为 5，值为 0 的 ndarray 对象。
3. 创建一个值域为[10,49]的 ndarray 对象（使用 arange()函数）。
4. 访问 ndarray 对象描述数据的元数据（数据维度、数据类型等）。
5. 将一个数组进行反转（第一个元素变为最后一个元素）。
6. 创建一个 3×3 的矩阵，值域为[0,8]，可以使用 reshape()函数。
7. 创建一个 10×10 的随机数组，并找出该数组中的最大值与最小值。
8. 创建一个长度为 30 的随机向量，并求它的平均值。
9. 用一个生成 10 个整数的函数来构建数组，可以使用 fromiter()函数。
10. 创建一个长度为 10 的向量，值域为(0,1)，可以使用 linspace()函数。
11. 创建一个长度为 10 的随机向量，并把它排序。
12. 创建表示位置(x,y)和颜色(r,g,b,a)的结构化数组。
13. arr=np.range(15)，从 arr 数组中提取所有值为奇数的元素。
14. arr=np.range(15)，用-1 替换 arr 数组中所有的奇数。
15. arr=np.range(15)，将 arr 数组中的所有奇数替换为-1 而不更改 arr 数组。
16. arr=np.range(15)，将 arr 数组重置成 3×5 的二维数组。
17. arr1=np.arange(10).reshape(2,5)和 arr2=np.arange(15).reshape(3,5)，分别水平和垂直堆叠 arr1 与 arr2 数组。
18. a=np.range(15)，从 a 数组中提取 5～10 的所有元素。

二、简答题

1. 以 data 一维数组对象为例，简述一维数组的下标和索引的存取规则。
2. 以 data2 二维数组对象为例，简述二维数组的下标和索引的存取规则。
3. 举例说明什么是花式索引。
4. 举例说明什么是布尔索引。
5. 说明数组对象复制和视图的区别，并说明哪些操作是复制，哪些操作是视图。
6. 至少写出 3 种排序函数，并说明排序函数的常用参数。
7. NumPy 广播机制指的是什么？举例说明如何理解 NumPy 的广播机制。

03 第3章 Pandas基础

NumPy 虽然提供了方便的数组功能，但是它缺少数据处理和数据分析的快速工具。Pandas 是基于 NumPy 的一种工具，这个工具是为了解决数据处理、数据分析任务而创建的，它包含的数据结构和数据处理工具使得用户在 Python 中进行数据处理和数据分析非常快捷。Pandas 经常是与 NumPy、SciPy 及数据可视化工具 Matplotlib 一起使用的。Pandas 采用了很多 NumPy 的代码风格，但其与 NumPy 最大的不同在于 Pandas 主要用来处理表格数据或异质数据。而 NumPy 则相反，它更适合处理同质型的数据和数值类数组数据。

Pandas 主要的特点有两个：一是纳入了大量的库和一些标准的数据模型，提供了高效操作大型数据集所需的工具；二是提供了大量能够快速而便捷地处理数据的函数。

在本书后续内容中，我们会使用如下的方式导入 Pandas。

```
import Pandas as pd
```

导入 Pandas 后，可查看 Pandas 版本。

```
import Pandas as pd
pd.__version__
```

3.1 Pandas 数据结构

学习 Pandas，需要了解 Series 和 DataFrame，它们是 Pandas 中最常用的两个数据结构对象。本节主要讲解这两种基本数据结构对象的基本概念和属性。

3.1.1 Series 对象

Series 是一种一维的数组型对象，它除了包含值序列外（与 NumPy 中的一维 ndarry 类型相似），还包含数据标签，后面我们称其为索引（index）。

Series 对象与 NumPy 中的一维数组类似，二者与 Python 基本的数据结构 List 也很相近。它们的区别如下。

① List 中的元素可以是不同的数据类型，而 NumPy 中的一维数组和

Series 对象则只允许存储相同数据类型的元素，这样可以更有效地使用内存，提高运算效率。

② Series 对象与 NumPy 中的一维数组的不同之处是 Series 对象除了有值序列外，还有数据标签，而 NumPy 中的数组没有数据标签。

③ Series 对象中的数据必须是一维的，而 NumPy 中的数组可以是多维的。

④ Series 对象定义了 NumPy 中的 ndarray 数组的接口_array_()，因此 NumPy 函数可以直接操作 Series 对象。

Series 对象不仅存储值序列，而且存储数据标签，因此每个 Series 对象都具有两个属性。

① index 属性：RangeIndex 索引对象，如果创建 Series 对象时不指定 index 属性，那么系统会默认生成，默认生成的索引是从 0 到 N-1（N 是数据长度）。

② values 属性：保存元素值的 ndarray 数组，NumPy 函数都是对此进行操作。

调用构造函数 Series()可以从多种数据结构生成 Series 对象，每个 Series 对象都有 index 和 values 两个属性。最简单的 Series 对象可以仅由一个列表生成，下面使用列表创建一个简单的 Series 对象，查看一下它的 index 属性和 values 属性。

```
In[1]:ser=pd.Series([1,2,3])
     ser.index
Out[1]:ser.index: RangeIndex(start=0, stop=3, step=1)
In[2]:ser.values
Out[2]:ser.values: [1 2 3]
```

从输出结果可以看出，Series 对象的 index 属性是 RangeIndex，开始是 0，结束是 3（索引包含开始但是不包含结束），步长为 1。上面的代码中在创建 Series 对象时并没有指定 index 属性，这时系统默认生成的索引是从 0 到 N-1（N 是数据长度）。Series 对象的 values 属性是一个数组，它与 NumPy 的一维数组类似，NumPy 的函数都是对此进行操作。

除了从列表创建 Series 对象，还可以从字典、NumPy 的 ndarray 数组、range()函数等创建 Series 对象。

【实例】从列表创建一个 Series 对象（默认生成索引）。

```
In[3]:ser1=pd.Series([11,12,13,14,15])
      ser1
Out[3]:
 0   11
 1   12
 2   13
 3   14
 4   15
 dtype: int64
```

输出结果中左边的一列是索引（index），右边的一列是值（values）。由于我们没有指定索引，因此索引采用默认的 0～4（数据长度 5）。当然也可以指定索引。

【实例】从列表生成一个 Series 对象并指定索引。

```
In[4]:ser1=pd.Series([1,2,3,4,5],index=['a','b','c','d','e'])
     ser1
Out[4]:
     a   1
     b   2
     c   3
     d   4
     e   5
     dtype: int64
```

从另一个角度考虑 Series 对象，我们也可以认为它是一个有序的字典。字典的键可以看作 Series 对象的索引，字典的值可以看作 Series 对象的值，因此可以从字典直接生成 Series 对象。

【实例】从字典创建 Series 对象（不指定 index 属性）。

```
In[5]:dictSer=pd.Series({'a':11,'b':12,'c':13,'d':14,'e':15,'f':16})
      dictSer
Out[5]:
      a    10
      b    40
      c     5
      d    90
      e    35
      f    40
      dtype: int64
```

从输出结果可以看出，从字典创建 Series 对象时，如果不指定 index 属性，那么 Series 对象的 index 属性默认是字典的键。那么，如果在字典中设置 Series 对象的 index 属性，又会出现什么情况呢？

【实例】从字典创建 Series 对象并指明 index 属性，且 index 属性是字典键中的部分值。

```
In[6]:dictSer=pd.Series({'a':10,'b':40,'c':5,'d':90,'e':35,'f':40},index=['a',
'b','e'])
      dictSer
Out[6]:
      a    10
      b    40
      e    35
      dtype: int64
```

从输出结果可以看出，从字典生成 Series 对象，并且在 Series 对象中设置 index 属性时，如果 index 属性是字典中的部分键值，就相当于从字典中挑选数据。那么，如果 index 属性中的标签有字典中不存在的键值，又会出现什么情况呢？

【实例】从字典创建 Series 对象并指明 index 属性，且 index 属性中存在部分标签不在字典的键中。

```
In[7]:dictSer=pd.Series({'a':10,'b':40,'c':5,'d':90,'e':35,'f':40},index=['a',
'b','e','k'])
      dictSer
Out[7]:
      a    10.0
      b    40.0
      e    35.0
      k     NaN
      dtype: float64
```

上面的例子中，index 属性中的标签'k'没有出现在字典的键中，它对应的值是 NaN，这是 Pandas 中标记缺失值的方式。除此之外，因为字典键'c'并没有出现在索引中，所以它被排除在输出结果之外。

当然，我们还可以从 NumPy 的 ndarray 数组创建 Series 对象。

【实例】从 ndarray 数组创建 Series 对象。

```
In[8]:arr1=np.array([11,12,13,14,15])
      arr2=np.array(['a','b','c','d','e'])
      serp=pd.Series(arr1,index=arr2)
      serp
```

```
Out[8]:
   a    11
   b    12
   c    13
   d    14
   e    15
   dtype: int32
```

Series 对象定义了 NumPy 的 ndarray 数组的接口_array_()，因此 NumPy 函数可以直接操作 Series 对象。例如，使用布尔值数组进行过滤，与标量进行算术运算，或是应用数学函数，并且这些操作都会保存 index 属性的值连接。

```
In[9]:arr1[serp>12]
Out[9]:
     c    13
     d    14
     e    15
     dtype: int32
In[10]:serp*2
Out[10]:
     a    22
     b    24
     c    26
     d    28
     e    30
     dtype: int32
In[11]:np.exp(serp)
Out[11]:
     a    5.987414e+04
     b    1.627548e+05
     c    4.424134e+05
     d    1.202604e+06
     e    3.269017e+06
     dtype: float64
```

对于很多应用来说，在数学运算中自动对齐 index 属性是 Series 对象的一个非常有用的特性。

```
In[12]:dictSer
Out[12]:
     a    10.0
     b    40.0
     e    35.0
     k     NaN
     dtype: float64
In[13]:serp
Out[13]:
a    11
b    12
c    13
d    14
e    15
dtype: int32

In[14]:result=dictSer+serp
     result
Out[14]:
a    21.0
b    52.0
```

```
c     NaN
d     NaN
e    50.0
k     NaN
dtype: float64
```

从上面的输出结果可以看出，输出结果 result 的 index 属性是 dictSer 和 serp 的 index 属性的并集，然后 dictSer 与 serp 的 index 属性会自动与 result 的 index 属性对齐（没有 index 属性对应值的地方自动补 NaN 缺失值）。如果读者学习过数据库的知识，可以看到 Series 对象的 index 属性自动对齐的特性与数据库的 join 操作是非常相似的。

Series 对象本身和其索引对象都有 name 属性，这个特性与 Pandas 的其他功能集成在一起，所以一定要掌握它的 name 属性。

```
In[15]:serp.name="price";
       serp.index.name="product"
        serp
Out[15]:
    product
    a    11
    b    12
    c    13
    d    14
    e    15
    Name: price, dtype: int32
```

3.1.2 DataFrame 对象

DataFrame 对象表示的是矩阵的数据结构，这种数据结构与 Excel 表相似，其设计初衷是将 Series 对象的使用场景由一维扩展到多维。DataFrame 对象由按一定顺序排列的多列数据组成，其中每列的数据类型必须一致，而各个列的数据类型可以不同（可以是数值、字符串、布尔值等类型）。DataFrame 对象既有行索引也有列索引，因此可以把它看作一个具有共同索引的 Series 字典。

尽管 DataFrame 对象是二维的，但可以利用分层索引在 DataFrame 对象中展现更高维度的数据，分层索引是 Pandas 中更为高级的操作，在后面的内容中会详细介绍。

DataFrame 对象有 data、index 和 columns 这 3 个属性，分别表示数据、行索引和列索引。

① data 属性： ndarray 多维数组对象，存储 DataFrame 对象的值数据。

② index 属性：RangeIndex 索引对象，存储行索引，如果创建 DataFrame 对象时不指定 index 属性，那么系统会生成默认行索引，默认生成的行索引是从 0 到 N-1（N 是 data 的行数）。

③ columns 属性：RangeIndex 索引对象，存储列索引，如果创建 DataFrame 对象时不指定 columns 属性，那么系统生成默认列索引，默认生成的列索引是从 0 到 M-1（M 是 data 的列数）。

调用 DataFrame()构造函数可以将多种数据结构转换成 DataFrame 对象，最简单的方式是通过一个嵌套列表创建一个 DataFrame 对象，columns 参数用来定义列索引，index 参数用来定义行索引。

```
    In[16]:df=pd.DataFrame(data=[[1,2,3],[1,2,3],[1,2,3]],columns=['c1','c2','c3'],
index=["r1","r2","r3"])
         df
    Out[16]:
            c1  c2  c3
         r1  1   2   3
```

```
        r2   1   2   3
        r3   1   2   3
```

与 Series 对象类似，DataFrame 对象也可以从多种数据结构创建，其中最常用的方式是利用包含等长度列表和 NumPy 数组的字典来形成 DataFrame 对象。

【实例】由字典（字典的值为列表，字典的值的长度必须是相等的）构建 DataFrame 对象。

```
  In[17]:data1 = {'English' : [74,85,96], 'Math' : [87,78,89],'Chinese' : [81,
92,83],};
        df1 = pd.DataFrame(data1);
        df1
  Out[17]:
             Chinese  English  Math
        0       81       74     87
        1       92       85     78
        2       83       96     89
```

上面的例子中并没有给 DataFrame 对象设置 index 属性和 columns 属性。那么对于行索引，系统会自动为 DataFrame 对象生成，默认生成的索引是从 0 到 N-1（N 是 data 的行数）；对于列索引，系统会将字典的键排序后作为列索引。

当然也可以为 DataFrame 对象设置行索引。

```
  In[18]:df2=pd.DataFrame(data1,index=['zhangsan','lisi','wangwu'])
          df2
  Out[18]:
                 Chinese   English  Math
     zhangsan     81         74      87
     lisi         92         85      78
     wangwu       83         96      89
```

如果设置了 DataFrame 对象的列索引，并且设置的列索引的索引项都在字典的键中，那么列就不会排序，而是会按照设置的列索引的顺序显示。

```
  In[19]:df3=pd.DataFrame(data1,columns=['Math','Chinese','English'],index=['zhang
            san','lisi','wangwu'])
         df3
  Out[19]:
               Math  Chinese   English
  zhangsan      81     87        74
  lisi          92     78        85
  wangwu        83     89        96
```

如果设置的列索引中的某项不在字典的键中，则该项会显示为缺失值 NaN。

```
  In[20]:df4=pd.DataFrame(data1,columns=['Math','Chinese','Eng'],index=['zhangsan',
        'lisi','wangwu'])
        df4
  Out[20]:
               Math  Chinese    Eng
  Zhangsan      81     87       NaN
  Lisi          92     78       NaN
  Wangwu        83     89       NaN
```

【实例】由字典（字典的值为 Series 对象）构建 DataFrame 对象。

```
  In[21]:data2 = {'Chinese':pd.Series([81,92,83]),
        'English':pd.Series([74,85,96]),
        'Math':pd.Series([87,78,89])}
        df2 = pd.DataFrame(data2)
```

```
      df2
Out[21]:
         Chinese   English  Math
      0     81        74      87
      1     92        85      78
      2     83        96      89
```

从输出结果可以看出，字典的键变成了 DataFrame 对象的列索引，因为没有添加行索引，行索引默认是 0～（*N*-1）（*N* 是 DataFrame 的行数）。如果想添加行索引，则要求所有的 Series 对象必须具有相同的索引，Series 对象的索引会成为 DataFrame 对象的行索引。

```
In[22]:data3={'Chinese':pd.Series([81,92,83],index=['zhangsan','lisi',
      'wangwu']),
      'English':pd.Series([74,85,96],index=['zhangsan','lisi','wangwu']),
      'Math':pd.Series([87,78,89],index=['zhangsan','lisi','wangwu'])}
      df3 = pd.DataFrame(data3)
      df3
Out[22]:
                Chinese  English   Math
      zhangsan      81       74       87
      lisi          92       85       78
      wangwu        83       96       89
```

另外，我们也可以使用字典构成的列表来创建 DataFrame 对象，这时的字典必须具有相同的键，字典的键会成为 DataFrame 对象的列索引。

【实例】由字典组成的列表构建 DataFrame 对象。

```
In[23]:data4=[{'Chinese':81,'English':74,'Math':87},{'Chinese':92,'English':85,
      'Math':78},{'Chinese':83,'English':96,'Math':89}]
      df4 = pd.DataFrame(data4,index=['zhangsan','lisi','wangwu'])
      df4
Out[23]:
                 Chinese  English   Math
      zhangsan      81       74       87
      lisi          92       85       78
      wangwu        83       96       89
```

还可以更进一步由字典嵌套（字典的值是字典）来构建 DataFrame 对象。这时外层字典的键是 DataFrame 对象的列索引，外层字典的值也是一个字典（称为内层字典），内层字典的键是行索引，因此内层字典应该具有同样的键。

【实例】由字典嵌套构建 DataFrame 对象。

```
In[24]:data5 = {'Chinese':{'zhangsan':81,
                           'lisi':74,
                           'wangwu':87},
      'English':{'zhangsan':92,
                           'lisi':85,
                           'wangwu':78},
      'Math':{'zhangsan':83,
                           'lisi':96,
                           'wangwu':89}
      }
      df5 = pd.DataFrame(data5)
      df5
Out[24]:
                 Chinese    English  Math
      zhangsan      81          92      83
      lisi          74          85      96
      wangwu        87          78      89
```

3.2 索引对象

Pandas 中索引对象用于存储轴标签和其他元数据，在构造 Series 和 DataFrame 对象时，用户所使用的标签序列都会在内部转化为索引对象。索引不仅有一级，还可以有多级，下面介绍两种索引对象，即 Index 索引对象和 MultiIndex 多级索引对象。

3.2.1 Index 索引对象

Index 索引对象保存索引标签数据，其 values 属性可以获得保存标签的列表，其 name 属性可以获得标签的名称。

【实例】 Series 对象的 Index 索引对象。

```
In[25]:ser1=pd.Series([1,2,3,4,5],index=['a','b','c','d','e'])
       ser_index=ser1.index
       ser_index
Out[25]:Index(['a', 'b', 'c', 'd', 'e'], dtype='object')
In[26]:ser_index.values
Out[26]:['a' 'b' 'c' 'd' 'e']
```

上例中，Series 对象的 index 属性返回一个 Index 索引对象，Index 索引对象的 values 属性可以获得保存标签的列表。与 Series 对象一样，字符串使用 object 类型的列表保存。

对于 DataFrame 对象，除了有行索引对象还有列索引对象，可以通过 index 属性获取行索引对象，通过 columns 属性获取列索引对象。

【实例】 DataFrame 对象的 Index 索引对象。

```
In[27]:data1 = {'English' : [74,85,96], 'Math' : [87,78,89],'Chinese' : [81,92,83],}
    df4=pd.DataFrame(data1,columns=['Math','Chinese','English'],index=['zhangsan',
    'lisi','wangwu'])
    df_index1=df4.index
    df_index1
Out[27]:
    Index(['zhangsan', 'lisi', 'wangwu'], dtype='object')
In[28]:df_index1.values
Out[28]:['zhangsan' 'lisi' 'wangwu']
In[29]:df_index2=df4.columns
       df_index2
Out[29]:Index(['Math', 'Chinese', 'English'], dtype='object')
In[30]:df_index2.values
Out[30]:['Math' 'Chinese' 'English']
```

可以把 Index 索引对象看作一维数组，通过与 NumPy 中的数组相同的下标和切片方式得到一个新的 Index 索引对象。但是 Index 索引对象是只读的，因此一旦创建就无法修改其中的元素。

调用 Index()构造函数可以直接创建 Index 索引对象，创建对象时可以指定 name 参数（表示索引的名称），然后将 Index 索引对象直接传递给 Series 对象的 index 参数或 DataFrame 对象的 index 和 columns 参数。

【实例】 直接将 Index 索引对象传递给 Series 对象的 index 参数。

```
In[31]:index1=pd.Index(['a','b','c','d','e'],name="name")
    ser1=pd.Series([1,2,3,4,5],index=index1)
    ser1.index
Out[31]:Index(['a', 'b', 'c', 'd', 'e'], dtype='object', name='name')
In[32]:ser1.index.name
Out[32]:name
```

3.2.2　MultiIndex 多级索引对象

MultiIndex 是多级索引对象，它从 Index 继承，其中的多级标签采用元组对象来表示。多级索引（也称层次化索引）是 Pandas 的重要功能，可以在 Series 和 DataFrame 对象上拥有两级和两级以上的索引。

将一个元组列表传递给 Index()构造函数时，将自动创建 MultiIndex 多级索引对象。

【实例】通过 Index()创建 MultiIndex 多级索引对象。

```
In[33]:data1={'English':[74,85,96,74,85,96],'Math':[87,78,89,74,85,96],'Chinese':
            [81,92,83,74,85,96]}
        index1=pd.Index(['Math','Chinese','English'],name="course")
        index_multi=pd.Index([('one','zhangsan'),('one','lisi'),("one",'wangwu'),
            ('two','zhangsan2'),('two','lisi2'),("two",'wangwu2')],names=
            ["class","name"])
        df4 = pd.DataFrame(data1,columns=index1,index=index_multi)
        df4
Out[33]:
course          Math     Chinese  English
class  name
one zhangsan    87         81       74
    lisi        78         92       85
    wangwu      89         83       96
two zhangsan2   74         74       74
    lisi2       85         85       85
    wangwu2     96         96       96
In[34]:df4.index
Out[34]:
    MultiIndex([('one',  'zhangsan'),
            ('one',      'lisi'),
            ('one',    'wangwu'),
            ('two', 'zhangsan2'),
            ('two',     'lisi2'),
            ('two',   'wangwu2')],
            names=['class', 'name'])
```

当然也可以向 index 参数传递嵌套的列表，以进行层次化索引的构建，下面的例子就是为 Series 对象创建层次化索引。赋值给 index 的嵌套列表的每个子列表要具有相同的长度（两层索引要等长），且列表的第一个子列表是一级索引，列表的第二个子列表是二级索引：

```
In[35]:ser=pd.Series([11,12,23,3,4,5],index=[["one","one","one","two","two",
        "two"],["a","b","c","d","e","f"]])
        ser
Out[35]:
one  a    11
     b    12
     c    23
two  d     3
     e     4
     f     5
dtype: int64
In[36]:ser.index
Out[36]:
        MultiIndex([('one', 'a'),
            ('one', 'b'),
            ('one', 'c'),
```

```
            ('two', 'd'),
            ('two', 'e'),
            ('two', 'f')],
            )
```

3.3 数据存取

Series 和 DataFrame 对象提供了丰富的数据存取方法，除了属性和字典存取、直接使用下标和切片存取（又称为[]运算符存取）之外，还可以使用.loc[]、.iloc[]、ix[]、.at[]、iat[]等存取器存取。

3.3.1 属性和字典存取

Series 对象支持句点（.）索引标签类似属性的存取方法和字典存取，字典存取就是 get（索引）的存取方法，返回该索引对应的值。

【实例】 Series 对象的属性和字典存取。

```
In[37]:data1=[23,24,25]
       index=pd.Index(['zhangsan','lisi','wangwu'],name="name")
       ser=pd.Series(data=data1,index=index)
       ser.zhangsan
Out[37]:23
In[38]:ser.get('zhangsan')
Out[38]:23
```

DataFrame 的属性的存取和字典的存取是针对列索引的，返回值是该列索引对应的 Series 对象。

【实例】 DataFrame 对象的属性和字典的存取。

```
In[39]:data2=[{'Chinese':81,'English':74,'Math':87},{'Chinese':92,'English':85,
      'Math':78},{'Chinese':83,'English':96,'Math':89}]
      df = pd.DataFrame(data2,index=index)
      df.Math
Out[39]:
      name
      zhangsan      87
      lisi          78
      wangwu        89
      Name: Math, dtype: int64
In[40]:df.get('Math')
Out[40]:
      name
      zhangsan      87
      lisi          78
      wangwu        89
      Name: Math, dtype: int64
```

3.3.2 [ ]运算符存取

Series 对象提供了丰富的下标和切片存取方法，通过[]运算符对 Series 对象进行存取时，支持下面这 6 种下标对象。

① 单个标签：获取标签对应的数值。

② 标签列表：获取标签列表中多个标签对应的行构成的 Series 对象。

③ 标签切片：获取切片中多个标签对应的行构成的 Series 对象，标签切片包含终值。
④ 整数下标：获取整数下标对应的数值。
⑤ 整数下标切片：获取切片中对应的多行构成的 Series 对象，整数下标切片不包含终值。
⑥ 布尔数组：获取布尔数组中为 True 的对应的行构成的 Series 对象。

【实例】Series 对象的下标存取。

```
In[41]:data1=[23,24,25]
     index=pd.Index(['zhangsan','lisi','wangwu'],name="name")
     ser=pd.Series(data=data1,index=index)
     #单个标签
     ser['zhangsan']
Out[41]:
     23
     #标签切片
In[42]:ser["zhangsan":"wangwu"]
Out[42]:
     name
     zhangsan  23
     lisi      24
     dtype: int64
     #标签列表
In[43]:ser[["zhangsan","wangwu"]]
Out[43]:
     name
     zhangsan  23
     wangwu    25
     dtype: int64
     #单个整数下标
In[44]:ser[0]
Out[44]:
     23
     #整数下标列表
In[45]:ser[[0,1]]
Out[45]:
     name
     zhangsan  23
     lisi      24
     dtype: int64
     #整数下标切片
In[46]:ser[0:2]
Out[46]:
     name
     zhangsan  23
     lisi      24
     dtype: int64
     #布尔数组
In[47]:ser[[True,False,False]]
Out[47]:
     name
     zhangsan  23
     dtype: int64
```

与 Series 对象类似，通过[]运算符也可以对 DataFrame 对象进行存取。DataFrame 对象既有行索引也有列索引，但是对 DataFrame 对象通过[]运算符进行存取时，主要是针对列索引进行操作，支持下面几种下标对象。

① 单个标签：获取标签对应的列，返回 Series 对象。

② 标签列表：获取标签列表中多个标签对应的列构成的 DataFrame 对象。

③ 整数下标切片：获取切片中对应的多行构成的 DataFrame 对象，整数下标切片不包含终值。

④ 标签切片：获取切片中对应的多行构成的 DataFrame 对象，标签切片包含终值。

⑤ 布尔数组：获取布尔数组中为 True 的对应的行构成的 DataFrame 对象。

⑥ 布尔 DataFrame：将 DataFrame 对象中 False 对应的元素设置为 NaN。

数据准备如下。

```
In[48]:data=[{'Chinese':81,'English':74,'Math':87},{'Chinese':92,'English':85,
       'Math':78},{'Chinese':83,'English':96,'Math':89}]
       df = pd.DataFrame(data,index=['zhangsan','lisi','wangwu'])
       df
Out[48]:
                Chinese  English   Math
       zhangsan    81       74      87
       lisi        92       85      78
       wangwu      83       96      89
```

【实例】[]运算符通过列索引标签来检索 DataFrame 对象的某一列，返回该列对应的 Series 对象。

```
In[49]:ser1=df["Chinese"]
    ser
Out[49]:
    zhangsan     81
    lisi         92
    wangwu       83
    Name: Chinese, dtype: int64
```

在上面的例子中，df["Chinese"]返回的是一个 Series 对象，并且返回的 Series 对象与原 DataFrame 对象有相同的行索引。

列的引用是可以修改的，因此可以把 df 中的列赋值为标量值或数组等。

```
   #赋值为标量值
In[50]:df['Math']=90
      df
Out[50]:
                 Chinese   English  Math
      zhangsan      81        74      90
      lisi          92        85      90
      wangwu        83        96      90
      #赋值为数组
In[51]:df['Math']=np.array([90,91,92])
      df
Out[51]:
                 Chinese   English   Math
      zhangsan      81        74      90
      lisi          92        85      91
      wangwu        83        96      92
```

将列表（或 ndarray 数组）给一个列时，列表（或 ndarray 数组）的长度必须和 DataFrame 对象的列的长度是相等的。但是如果将 Series 对象赋值给一列时，就没有这个限制。因为 Series 对象的索引会按照 DataFrame 对象的索引重新排列，并在空缺的地方填充缺失值。

```
In[52]:ser=pd.Series([89,78,89],index=['zhangsan','lisi','abc'])
    df['Math']=ser
    df
Out[52]:
                  Chinese   English    Math
    zhangsan        81        74        89.0
    lisi            92        85        78.0
    wangwu          83        96        NaN
```

如果被赋值的列不存在，则会生成一个新列。下面的例子中是增加了一个新的列C。

```
In[53]:ser=pd.Series([89,78,89],index=['zhangsan','lisi','wangwu'])
        df['C']=ser
        df
Out[53]:
                      Chinese   English    Math     C
        zhangsan        81        74       89.0     89
        lisi            92        85       78.0     78
        wangwu          83        96       NaN      89
```

与选择不同，只能通过字典型标记df['C']添加新的列，通过属性df.C无法添加新列。

del关键字可以像在字典中那样对DataFrame对象进行删除列的操作。下面用del关键字删除新添加的列C。

```
In[54]:del df['C']
    df
Out[54]:
                  Chinese   English   Math
    zhangsan        81        74       87
    lisi            92        85       78
    wangwu          83        96       89
```

【实例】当[]运算符的下标是列表或切片时，得到一个新的DataFrame对象。

```
     #下标是列表
In[55]:df_new=df[["Chinese","English"]]
     df_new
Out[55]:
                   Chinese   English
     zhangsan        81        74
     lisi            92        85
     wangwu          83        96
     #整数切片
In[56]:df[0:2]
Out[56]:
                   Chinese  English    Math
     zhangsan        81        74       87
     lisi            92        85       78
     #布尔数组1
In[57]:df[[True,False,True]]
     Out[57]:
                   Chinese English    Math
     zhangsan        81       74        87
     wangwu          83       96        89
```

```
    #布尔数组 2
In[58]:df.Englishi>80
Out[58]:
    Zhangsan    False
    lisi        True
    wangwu      True
    Name: English, dtype: bool
In[59]:df[df.English>80]
Out[59]:
                Chinese   English
    lisi          92        85
    wangwu        83        96
    #布尔数组 3
In[60]:df[df["English"]>80]
Out[60]:

                Chinese   English
    lisi          92        85
    wangwu        83        96
    #布尔 DataFrame 对象
In[61]:df>80
Out[61]:
         Chinese   English  Math
zhangsan   True     False    True
lisi       True     True     False
wangwu True True True
In[62]:df[df>80]
Out[62]:
                Chinese   English    Math
   zhangsan       81        NaN      87.0
   lisi           92        85.0     NaN
   wangwu         83        96.0     89
```

上面的例子中，df.English>80 和 df["English"]>80 的结果是一个布尔 Series 对象，因此 df[df.English>80]、df[df["English"]>80]的下标是布尔数组，获得的结果是该布尔数组中值为 True 的行构成的 DataFrame 对象。df>80 是一个布尔 DataFrame 对象，df[df>80]将把 df>80 中对应位置为 False 的元素置换为 NaN。

在对 NumPy 中的二维数组下标进行存取时，如果下标元组中只包含整数和切片，那么得到的数组和原数组共享数据，它是原数组的视图。当下标中使用整数数组索引、布尔索引及布尔数组索引等花式索引时，所获得的数组是原数组的副本，因此修改索引数组不会改变原数组。DataFrame 对象与 NumPy 中的二维数组一样，当下标中只包含标签和切片时，得到的 DataFrame 对象和原 DataFrame 对象共享数据，它是原 DataFrame 对象的视图；当下标为布尔数组、布尔 DataFrame 对象时，得到的 DataFrame 对象是原 DataFrame 对象的副本，因此修改新的 DataFrame 对象数据不影响原 DataFrame 对象。

【实例】当下标是单个标签时，得到的 Series 对象是 DataFrame 对象的视图，共享数据。当下标是整数下标切片、标签切片时，得到的 DataFrame 对象是原 DataFrame 对象的视图，共享数据。

```
In[63]:data=[{'Chinese':81,'English':74,'Math':87},{'Chinese':92,'English':85,
        'Math':78},{'Chinese':83,'English':96,'Math':89}]
    df = pd.DataFrame(data,index=['zhangsan','lisi','wangwu'])
    df
Out[63]:
```

```
              Chinese    English  Math
     zhangsan       81         74     87
     lisi           92         85     78
     wangwu         83         96     89

     #当下标是单个标签时
In[64]:ser=df["Math"]
       ser["zhangsan"]=100
       df
Out[64]:
              Chinese    English  Math
     zhangsan       81         74    100
     lisi           92         85     78
     wangwu         83         96     89
     #当下标是整数下标切片时
In[65]:df_new=df[0:2]
     df_new["Math"]=200
     df_new
Out[65]:
              Chinese    English  Math
     zhangsan       81         74    200
     lisi           92         85    200
In[66]:df
Out[66]:

              Chinese    English  Math
     zhangsan       81         74    200
     lisi           92         85    200
     wangwu         83         96    89
```

【实例】当下标是布尔数组、布尔 DataFrame 对象时，得到的 DataFrame 对象是原对象的副本，修改得到的 DataFrame 对象的值不影响原 DataFrame 对象的数据。

```
In[67]:df_new=df[df["Chinese"]<90]
       df_new["Chinese"]=200
       df_new
Out[67]:
              Chinese    English  Math
     zhangsan      200         74    200
     wangwu        200         96    89
In[68]:df
Out[68]:
              Chinese    English  Math
     zhangsan       81         74    200
     lisi           92         85    200
     wangwu         83         96    89
```

3.3.3 存取器存取

通过前两小节的内容，我们知道对于 DataFrame 对象，通过[]运算符或属性就能选择某一列或某些列的数据，通过[]运算符的标签切片和整数下标切片可以获取某些行的数据。除此之外，还可以通过.loc[]和.iloc[]等存取器更方便地进行行/列数据的存取。

.loc[]存取器的下标对象若是一个元组，则元组中的两个元素分别与 DataFrame 对象的两个轴对应，这时是对 DataFrame 对象中的某个元素（元组位置对应的元素）进行存取；若下标对象不是一个元组，且只有 0 轴，则是对 DataFrame 对象的行进行存取，若只有 1 轴，则是对 DataFrame 对象的列进行存取。

【实例】.loc[]存取器下标对象是一个元组，元组中的两个元素分别对应 DataFrame 对象的 0 轴和 1 轴，返回的是 DataFrame 对象中与元组位置对应的元素的值。

```
In[69]:df.loc[("zhangsan","Math")])
Out[69]:
    200
```

【实例】.loc[]存取器的下标若不是元组，如果下标只有 0 轴，这时.loc[]是取某行数据；如果下标只有 1 轴，这时.loc[]是取某列数据。

```
    #.loc[]下标对象不是元组，且只有 0 轴，则取某行
In[70]:df.loc["zhangsan"]
Out[70]:
    Chinese    81
    English    74
    Math      200
    Name: zhangsan, dtype: int64
    #.loc[]下标对象不是元组，且只有 1 轴，则取某列
In[71]:df.loc[[:,"Math"]
Out[71]:
    Zhangsan   200
    lisi       200
    wangwu      89
    Name: Math, dtype: int64
```

.loc[]存取器的每个轴的下标对象除了支持单个标签外，还支持标签列表、标签切片及布尔数组。

```
    #下标为标签列表
In[72]:df.loc[["zhangsan","lisi"],["English","Math"]]
Out[72]:
              English   Math
    zhangsan     74      200
    lisi         85      200
    #第 0 轴为标签切片，第 1 轴为标签列表
In[73]:df.loc["zhangsan":"wangwu",["Math","English"]]
Out[73]:
    course       Math   English
    name
    zhangsan      200       74
    lisi          200       85
    wangwu         89       96
    #第 0 轴为布尔数组，第 1 轴为标签列表
In[74]:df.loc[df["Math"]>80,["Math","English"]]
Out[74]:
    course      Math     English
    name
    zhangsan    200         74
    wangwu       89         96

    #第 0 轴为标签切片，第 1 轴为标签切片
In[75]:df.loc["zhangsan":"wangwu","Math":"English"]
Out[75]:
```

```
    course    Math    Chinese  English
    name
    zhangsan  200       81       74
    lisi      200       92       85
    wangwu    89        83       96
```

.iloc[]存取器与.loc[]类似，不过.iloc[]存取器的下标是标签元组、标签切片、标签列表等，而.iloc[]的下标是位置下标，也就是整数下标。

```
#第 0 轴和第 1 轴下标对象均为整数列表，获取这两个列表的网格数据
In[76]:df.iloc[[0,1],[0,2]]
Out[76]:
               Math    English
    Zhangsan   200        74
    Lisi       200        85
    #下标对象只有 0 轴，获取某一行的数据
In[77]:df.iloc[0]
Out[77]:
    Chinese    81
    English    74
    Math       87
    Name: zhangsan, dtype: int64
    #下标对象只有 1 轴，获取某一列的数据
In[78]:df.iloc[np.s_[:,0]]
Out[78]:
    zhangsan   81
    lisi       92
    wangwu     83
    Name: Chinese, dtype: int64
```

除此之外，还有.ix[]存取器，.ix[]存取器的功能更加强大，下标对象既可以是标签，也可以是位置下标，相当于.loc[]和.iloc[]存取器的合体。需要注意的是，在使用的时候需要统一：在 0 轴（1 轴）上要么是标签，要么是位置下标，不能混用。

【实例】0 轴是标签，1 轴是位置下标。

```
In[79]:df.ix["zhangsan":"wangwu",[0,2]]
Out[79]:
                  Chinese  Math
    zhangsan         81     87
    lisi             92     78
    wangwu           83     89
```

另外，.at[]存取器根据指定 0 轴（行）的标签名称及 1 轴（列）的标签名称快速定位 DataFrame 对象的单个元素，也就是.at[]存取器只支持标签名称。.iat[]存取器与.at[]的功能相同，只是在 0 轴和 1 轴上都只支持位置下标。

```
In[80]:df.at["zhangsan","Math"]
Out[80]:87
In[81]:df.iat[0,1]
Out[81]:74
```

当.loc[]、.iloc[]存取器的下标对象是两个列表时，所获得的是这两个列表形成的网格，例如 df.iloc[[0,2],[1,2]]返回的是第 0、2 行的第 1、2 列交叉的网格数据，返回的是一个 DataFrame 对象。这与 NumPy 的数组下标操作不一样，如果希望获得两个列表中的每对标签所对应的元素，可以使用 lookup()函数，它返回一个包含每对标签所对应的元素的数组，例如 df.lookup(["zhangsan", "wangwu"],["Math","English"])返回标签对（"zhangsan","Math"）、（"wangwu","English"）所对应元素构成的数组。

lookup()函数只支持标签名称。

```
In[82]:df.iloc[[0,2],[1,2]]
Out[82]:
              English   Math
   zhangsan      74      200
   wangwu        96      89
In[83]:df.lookup(["zhangsan","wangwu"],["Math","English"])
Out[83]:[200,96]
```

3.3.4 多级索引的存取

当 Series、DataFrame 对象的索引是一个多级索引时，.loc[]和.at[]存取器的下标可以指定多级索引中每级索引上的标签。这时多级索引的下标是一个下标元组，该元组中的每个元素与索引中的每级索引对应。若元组的元素数量比索引的层的数量少，则在缺少的层上用 slice(None)代替。例如，对于一个二层索引的 DataFrame 对象来说，可以通过.loc[一级行索引,二级行索引]来获取某一行，通过.loc[一级行索引]来获取一级索引所对应的所有行，通过.loc[(slice(None),二级索引),列索引]来获取对应的二级索引和列索引所形成的网格数据。当结果为一行时得到的是 Series 对象，结果为多行时得到的是 DataFrame 对象。

准备数据如下。

```
In[84]:data1 = {'English' : [74,85,96,74,85,96], 'Math' : [87,78,89,74,85,96],
            'Chinese' : [81,92,83,74,85,96]}
       index1=pd.Index(['Math','Chinese','English'],name="course")
       index_multi=pd.Index([('one','zhangsan'),('one','lisi'),("one",'wangwu'),
           ('two','zhangsan'),('two','lisi'),("two",'wangwu')],names=["class",
           "name"])
       df= pd.DataFrame(data1,columns=index1,index=index_multi)
       df
Out[84]:
       course          Math     Chinese  English
       class name
       one   zhangsan   87        81        74
             lisi       78        92        85
             wangwu     89        83        96
       two   zhangsan   74        74        74
             lisi       85        85        85
             wangwu     96        96        96
```

在上面的数据中，'one'和'two'是第 0 轴的一级索引标签，'zhangsan'、'lisi'和'wangwu'等是 0 轴的二级索引标签。

下面的代码实现了二级行索引的存取实例，读者可以通过下面的代码学习多级索引的存取。

```
    #选择 class=one 对应的所有列
In[85]:df.loc["one"]
Out[85]:
       course      Math  Chinese   English
       name
```

```
        zhangsan    87      81      74
        lisi        78      92      85
        wangwu      89      83      96
    #选择 class=one 对应的 Math、English 列
In[86]:df.loc[["one"],["Math","English"]]
Out[86]:
    course          Math    English
    class name
    one   zhangsan   87       74
          lisi       78       85
          wangwu     89       96
    #选择 class=one 和 name=zhangsan 的 Math、English 列
In[87]:df.loc[[("one","zhangsan")],["Math","English"]]
Out[87]:
    course          Math    English
    class name
    one   zhangsan   87       74
    #选择 class=one name=zhangsan、class=two name=zhangsan2 的 Math、English 列
In[88]:df.loc[[("one","zhangsan"),("two","zhangsan2")],["Math","English"]]
Out[88]:
  course            Math   English
  class name
  one   zhangsan     87      74
  two   zhangsan     74      74
    #选择 name=zhangsan 的所有课程成绩
In[89]:df.loc[(slice(None),'zhangsan'),"Math"])
```

或者

```
df.loc[np.s_[:,"zhangsan"],:])
```

这时会发现提示出错。

```
UnsortedIndexError: 'MultiIndex Slicing requires the index to be fully lexsorted
tuple len (2), lexsort depth (0)'
```

这是因为此时的 index 无法进行排序，在 Pandas 文档中提到 “Furthermore if you try to index something that is not fully lexsorted, this can raise:”。

可以通过 df.index.is_lexsorted()来检查 index 是否有序。

```
In[90]:df.index.is_lexsorted()
Out[90]:
 False
```

从上面的输出结果可以看出 df 的 index 没有进行排序，因此接下来尝试对 index 进行排序（关于排序后面会有详细讲解）。

```
In[91]:df = df.sort_index(level='class')
       df.loc[(slice(None),'zhangsan'),"Math"]
```

或者

```
       df.loc[np.s_[:,"zhangsan"],:]
Out[91]:
 class  name
 one    zhangsan       87
 two    zhangsan       74
 Name: Math, dtype: int64
In[92]:df.loc[(slice(None),'zhangsan'),["Math","English"]]
```

```
Out[92]:

       course    Math   English
class  name
one    zhangsan   87       74
two    zhangsan   74       74
```

3.3.5 逻辑条件存取

前面已经介绍了如何根据位置获取 DataFrame 对象中某行、某些行、某列、某些列，或某些行与列的网格数据。本小节介绍逻辑条件存取，可以根据逻辑条件选择数据，例如可以按照 0 轴（行）进行选择，也可以按照 1 轴（列）进行选择。

下面先来准备数据。

```
In[93]:data1 = {'English' : [74,85,96], 'Math' : [87,78,89],'Chinese' : [81,92,83],}
       df=pd.DataFrame(data1,index=['zhangsan','lisi','wangwu'])
       df
Out[93]:
                Chinese   English   Math
     zhangsan      81        74       87
     lisi          92        85       78
     wangwu        83        96       89
```

可以利用前面学习的布尔数组来完成逻辑条件的选择，例如要选择数学成绩大于 80 分的学生信息。

【实例】布尔数组选择，单条件选择。

```
#选择 Math 列的取值大于 80 的记录
In[94]:df[df.Math>80]
```

或者

```
df[df["Math"]>80]
Out[94]:
               Chinese   English  Math
     zhangsan     81        74      87
     wangwu       83        96      89
#选择 Math 列的取值大于 80 的记录，但是只显示满足条件的 Chinese 和 English 列的值
In[95]:df[["Chinese","English"]][df.Math>80]
```

或者

```
df[["Chinese","English"]][df["Math"]>80]
Out[95]:
               Chinese   English
     zhangsan     81        74
     wangwu       83        96
```

如果是多个条件的存取，可以使用&（并）、|（或）等运算符实现多条件存取。

【实例】布尔数组选择，多条件存取。

```
#选择 Math 列的取值大于 80，English 列的取值大于 80 的记录
In[96]:df[(df['Math'] > 80) & (df['English'] > 80)]
Out[96]:
              Chinese   English  Math
     wangwu      83        96      89
```

当然也可以使用 NumPy 中的 logical_and()（逻辑与）、logical_or()（逻辑或）、logical_xor()（逻辑异或）函数，完成同样的功能。

```
In[97]:df[np.logical_and(df['Math']> 80,df['English']>80)]
Out[97]:
                Chinese   English  Math
    wangwu        83         96      89
```

除了使用布尔数组进行逻辑条件存取外，我们还可以使用一些函数快速进行逻辑条件存取。常用的函数有 isin()、query()等。isin()函数根据特定值选择，返回满足条件的新的 DataFrame 对象。

【实例】 选择 Math 值等于 87 或 89 的记录。

```
In[98]:df[df.Math.isin([87, 89])])
Out[98]:
                 Chinese   English  Math
    zhangsan       81         74      87
    wangwu         83         96      89
```

要选择特定列很方便，可以使用特定的函数 isin()完成，但是要排除含特定值的列就需要做一些变通了。例如，要选出 Math 列的值不等于 87 或 89 的记录，基本的做法是将 Math 列选择出来，然后把值 87 和 89 剔除，最后再使用 isin()函数。

```
In[99]:ex_list=list(df['Math'])
    ex_list.remove(87)
    ex_list.remove(89)
    df[df.Math.isin(ex_list)]
Out[99]:
                 Chinese   English  Math
    lisi           92         85      78
```

使用 query()函数简化多条件存取。query()函数的参数是一个表达式字符串，字符串中可以使用 and、not、or 等关键字进行向量布尔运算，表达式中的变量名就是对应的列标签名。

【实例】 选择 Math 和 English 值大于 80 的学生信息。

```
In[100]:df.query("Math>80 and English>80"))
Out[100]:
                Chinese   English  Math
    wangwu        83         96      89
```

3.4　Pandas 字符串操作

Python 的字符串和文本操作是非常便利的，字符串对象的函数使得大部分的文本操作非常简单，对于更为复杂的模式匹配和文本操作，我们可以借助正则表达式来完成。除此之外，Pandas 允许将字符串和正则表达式应用到整个数组上，而且还能处理数据缺失带来的困扰。

3.4.1　字符串对象函数

字符串对象的基本用法可以分为以下 5 类，即类型判断、查找和替换、分割与连接、大小写切换、删除与填充。

1. 类型判断

类型判断的函数概括起来主要有两类：一类是 is*()函数，这类函数比较简单；另一类是*with()函数，*with()函数可以接受 start 和 end 参数，灵活使用*with()函数的 start 和 end 参数可以提高检索的速度。从 Python 2.5 版本起，*with()函数的第一个参数可接受元组类型实参，当实参与某个元素匹配时，即返回 True。

① isalnum()：是否全是字母或数字，并至少有一个字符，如果是则返回 True，否则返回 False。

② isalpha()：是否全是字母，并至少有一个字符，如果是则返回 True，否则返回 False。

③ isdigit()：是否全是数字，并至少有一个字符，如果是则返回 True，否则返回 False。

④ islower()：字符串中字母是否全是小写，如果是则返回 True，否则返回 False。

⑤ isupper()：字符串中字母是否全是大写，如果是则返回 True，否则返回 False。

⑥ isspace()：是否全是空白字符，如果是则返回 True，否则返回 False。

⑦ istitle()：判断字符串是否每个单词都有且只有第一个字母是大写，如果是则返回 True，否则返回 False。

⑧ startswith(prefix[,start[,end]])：用于检查字符串是否以指定子字符串 prefix 开头，如果是则返回 True，否则返回 False。如果参数 start 和 end 指定了值，则在指定范围内检查。

⑨ endswith(suffix[,start[,end]])：用于判断字符串是否以指定后缀 suffix 结尾，如果以指定后缀结尾则返回 True，否则返回 False。可选参数 start 与 end 为检索字符串的开始与结束位置。

【实例】 is*()和*with()函数的使用。

```
In[101]:'abcde'.isalpha()
Out[101]:
    True
In[102]:'12.34'.isdigit()
Out[102]:
    False
In[103]:'Tomand Jerry are friend'.startswith('and',4)
Out[103]:
    True
```

2. 查找和替换

字符串的查找和替换操作在进行数据清洗的时候是十分有用的，例如，在字符串中的""、" "和"null"等都被认定为缺失数据，但是在 DataFrame 中 NaN 才表示缺失数据，这时就可以使用查找与替换功能将认定为缺失数据的字符串替换为 NaN。

① count(sub[,start[,end]])：统计字符串里某个字符 sub 出现的次数。可选参数 start 和 end 为在字符串搜索的开始与结束位置。这个函数的返回值在 replace 方法中经常使用。

② find(sub[,start[,end]])：检测字符串中是否包含子字符串 sub。如果指定 start 和 end 的范围，则检查是否包含在指定范围内，如果包含子字符串则返回开始的索引值，否则返回-1。

③ index(sub[,start[,end]])：与 find()函数一样，只不过如果 sub 不在字符串中会抛出 ValueError 异常。

④ rfind(sub[,start[,end]])：类似 find()函数，不过是从右边开始查找。

⑤ rindex(sub[,start[,end]])：类似 index()函数，不过是从右边开始查找。

⑥ replace(old,new[,count])：用来替换字符串的某些子串，用 new 替换 old。如果指定 count 参数，则最多替换 count 次，如果不指定，就全部替换。

count()、find()、index()、rfind()、rindex() 5 个函数都可以接受 start 和 end 参数，灵活运用可以提高检索速度。对于查找某个字符串中是否有子串，不推荐使用 index()、rindex()和 find()、rfind()函数，推荐使用 in 和 not in 操作。

【实例】 replace()函数的使用。

```
In[104]:'Tom and  Jerry  are  friend.  Tom  like Jerry  and  Jerry  like  Tom'.
replace('Tom', 'Tang',2)
```

```
Out[104]:
    'Tang and Jerry are friend. Tang like Jerry and Jerry like Tom'
```

3. 分割与连接

数据分析的数据来源是多样的，可能是从网络上抓取的数据，或文本文件中获取的数据，这些数据可能是我们想要的数据组合，这时就需要进行字符串的分割与连接。字符串的分割与连接操作在字符串的处理中使用较为频繁。

① partition(sep)：用来根据指定的分隔符 sep 将字符串进行分割。如果字符串包含指定的分隔符，则返回一个三元的元组，第一个为分隔符左边的子串，第二个为分隔符本身，第三个为分隔符右边的子串。如果 sep 没有出现在字符串中，则返回值为（原字符串,'',''）。partition()函数是在 Python 2.5 版本中新增的。

② rpartition(sep)：类似 partition()函数，不过是从右边开始查找。

③ splitness([keepends])：按照行（'\r', '\r\n', \n'）分隔，返回一个包含各行作为元素的列表。如果参数 keepends 为 False，不包含换行符；如果为 True，则保留换行符。

④ split(sep[,maxsplit]])：通过指定分隔符 sep 对字符串进行切片，返回分割后的字符串列表，如果参数 maxsplit 有指定值，则仅分隔 maxsplit 个子字符串。

⑤ rsplit(sep[,maxsplit]])：同 split()函数，不过是从右边开始。

⑥ s.join(iterable)：将可迭代对象（iterable）中的元素使用 s 连接起来。注意，iterable 中必须全部是字符串类型，否则会报错。

【实例】分割函数的使用。

```
In[105]:'Tom$and$Jerry'.partition('$')
Out[105]:
  'Tom', '$', 'and$Jerry')
In[106]:'Tom$and$Jerry'.rpartition('$')
Out[106]:
  'Tom$and', '$', 'Jerry'
In[107]:'Tom$and$Jerry'.split('$')
Out[107]:
  'Tom', 'and', 'Jerry'
```

4. 大小写切换

常用的大小写切换函数如下。

① lower()：将字符串中所有大写字母转为小写字母。

② upper()：将字符串中所有小写字母转为大写字母。

③ capitalize()：将字符串的第一个字母变成大写，其他字母变成小写。

④ swapcase()：用于对字符串的大小写字母进行转换，大写转小写，小写转大写。

⑤ title()：返回“标题化”的字符串，就是说所有单词都以大写开始，其余字母均为小写。

这些都是大小写切换函数，title()函数并不能除去字符串两端的空格符，也不会把连续空格符替换成一个空格。如果有这样的需求，可以用 string 模块的 capwords()函数，它能除去两端空格符，并且能将连续的空格符用一个空格代替。

【实例】大小写切换函数的使用。

```
In[108]:'Tom'.lower()
Out[108]:tom
In[109]:'tom and jerry'.capitalize()
Out[109]:'Tom and jerry'
In[110]:'tom and jerry'.title()
Out[110]:'Tom And Jerry'
```

5. 删除与填充

常用的删除与填充函数如下。

① strip([chars])：用于移除字符串头尾指定的字符（默认为空格），如果有多个就会删除多个。

② ltrip([chars])：用于截掉字符串左边的空格或指定字符。

③ rtrip([chars])：用于截掉字符串右边的空格或指定字符。

④ center(width[,fillchar])：返回一个原字符串居中，并使用 fillchar 填充至长度为 width 的新字符串，默认填充字符为空格。

⑤ ljust(width[,fillchar])：返回一个原字符串左对齐，并使用 fillchar 填充至指定长度为 width 的新字符串，默认填充字符为空格。如果指定的长度小于原字符串的长度，则返回原字符串。

⑥ rjust(width[,fillchar])：返回一个原字符串右对齐，并使用 fillchar 填充至长度为 width 的新字符串。如果指定的长度小于原字符串的长度，则返回原字符串。

⑦ zfill(width)：返回指定长度的字符串，原字符串右对齐，前面填充 0。

⑧ expandtabs([tabsize])：把字符串中的 tab 符号（'\t'）转为适当数量的空格，默认情况下转换为 8 个。

【实例】 center()函数的使用。

```
In[111]: 'abcde'.center(3)
Out[111]:'abcde'
In[112]:'abcde'.center(8)
Out[112]:'  abcde'
In[113]:'abcde'.center(9, '#')
Out[113]:'##abcde##'
In[114]:'abcde'.center(8, '#')
Out[114]:'##abcde#'
```

3.4.2 正则表达式

正则表达式（regular expression）描述了一种字符串匹配的模式（pattern），可以用来检查一个字符串是否含有某种子字符串、将匹配的子字符串替换、从某个字符串中取出符合某个条件的子字符串等。正则表达式是一个很强大的字符串处理工具，几乎任何关于字符串的操作都可以使用正则表达式来完成。

① abc+d，可以匹配 abcd、abccccd、abccccd 等，+代表前面的字符必须至少出现一次（一次或多次）。

② abc*d，可以匹配 abd、abcd、abcccd 等，*代表前面的字符可以不出现，也可以出现一次或多次（0 次，或一次，或多次）。

③ abc?d，可以匹配 abd 或 abcd，?代表前面的字符最多只可以出现一次（0 次或一次）。

正则表达式是由普通字符、非打印字符、特殊字符、限定符组成的文字模式。模式描述在搜索文本时要匹配的一个或多个字符串。正则表达式作为一个模板，将某个字符模式与所搜索的字符串进行匹配。

（1）普通字符

普通字符包括没有显式指定为元字符的所有可打印字符。这包括所有大写和小写字母、所有数字、所有标点符号和一些其他符号。

（2）非打印字符

非打印字符也可以是正则表达式的组成部分。表 3-1 所示为非打印字符的转义序列。

表 3-1　　非打印字符

字符	描述
\cx	匹配由 x 指明的控制字符。例如，\cM 匹配一个 Control-M 或回车符。x 的值必须为 A～Z 或 a～z 之一，否则将 c 视为一个原义的'c'字符
\f	匹配一个换页符。等价于\x0c 和\cL
\n	匹配一个换行符。等价于\x0a 和\cJ
\r	匹配一个回车符。等价于\x0d 和\cM
\s	匹配任何空白字符，包括空格、制表符、换页符等。等价于[\f\n\r\t\v]。注意 Unicode 正则表达式会匹配全角空格
\S	匹配任何非空白字符。等价于[^ \f\n\r\t\v]
\t	匹配一个制表符。等价于\x09 和\cI
\v	匹配一个垂直制表符。等价于\x0b 和\cK

（3）特殊字符

所谓特殊字符，就是一些有特殊含义的字符，如 abc*d 中的*，简单来说就是表示任何字符串的意思。如果要查找字符串中的*，则需要对*进行转义，即在其前加一个反斜杠（\），例如，abc*d 匹配 abc*d。

许多元字符要求在试图匹配它们时特别对待。若要匹配这些特殊字符，必须首先使字符转义，即把反斜杠放在它们前面。表 3-2 所示为正则表达式中的特殊字符。

表 3-2　　正则表达式中的特殊字符

特殊字符	描述
$	匹配输入字符串的结尾位置。如果设置了 RegExp 对象的 Multiline 属性，则$也匹配'\n'或'\r'。要匹配其本身，使用\$
( )	标记一个子表达式的开始和结束位置。子表达式可以获取供以后使用。要匹配这些字符，使用\(和 \)
*	匹配前面的子表达式 0 次或多次。要匹配其本身，使用*
+	匹配前面的子表达式 1 次或多次。要匹配其本身，使用\+
.	匹配除换行符\n 之外的任何单字符。要匹配其本身，使用\.
[	标记一个方括号表达式的开始。要匹配其本身，使用\[
?	匹配前面的子表达式 0 次或 1 次，或指明一个非贪婪限定符。要匹配其本身，使用\?
\	将下一个字符标记为特殊字符，或原义字符、向后引用、八进制转义符等。例如，'n'匹配字符'n'。'\n'匹配换行符。序列'\\'匹配"\"，而'\('则匹配"("
^	当该符号不是在方括号表达式中使用时，表示匹配输入字符串的开始位置。当该符号在方括号表达式中使用时，表示不接受该方括号表达式中的字符集合。要匹配其本身，可使用 \^
{	标记限定符表达式的开始。要匹配其本身，可使用 \{
|	指明两项之间的一个选择。要匹配其本身，可使用 \\|

（4）限定符

限定符用来指定正则表达式的一个给定组件必须出现多少次才能满足匹配。表 3-3 所示为常用的正则表达式的限定符。

表 3-3　　正则表达式的限定符

字符	描述
*	匹配前面的子表达式 0 次或多次。例如，zo*能匹配"z"及"zoo"。*等价于{0,}
+	匹配前面的子表达式一次或多次。例如，'zo+'能匹配"zo"及"zoo"，但不能匹配"z"。+等价于{1,}
?	匹配前面的子表达式 0 次或一次。例如，"do(es)?"可以匹配"do"和"does"中的"does"，以及"doxy"中的"do"。?等价于{0,1}
{n}	*n* 是一个非负整数。匹配确定的 *n* 次。例如，'o{2}'不能匹配"Bob"中的'o'，但是能匹配 "food" 中的两个 o
{n,}	*n* 是一个非负整数。至少匹配 *n* 次。例如，'o{2,}'不能匹配"Bob"中的'o'，但能匹配"foooood" 中的所有 o。'o{1,}'等价于'o+'。'o{0,}'则等价于'o*'
{n,m}	*m* 和 *n* 均为非负整数，其中 *n*≤*m*。最少匹配 *n* 次且最多匹配 *m* 次。例如，"o{1,3}"将匹配"fooooood"中的前 3 个 o。'o{0,1}'等价于'o?'。注意在逗号和两个数之间不能有空格

（5）定位符

定位符能够将正则表达式固定到行首或行尾。它们还能够创建这样的正则表达式：这些正则表达式出现在一个单词内，且位于一个单词的开头或结尾。

定位符用来描述字符串或单词的边界，^和$分别指字符串的开始与结束，\b描述单词的前或后边界，\B 表示非单词边界。表 3-4 所示为正则表达式的常用定位符。

表 3–4　正则表达式的常用定位符

字符	描述
^	匹配输入字符串开始的位置。如果设置了 RegExp 对象的 Multiline 属性，^还会与\n 或\r 之后的位置匹配
$	匹配输入字符串结尾的位置。如果设置了 RegExp 对象的 Multiline 属性，$还会与\n 或\r 之前的位置匹配
\b	匹配一个单词边界，即字与空格间的位置
\B	非单词边界匹配

注：① 不能将限定符与定位符一起使用。由于在紧靠换行或单词边界的前面或后面不能有一个以上位置，因此不允许诸如^*之类的表达式。

② 若要匹配一行文本开始处的文本，在正则表达式的开始使用^字符。不要将^的这种用法与方括号表达式内的用法混淆。

大多数编程语言的正则表达式设计源于 Perl 语言，因此它们的语法基本相似，不同的是每种语言都有自己的函数去支持正则。下面来介绍 Python 中关于正则表达式的函数。

正则表达式的操作都使用 Python 标准库中的 re 模块。引入正则表达式的语句如下。

```
import re
```

re 模块有 3 个类别：pattern matching（模式匹配）、substitution（替换）、splitting（分割）。通常这 3 种都是相关的。这里举个例子，假设我们想要用空格（包括制表符、换行）来分割一个字符串，用于描述一个或多个空格的正则表达式是 s+。

```
In[115]:import re
        str1="""I am  a\t student, Tom.
              Tom is also a Student"""
      re.split("\s+",str1)
Out[115]:
      ['I', 'am', 'a', 'student,', 'Tom.', 'Tom', 'is', 'also', 'a', 'Student']
```

这里的\s 匹配任何 Unicode 空白字符，包括换行（\n）、回车（\r）、换页（\f）、水平制表（\t）、垂直制表（\v）等，还有很多其他字符，例如不同语言排版规则约定的不换行空格。

当调用 re.split('\s+', text)的时候，'\s+'首先被编译（compile）成正则表达式对象，然后 split 方法调用正则表达式对象搜索 text。

当然我们也可以使用 re.compile()编译一个正则表达式，生成一个可以多次使用的正则表达式对象。

1. compile()函数

使用 re.compile 创建一个正则表达式对象是常用的一种方式，如果打算把一个表达式用于很多字符串上，这样就可以提高效率。compile()函数用于编译正则表达式，生成一个正则表达式对象，供 match()和 search()等函数使用。

语法格式如下。

```
re.compile(pattern[, flags])
```

参数说明如下。

① pattern：一个字符串形式的正则表达式。

② flags：可选，表示匹配模式，例如忽略大小写、多行模式等。

正则表达式可以包含一些修饰符可选标志来控制匹配的模式，如表 3-5 所示。修饰符被指定为一个可选的标志，多个标志可以通过按位或（or 或 |）来指定，如 re.I | re.M 被设置成 I 和 M 标志。

表 3-5　正则表达式修饰符可选标志

修饰符	描述
re.IGNORECASE 或 re.I	使匹配对大小写不敏感
re.ASCII 或 re.A	表示特殊字符集 \w、\W、\b、\B、\d、\D、\s、\S，依赖于 ASCII 字符数据库
re.LOCALE 或 re.L	表示特殊字符集 \w、\W、\b、\B、\s、\S，依赖于当前环境，不推荐使用
re.MULTILINE 或 re.M	多行模式，正则表达式中^表示匹配行的开头，默认模式下它只能匹配字符串的开头；在多行模式下，它还可以匹配换行符\n 后面的字符
re.DOTALL 或 re.S	DOT 表示.，ALL 表示所有，连起来就是.匹配所有，包括换行符\n。默认模式下.是不能匹配换行符\n 的
re.UNICODE 或 re.U	表示特殊字符集 \w、\W、\b、\B、\d、\D、\s、\S，依赖于 Unicode 字符数据库
re.VERBOSE 或 re.X	为了增加可读性，可以在正则表示式后面加注解，编译时忽略空格和#后面的注释

因此，我们可以使用 compile()函数生成一个正则表达式对象，然后调用 split()函数进行字符串分割：

```
In[116]:str1="""I am  a\t student, Tom.
            Tom is also a Student"""
     reg=re.compile("\s+")
     reg.split(str1)
Out[116]:
     ['I', 'am', 'a', 'student,', 'Tom.', 'Tom', 'is', 'also', 'a', 'Student']
```

2. re 模块函数

（1）查找一个匹配项

查找并返回一个匹配项的函数有 search()和 match()，match()函数只匹配字符串的开始，如果字符串开始不符合正则表达式，则匹配失败，函数返回 None；而 search()函数匹配整个字符串，直到找到一个匹配项。

re.search()函数扫描整个字符串，匹配成功，返回第一个成功匹配的对象，否则返回 None。re.match()函数尝试从字符串的起始位置匹配，如果不是在起始位置匹配成功的话，match()函数就返回 None。

语法格式如下。

```
re.search(pattern, string, flags=0)
re.match(pattern, string, flags=0)
```

参数说明如下。

① pattern：匹配的模式字符串。

② string：要匹配的字符串。

③ flags：标志位，用于控制正则表达式的匹配方式，如是否区分大小写、多行匹配等。正则表达式修饰符可选标志见表 3-5。

search()函数返回 text 中的第一个匹配结果，它返回一个 re.Match 对象，Match 对象能告诉我们找到的结果在 text 中开始和结束的位置。

```
In[117]:import re
```

```
        m=re.search ("[0-9]+","abcde121fg")
        m
Out[117]:
    <re.Match object; span=(5, 8), match='121'>
```

返回结果中的 re.Match 对象能告诉我们找到的第一个数字是 121，在字符串 text 中开始和结束的位置是 5 和 8（包含开始但不包含结束）。

```
In[118]:re.match("[0-9]+","abcde121fg")
    m
Out[118]: (返回空)
In[119]:re.match("[0-9]+","12abcde121fg")
        m
Out[119]:
    <re.Match object; span=(0, 2), match='12'>
```

我们可以使用匹配对象 Match 的 group(num) 或 groups()函数来获取匹配表达式。匹配对象 Match 的函数如下。

① group(num=0)：匹配整个表达式的字符串，group()函数可以一次输入多个组号，在这种情况下它将返回一个包含那些组所对应值的元组。

② groups()：返回一个包含所有小组字符串的元组。

```
In[120]:m=reg1.match("12abcdf67asd")
    m.group(0)
Out[120]:12
```

（2）查找所有匹配项

查找所有匹配项的函数主要有 findall()和 finditer()，findall()函数从字符串任意位置查找，返回一个列表；finditer()函数从字符串任意位置查找，返回一个迭代器。两个函数基本类似，只不过一个返回列表，另一个返回迭代器。我们知道列表是在内存中一次性生成的，而迭代器是需要在使用时一点一点生成的，因此 finditer()函数的内存使用更优。

findall()函数与 search()和 match()函数关系紧密。不过 findall()函数会返回所有匹配的结果，而 search()函数只会返回第一次匹配的结果，match()函数只匹配 string 开始的部分。这里举个例子说明。

【实例】使用 findall()函数找到一段文本中所有的数字。

```
In[121]:reg1=re.compile("\d+")
    text="asdjf121dsjfu89jdsaf67*yu7hd78hsad67*89"
    re.findall(reg1,text)
Out[121]:
    ['121', '89', '67', '7', '78', '67', '89']
```

（3）分割函数

split()函数按照能够匹配的子串将字符串分割后返回列表，函数格式如下。

```
re.split(pattern, string[, maxsplit=0, flags=0])
```

参数说明如下。

① pattern：匹配的模式字符串。

② string：要匹配的字符串。

③ maxsplit：分隔次数，maxsplit=1 表示分隔一次，默认为 0，即不限制次数。

④ flags：标志位，用于控制正则表达式的匹配方式，如是否区分大小写、多行匹配等。

```
In[122]:re.split('\W+', 'Hello Jerry, I am Tom.')
Out[122]:['Hello', 'Jerry', 'I', 'am', 'Tom', '']
```

str 模块也有一个 split()函数。str.split()函数功能简单，不支持正则分割；而 re.split()函数支持正则分割。

（4）替换函数

替换主要使用 sub()函数与 subn()函数，它们的功能类似，sub()函数返回替换后的字符串，而 subn()函数返回一个元组（字符串，替换次数）。

函数格式如下。

```
re.sub(pattern, repl, string, count=0, flags=0)
re.subn(pattern, repl, string, count=0, flags=0)
```

参数说明如下。

① pattern：匹配的模式字符串。

② repl：替换的字符串，也可为一个函数。

③ string：要被查找替换的原始字符串。

④ count：模式匹配后替换的最大次数，默认 0，表示替换所有的匹配。

sub()函数中的参数 repl 替换内容既可以是字符串，也可以是一个函数，如果 repl 为函数，那么这个函数只能有一个参数 Match 匹配对象。

```
In[123]:reg1=re.compile("\d+")
     text="asdjf121dsjfu89jdsaf67*yu7hd78hsad67*89"
     re.sub(reg1"number",text)
Out[123]:'asdjfnumberdsjfunumberjdsafnumber*yunumberhdnumberhsadnumber*number'
```

3. 取出匹配对象

有时我们需要把匹配的对象取出来，假设想要把邮件地址找出来，并且把邮件地址分为 3 个部分：用户名、域名、域名后缀。当我们要从一段正则表达式中提取出一部分内容的时候，可以把这部分内容用圆括号括起来，因此给这个模式的每个子表达式加一个圆括号()，通过正则表达式对象产生的匹配对象 Match 的 group(num)或 groups()匹配对象函数来获取匹配表达式。

① group(num=0)：匹配整个表达式的字符串，group() 可以一次输入多个组号，在这种情况下，它将返回一个包含那些组所对应值的元组。

② groups()：返回一个包含所有小组字符串的元组。

```
In[124]:pattern=r"([a-zA-Z0-9_\.]+)@([a-zA-Z0-9]+)[\.]([a-zA-Z0-9]+[\.]?[a-zA-Z
0-9]+)"
        reg2=re.compile(pattern)
        text2="ajdf@adsu.com.cn,ajg@qlu.edy.cn,sadjgasdkjg,dsakjg,"
        m=re.search(reg2,text2)
        m
Out[124]:
    <_sre.SRE_Match object; span=(0, 16), match='ajdf@adsu.com.cn'>
In[125]:m.groups()
Out[125]:
     ('ajdf', 'adsu', 'com.cn')
    #findall()会返回包含所有匹配成功的元组构成的列表
In[126]:ms=re.findall(reg2,text2)
        ms
Out[126]:
    [('ajdf', 'adsu', 'com.cn'), ('ajg', 'qlu', 'edy.cn')]
```

正则式的规则是由一个字符串定义的，而在正则式中大量使用转义字符“\”，如果不用原生 raw 字符串，则在需要写“\”的地方必须添加“\”进行转义，那么在从目标字符串中匹配一个“\”的时候，就需要写 4 个“\”。所以一般都使用“r”来定义规则字符串。因此 In[124]行代码的模式字符串前面添加了 r。

3.4.3 Pandas 中的向量化字符串函数

我们知道，NumPy 最大的优势是向量化数据操作，避免了使用循环，从而大大提高了效率。但是对于字符串，NumPy 并没有提供这种向量化的字符串操作。Pandas 弥补了这一缺憾，Pandas 提供了一系列向量化字符串操作，这些函数基本上和 Python 内置的字符串函数同名，最重要的是，这些函数可以自动跳过缺失值（NaN/NA）。

```
In[127]:data = ['peter', 'Paul', None, 'MARY', 'gUIDO']
     [s.capitalize() for s in data]
```

因为缺失值 None 的存在，运行上面的代码会报错。

```
AttributeError: 'NoneType' object has no attribute 'capitalize'
```

Series 和 Index 对象提供了 str 属性，可以满足向量化字符串操作的需求，又可以正确地处理缺失值。

```
In[128]:data = ['peter', 'paul', None, 'mary', 'guido']
        names = pd.Series(data)
#将字符串转化为大写
        names.str.capitalize()
Out[128]:
    0      Peter
    1      Paul
    2      None
    3      Mary
    4      Guido
    dtype: object
```

Pandas 提供了很多与 Python 字符串函数名相似的向量化字符串函数，常用的有 len()、lower()、upper()、startswith()、endswith()、strip()、index()、find()、capitalize()、split()、partition()。除此之外，Pandas 还增加了一些方法，表 3-6 所示为常用向量化字符串函数。

表 3-6　常用向量化字符串函数

函数	作用
get()	获取元素索引上的值，索引从 0 开始
slice()	对元素进行切片操作
slice_replace()	对元素进行切片替换
cat()	连接字符串（此功能比较复杂，建议阅读相关文档自行学习）
repeat()	重复元素
normalize()	将字符串转换为 Unicode 规范形式
pad()	在字符串的左边、右边或两边增加空格
wrap()	将字符串按照指定的宽度换行
join()	用分隔符连接 Series 对象的每个元素
get_dummies()	按照分隔符提取每个元素的 dummy 变量，转换为 one-hot 编码的 DataFrame 对象

除此之外，Pandas 还提供了一些根据 Python 标准库的 re 模块实现的字符串向量化函数，表 3-7 列出了常用的函数。

表 3-7　　Pandas 的类 re 模块的字符串向量化函数

函数	作用
match()	对每个元素调用 re.match()，返回布尔类型值
extract()	对每个元素调用 re.match()，返回匹配的字符串数组（groups）
findall()	对每个元素调用 re.findall()
replace()	用正则模式替换字符串
contains()	对每个元素调用 re.search()，返回布尔类型值
count()	计算符合正则模式的字符串的数量
split()	等价于 str.split()，支持正则表达式
rsplit()	等价于 str.rsplit()，支持正则表达式

【实例】向量化字符串的取值和切片操作。

```
In[129]:names=pd.Series(['Graham Chapman', 'John Cleese', 'Terry Gilliam', 'Eric Idle'])
    names.str.slice(0,3)
    #或者直接使用切片
        names.str[0:3]
Out[129]:
     0    Gra
     1    Joh
     2    Ter
     3    Eri
     dtype: object
```

【实例】向量化字符串的分割操作。

```
In[130]:s=names.str.split()
      s
Out[130]:
     0 [Graham, Chapman]
     1 [John, Cleese]
     2 [Terry, Gilliam]
     3 [Eric, Idle]
     dtype: object
In[131]:s.str.get(-1)
Out[131]:
     0 Chapman
     1 Cleese
     2 Gilliam
     3 Idle
     dtype: object
```

【实例】向量化字符串的 match 操作。

```
In[132]:data = {"zhangsan":"zhangsan@163.com", "lisi":"lisi@sina.com",
      "wangwu":"wangwu@sohu.com", "zhouliu":np.nan}
      ser1=pd.Series(data)
      reg1=re.compile("([A-Z0-9]+)@([A-Z0-9]+)\.([A-Z]{2,4})",flags=re.I)
      ser1.str.match(reg1)
Out[132]:
      zhangsan  True
      lisi      True
```

```
wangwu    True
zhouliu   NaN
dtype: object
```

如果要找出字符串中所有正则表达式匹配项，则需要使用 findall()函数，该函数以列表的形式返回所有匹配的结果。

```
In[133]:ser1.str.findall(reg1)
Out[133]:
 zhangsan     [(zhangsan, 163, com)]
 lisi         [(lisi, sina, com)]
 wangwu       [(wangwu, sohu, com)]
 zhouliu      NaN
 dtype: object
```

3.5 时间序列

时间序列数据在金融学、经济学、神经科学、物理学中都是一种重要的结构化的数据形式。在多个时间点观测和测量的数据形成了时间序列，以时间序列为基础进行的分析就是时间序列分析。时间序列分析的主要目的是根据已有的历史数据对未来进行预测。

时间序列可以是固定频率的，也就是说数据是根据相同的规则固定出现的，例如每个小时、每年等。时间序列也可以是不规则的，没有固定的时间单位和单位间的位移量。本节主要介绍以下几种时间序列。

① 时间戳，也就是具体的时刻。

② 固定的时间区间，例如 2019 年 1 月。

③ 时间间隔，由开始时间戳和结束时间戳表示。

3.5.1 日期、时间类型和工具

1. Python 的日期与时间类型

Python 基础的日期与时间功能都在标准库的 datetime 模块中。datetime 以毫秒形式存储日期和时间，datetime.timedelta 表示两个 datetime 对象之间的时间差。表 3-8 所示为 datetime 模块中的数据类型。

表 3-8　　datetime 模块中的数据类型

类型	说明
date	以公历形式存储日历日期（年、月、日）
time	将时间存储为时、分、秒、毫秒
datetime	存储日期和时间
timedelta	表示两个 datetime 值之间的差（日、秒、毫秒）

下面先简单介绍 Python 标准库 datetime 模块中的日期和时间数据类型及工具。

（1）datetime

datetime 既存储了日期，也存储了细化到微秒的时间，可以调用 datetime 构造函数构造一个 datetime 对象，datetime()构造函数的原型如下。

```
datetime(year, month, day[, hour[, minute[, second[, microsecond[,tzinfo]]]]])
```

datetime()构造函数的参数分别表示年、月、日、时、分、秒、毫秒、微秒。

```
In[151]:from datetime import datetime
    date1=datetime(year=2019,month=7,day=5)
    date2=datetime(2017,3,4)
    date3=datetime(2017,3,4,12,23,34,232)
    date1
Out[151]:
    2019-07-05 00:00:00
In[152]:data2
Out[152]:
    2017-03-04 00:00:00
In[153]:data3
Out[153]:
    2017-03-04 12:23:34.000232
```

（2）timedelta

timedelta 表示两个 datetime 对象的时间差，给 datetime 对象加上（减去）一个或多个 timedelta，会产生一个新的 datetime 对象。

```
In[154]:data1=datetime(2019,9,1)
     date2=datetime(2019,12,2)
     delta =data2-data1
     delta
Out[154]:
    92 days, 0:00:00
In[155]:start=datetime(2019,1,1)
     end1=start+timedelta(18)
     end2=start+2*timedelta(8)
     end1
Out[155]:
    2019-01-19 00:00:00
In[156]:end2
Out[156]:
    2019-01-17 00:00:00
```

（3）字符串和 datetime 对象的相互转换

可以使用 str()函数或传递一个指定的格式给 strftime()函数将 datetime 对象转换为字符串。

```
In[157]:date= datetime(2017,6,27)
     str(date)
Out[157]:
    2017-06-27 00:00:00
In[158]:date.strftime('%y-%m-%d'))
Out[158]:
    17-06-27
```

上面的代码中，%Y 是 4 位数的年，%y 是 2 位数的年。表 3-9 所示为时间格式的列表。

表 3-9　时间格式的列表

代码	说明
%Y	4 位数的年
%y	2 位数的年
%m	2 位数的月[01,12]
%d	2 位数的日[01,31]
%H	时（24 小时制）[00,23]
%I	时（12 小时制）[01,12]

续表

代码	说明
%M	2 位数的分[00,59]
%S	秒[00,61]有闰秒的存在
%w	用整数表示的星期几[0,6]，0 表示星期天
%F	%Y-%m-%d 简写形式，例如，2017-06-27
%D	%m/%d/%y 简写形式

也可以利用 datetime.strptime 和这些格式代码将字符串转化为日期。

```
In[159]:from datetime import datetime
     str1='2017-6-27'
     str2='27/6/2017'
     datetime.strptime(str1,'%Y-%m-%d')
Out[159]:
   2017-06-27 00:00:00
In[160]:datetime.strptime(str2,'%d/%m/%Y')
Out[160]:
   2017-06-27 00:00:00
```

在已知格式的情况下，使用 datetime.strptime()函数是字符串转换日期的好方法，但是，每次都必须编写一个格式字符串可能有点麻烦，特别是对通用日期格式。在这种情况下，可以使用第三方的 dateutil 包的 parser.parse()函数，这个包在安装 Pandas 时已经自动安装，因此不需要另外安装了。

```
In[161]:from dateutil.parser import parse
     str1='2017-6-27'
     str2='27/6/2017'
     parse(str1)
Out[161]:
   2017-06-27 00:00:00
In[162]:parse(str2,dayfirst =True)
Out[162]:
   2017-06-27 00:00:00
```

在国际上，日期出现在月份之前很常见，因此传递一个 dayfirst=True 来说明日期在前。

2. Pandas 中的日期时间类型

除了 Python 标准库的日期和时间数据的类型外，Pandas 内部自带了很多与时间序列相关的工具，因此它非常适合处理时间序列。在处理时间序列的过程中，我们经常会去做如下一些任务。

① 生成固定频率日期和时间跨度的序列。

② 将时间序列整合或转换为特定频率。

③ 基于各种非标准时间增量（例如在一年的最后一个工作日之前的 5 个工作日）。

④ 计算“相对”日期，向前或向后“滚动”日期。

使用 Pandas 可以轻松完成以上任务。表 3-10 所示为 Pandas 中与时间日期相关的常用类。

表 3-10　Pandas 中与时间日期相关的常用类

类型	说明
Timestamp	最基础的时间类，表示某个时间点，在大多数场景中的时间数据都是 Timestamp 形式
DatetimeIndex	一组 Timestamp 构成的 Index，可以用来作为 Series 或者 DataFrame 的索引
Period	表示单个时间跨度，或者某个时间段，例如某一天、某一个小时等

续表

类型	说明
PeriodIndex	一组 Period 构成的 Index，可以用来作为 Series 或者 DataFrame 的索引
DateOffset	通用偏移类，默认为一个日历日

Pandas 中关于时间序列最常见的类型就是时间戳（Timestamp）了，创建时间戳的方法有很多种，下面分别来看一看。

① 使用 Timestamp()构造函数。

```
In[163]:data1=pd.Timestamp("2019-12-22 16:30:36")
        data2=pd.Timestamp("16:23:36")
        data1
Out[163]:
    2019-12-22 16:30:36

In[164]:data2
Out[164]:
 2020-02-12 16:23:36
```

② 使用 Pandas 中的 to_datetime()函数，可以将字符串转化为 Timestamp 对象。

```
In[165]:str1="20170303"
    ts=pd.to_datetime(str1)
    ts
Out[165]:
    2017-03-03 00:00:00
In[166]:type(ts)
Out[166]:
    <class 'pandas.tslib.Timestamp'>
```

Pandas 主要是面向处理日期数组的，无论是用作轴索引还是 DataFrame 对象中的列，Pandas 中的 to_datetime()函数可以转换很多不同的日期表示格式，其中标准日期格式可以非常快速地转换。

```
In[167]:datestr=["2019-02-02","2019-03-03"]
        pd.to_datetime(datestr)
Out[167]:
DatetimeIndex(['2019-02-02', '2019-03-03'], dtype='datetime64[ns]', freq=None)
```

除此之外，Pandas 中的 to_datetime()函数还可以处理那些被认为是缺失值的值，如 None、空字符串等。

```
In[168]:datestr=["2019-02-02","2019-03-03",None,""]
        pd.to_datetime(datestr)
Out[168]:
DatetimeIndex(['2019-02-02', '2019-03-03', 'NaT', 'NaT'], dtype=
'datetime64[ns]', freq=None)
```

NaT（not a time）在 Pandas 中表示时间日期类型的缺失值（或称空值）。

③ 使用 Timedelta 得到 Timestamp 对象。

Timedelta 表示两个 Timestamp 的时间差，我们还可以使用 Pandas 中的 Timedelta 类表示时间的间隔对象。一个 Timestamp 对象加上或减去 Timedelta 对象得到新的 Timestamp 对象。

```
In[169]:date1= pd.Timestamp("2019-12-20 16:30:36")
        data2= pd.Timestamp("2019-12-30 16:33:36")
        tdelt=date2-date1
        tdelt
```

```
Out[169]:
     Timedelta('10 days 00:03:00')
In[170]:ts=pd.Timestamp("2019-12-26")
     ts1=ts + pd.Timedelta(days= 1)
    ts1
Out[170]:
    stamp('2019-12-27 00:00:00')
```

有时我们可能想要生成某个范围内的时间戳。例如，想要生成 2018-06-26 这一天之后的 8 天时间戳，如何完成呢？可以使用 date_range()函数来生成时间戳范围，3.5.3 小节会详细讲解。

3.5.2 时间序列基础

如果 Series 或 DataFrame 对象的索引由时间戳索引，那么就称其为时间序列。Pandas 中的基础时间序列种类就是由时间戳索引的 Series 对象。

```
In[171]:index1=pd.to_datetime(["2019-07-01","2019-07-02","2019-07-03","2019-07-04","2019-07-05","2019-07-06"])
     ser1=pd.Series(np.random.randn(6),index=index1)
     ser1.index
Out[171]:
    DatetimeIndex(['2019-07-01', '2019-07-02', '2019-07-03', '2019-07-04',
                   '2019-07-05', '2019-07-06'],
                  dtype='datetime64[ns]', freq=None)
In[172]:ser1
Out[172]:
    2019-07-01    0.179053
    2019-07-02    0.130683
    2019-07-03    1.186668
    2019-07-04    0.402416
    2019-07-05   -0.927010
    2019-07-06   -0.074375
    dtype: float64
```

所有使用 Python 的 datetime 模块 datetime 对象的地方都可以使用 Pandas 的 Timestamp 对象。此外，Timestamp 对象还存储了频率信息，如果有频率就存储频率信息，如果没有频率则存储 None。

时间序列的检索、索引和子集选择与其他 Pandas.Series 对象类似，可以传递 Timestamp 对象，也可以传递字符串进行索引。

```
In[173]:ts=pd.Timestamp('2019-07-05')
   #使用 Timestamp 对象进行索引
   ser1[ts]
Out[173]:
   -0.927010054792
   #使用字符串进行索引
In[174]:ser1["2019/07/02"]
Out[174]:
   0.130683202918
   #还可以只给年份
In[175]:ser1["2019"]
Out[175]:
   2019-07-01    0.179053
   2019-07-02    0.130683
   2019-07-03    1.186668
   2019-07-04    0.402416
```

```
    2019-07-05   -0.927010
    2019-07-06   -0.074375
    dtype: float64
```

同其他 Pandas.Series 对象一样，我们可以使用整数下标、字符串日期、datetime 对象和Timestamp 对象进行切片。这种方式的切片产生了原时间序列的视图，也就是没有数据被复制，因此在切片上的修改会反映在原数据上。

```
     #使用整数下标
In[176]:ser1[1:3]
Out[176]:
2019-07-02  -1.296556
2019-07-03  -3.021193
dtype: float64
     #也可以设置步长
In[177]:ser1[1:6:2]
Out[177]:
2019-07-02  -1.296556
2019-07-04  -0.049032
2019-07-06   0.749524
dtype: float64
     #使用字符串日期进行切片
In[178]:ser1["2019-07-02":"2019-07-05"]
Out[178]:
2019-07-02  -1.296556
2019-07-03  -3.021193
2019-07-04  -0.049032
2019-07-05  -0.226360
dtype: float64
     #使用datetime对象进行切片
In[179]:from datetime import datetime
     dt1=datetime(2019,7,1)
     dt2=datetime(2019,7,3)
     ser1[dt1:dt2]
Out[179]:
2019-07-01  -1.414707
2019-07-02  -1.296556
2019-07-03  -3.021193
dtype: float64
     #使用Timestamp对象进行切片
In[180]:ts1=pd.Timestamp("2019-07-01")
     ts2=pd.Timestamp("2019-07-03")
     ser1[ts1:ts2]
Out[180]:
2019-07-01  -1.414707
2019-07-02  -1.296556
2019-07-03  -3.021193
dtype: float64
```

3.5.3 日期范围和偏移

Pandas 的通用时间序列是不规则的，即时间序列的频率是不固定的。但是 Pandas 中也经常有需要处理固定频率的场景，例如每日的、每月的、每月的第一天等，这意味着需要在必要的时候按照固定的频率向时间序列中引入缺失值。因此 Pandas 提供了一套标准的时间序列频率和工具用于重新采样、推断频率以及生产固定频率的数据范围。

1. 日期范围

在 Pandas 里可以使用 date_range()函数产生时间范围，用于根据特定频率生成指定长度的 DatetimeIndex。使用时有以下 3 种方法。

① 传入开始时间和结束时间。

```
In[181]:pd.date_range('7/1/2019','7/7/2019')
Out[181]:
     DatetimeIndex(['2019-07-01', '2019-07-02', '2019-07-03', '2019-07-04',
          '2019-07-05', '2019-07-06', '2019-07-07'],
          dtype='datetime64[ns]', freq='D')
```

从输出结果可以看出，date_range()函数的默认频率是 D，也就是每日，输出从开始时间到结束时间的频率是每日的一个时间序列。

② 传入开始时间和生成范围。

```
In[182]:pd.date_range(start='4/1/2019', period=8)
Out[182]:
   DatetimeIndex(['2019-04-01', '2019-04-02', '2019-04-03', '2019-04-04',
          '2019-04-05', '2019-04-06', '2019-04-07', '2019-04-08'],
          dtype='datetime64[ns]', freq='D')
```

③ 传入结束时间和生成范围。

```
In[183]:pd.date_range(end='4/1/2019', period=8)
Out[183]:
   DatetimeIndex(['2019-03-25', '2019-03-26', '2019-03-27', '2019-03-28',
          '2019-03-29', '2019-03-30', '2019-03-31', '2019-04-01'],
          dtype='datetime64[ns]', freq='D')
```

另外，如果需要一段特定频率的时间，可以传入 freq 参数。常用的时间序列频率如表 3-11 所示。

表 3-11　常用的时间序列频率

别名	偏置类型	意义
D	Day	日历中的每天
B	BusinessDay	工作日的每天
H	Hour	每小时
T 或 min	Minute	每分钟
S	Second	每秒
L 或 ms	Milli	每毫秒
U	Micro	每微秒
M	MonthEnd	日历中的月底日期
BM	BusinessMonthEnd	工作日的月底日期
MS	MonthStart	日历中的月初日期
BMS	BusinessMonthStart	工作日的月初日期

```
In[184]:pd.date_range('1/1/2019', '12/1/2019', freq='BM')
Out[184]:
     DatetimeIndex(['2019-01-31', '2019-02-28', '2019-03-29', '2019-04-30',
          '2019-05-31', '2019-06-28', '2019-07-31', '2019-08-30',
```

```
              '2019-09-30', '2019-10-31', '2019-11-29'],
              dtype='datetime64[ns]', freq='BM')
```

开始时间和结束时间严格定义了生成日期索引的边界，frep='BM'说明频率是月度业务结尾（business end of month），只有在这个范围内的工作日的月底日期才会被包括。因此，pd.date_range('1/1/2019', '12/1/2019', freq='BM')包含'2019-01-31'，不包含'2019-12-31'。

如果传入的是一个带有时间戳的日期，但是希望产生得到的时间都被规范到午夜，可以传入normalize选项。

```
In[185]:pd.date_range('5/2/2012 12:56:31', periods=5, normalize=True)
Out[185]:
    DatetimeIndex(['2012-05-02', '2012-05-03', '2012-05-04', '2012-05-05',
         '2012-05-06'],
         dtype='datetime64[ns]', freq='D')
```

从输出结果可以看到，输出的日期序列中没有时间，只有日期。如果没有传入normalize选项，则输出的日期序列中不仅包含日期，还包含时间。

```
In[186]:pd.date_range('5/2/2012 12:56:31', periods=5)
Out[186]:
    DatetimeIndex(['2012-05-02 12:56:31', '2012-05-03 12:56:31',
         '2012-05-04 12:56:31', '2012-05-05 12:56:31',
         '2012-05-06 12:56:31'],
         dtype='datetime64[ns]', freq='D')
```

2. 频率和日期偏置

上面给出的频率都是基础频率，Pandas中的频率是由基础频率和倍数组成的，基础频率通常会有字符串别名，例如D表示每日，M表示每月，并且对于每一个基础频率，都有一个对象与它对应。例如Day对应D，Hour对应H。

```
In[187]:from pandas.tseries.offsets import Hour,Day
    h=Hour()
    d=Day()
    four_day=Day(4)
    four_hour=Hour(4)
```

在使用的时候，我们并不需要像上面这样显示创建的这些对象，而是使用字符串，如'4H'、'4D'等，在基础频率前放一个整数就可以了。

```
In[188]:pd.date_range('1/1/2019', '1/2/2019', freq='5H')
Out[188]:
    DatetimeIndex(['2019-01-01 00:00:00', '2019-01-01 05:00:00',
         '2019-01-01 10:00:00', '2019-01-01 15:00:00',
         '2019-01-01 20:00:00'],
          dtype='datetime64[ns]', freq='5H')
```

频率的字符串别名不区分大小写。

多个偏置量还可以进行联合，如Hour(2)+Minute(30)，但是没有必要像这样显示定义对象，使用字符串别名就可以，例如上面的对象可以用字符串2h30min来表示。

“月中某星期”（week of month）的日期是一个有用的频率类，以WOM开始，它允许获取类似“每月第三个星期五”这样的日期。

```
In[189]:pd.date_range('1/1/2019', '7/1/2019', freq='WOM-3Fri')
Out[189]:
DatetimeIndex(['2019-01-18', '2019-02-15', '2019-03-15', '2019-04-19',
        '2019-05-17', '2019-06-21'],
        dtype='datetime64[ns]', freq='WOM-3FRI')
```

3.5.4 时间区间和区间算术

时间区间表示的是时间范围，例如一些天、一些月、一些季度等。Period 类表示的正是这种数据类型。Period 类有这个时段的起始时间 start_time、终止时间 end_time 等属性信息，其参数 freq 和之前的 date_range()里的 freq 参数类似，可以取'S'或'D'等。

```
In[190]:p = pd.Period('2019-7-1', freq = "M")
    p.start_time
Out[190]:
    2019-07-01 00:00:00
In[191]:p.end_time
Out[191]:
    2019-07-31 23:59:59.999999999
In[192]:p
Out[192]:
    2019-07
```

在这个例子中，Period 对象表示的是从 2019 年 7 月 1 日到 2019 年 7 月 31 日的时间段，在这个时间段内增加或减去整数可以方便地根据它们的频率进行移位。

```
In[193]:p
Out[193]:
   Period('2019-07', 'M')
In[194]:p+5
Out[194]:
   Period('2019-12', 'M')
```

更进一步地，如果两个时间区间具有相同的频率，则它们的差就是它们之间的单位数。

```
In[195]:pp = pd.Period('2019-10-1', freq = "M")
     pp-p
Out[195]:3
```

除了可以创建时间区间对象 Period，我们还可以创建 PeriodIndex 对象。PeriodIndex 对象存储的是区间的序列，可以作为任意 Pandas 数据结构的轴索引。使用 period_range()函数可以构造规则区间的序列，period_range()函数与 date_range()函数的使用方法类似。

```
In[196]:pr=pd.period_range("2019-7-1","2019-12-1",freq="M")
   pr
Out[196]:
   PeriodIndex(['2019-07', '2019-08', '2019-09', '2019-10', '2019-11',
        '2019-12'], dtype='int64', freq='M')
```

PeriodIndex 类存储的是区间的序列，可以作为任意 Pandas 数据结构的轴索引。

```
In[197]:ser=pd.Series(["232","2323","3434","23211","232311","343411"],index=pr)
   ser
Out[197]:
  2019-07      232
  2019-08     2323
  2019-09     3434
  2019-10    23211
  2019-11   232311
```

```
2019-12    343411
Freq: M, dtype: object
```

如果有一个字符串数组,也可以使用 PeriodIndex()构造函数把字符串数组转化为 PeriodIndex。

```
In[198]:s=["2019-01-01","2019-01-02","2019-01-03","2019-01-04","2019-01-05"]
    pindex=pd.PeriodIndex(s,freq="d")
    pindex
Out[198]:
    PeriodIndex(['2019-01-01', '2019-01-02', '2019-01-03', '2019-01-04',
         '2019-01-05'],
         dtype='int64', freq='D')
```

固定频率的数据集中有时间序列跨越多个列，例如年份和月份在不同的列中，这时需要重组时间序列。重组时间序列主要将数据中的分离的时间字段重组为时间序列，并指定为 Pandas 数据结构的索引。

```
In[199]:fd=pd.DataFrame({
   "year":[2015,2015,2015,2015,2016,2016],
   "quarter":[1,2,3,4,1,2],
   "number":[12123,3434,45456,5656,6577,2323],
   "value":[1111111,22222,333333,444444,555555,666666],})
   fd
Out[199]:
  Year    quarter number  value
0 2015    1       12123   1111111
1 2015    2       3434    22222
2 2015    3       45456   333333
3 2015    4       5656    444444
4 2016    1       6577    555555
5 2016    2       2323    666666
```

其中 year 列是年份，quarter 列是季度，我们把这两列传递给 PeriodIndex，然后把它作为 df 的索引。

```
In[200]:pindex=pd.PeriodIndex(year=df["year"],quarter=df["quarter"],freq="Q-DEC")
    df.index=pindex
    df
Out[200]:
          number  quarter      value    year
    2015Q1  12123   1            1111111  2015
    2015Q2  3434    2            22222    2015
    2015Q3  45456   3            333333   2015
    2015Q4  5656    4            444444   2015
    2016Q1  6577    1            555555   2016
    2016Q2  2323    2            666666   2016
```

3.5.5　时间序列函数

下面主要介绍时间序列处理的一些方法，包括移动、频率转换和重新采样。移动也称为移位，是指按照时间向前移动或后向移动。频率转换和重新采用是指将时间序列从一个频率转换为另一个频率的过程。将更高频率的数据聚合到低频率被称为向下采用，而从低频率转化为高频率称为向上采用。

1. 移动

Series 和 DataFrame 对象都有一个 shift 方法用于进行简单的前向和后向移动,而不改变索引。

```
In[201]:ts = pd.Series(np.random.randn(4),index=pd.date_range('1/1/2000',
```

```
        periods=4, freq='M'))
        print("ts:")
        print(ts)
        ts1=ts.shift(1)
        print("ts.shift(1):")
        print(ts1)

Out[201]:
        ts:
        2000-01-31  -0.622887
        2000-02-29   0.272526
        2000-03-31  -0.146330
        2000-04-30  -0.726065
        Freq: M, dtype: float64
        ts.shift(1):
        2000-01-31        NaN
        2000-02-29  -0.622887
        2000-03-31   0.272526
        2000-04-30  -0.146330
        Freq: M, dtype: float64
```

当像上面这样移位时，会在时间序列的起始位或结束位引入缺失值（如上面的开始时间2000-01-31）。由于简单移位并不改变索引，一些数据会被丢弃（如上面的数据-0.726065）。因此如果频率是已知的，则可以将频率传递给 shift 来推移时间戳，而不是简单地进行数据移动。

```
In[202]:ts2=ts.shift(1,freq="M")
        print("ts.shift(1,freq='M'):")
        print(ts2)
Out[202]:
        ts.shift(1,freq='M'):
        2000-02-29  -0.622887
        2000-03-31   0.272526
        2000-04-30  -0.146330
        2000-05-31  -0.726065
        Freq: M, dtype: float64
```

2. 频率转换

在做报表统计数据时，可能会遇到这样的问题：将某年的报告转换为季报告或月报告。为了解决这个问题，Pandas 中提供了 asfreq()方法来进行频率转换，如把某年转换为某月。

asfreq()方法的语法格式如下。

```
asfreq(freq,how=None,method=None,normalize=False,fill_value=None)
```

参数的含义如下。

freq：表示计时单位，可以是 DateOffest 对象或字符串。

how：可以取值为 start 或 end，默认为 end，仅适用于 PeriodIndex。start 包含区间开始，end 包含区间结束。

method：用于设置填充数据的值。在向上采样时设置如何插值，例如 ffill、bfill 等。

normalize：布尔值，默认为 False，表示是否将时间索引重置为午夜。

fill_value：用于填充缺失值，在向上采样时使用。

可以通过 asfreq()函数来调整时间序列的间隔时间，需要注意的是调整后数据是否能对应上的问题，可采用均值、插值来填充调整后的时间序列所对应的数据。

```
In[203]:import numpy as np
    import pandas as pd
    values=np.random.randint(100,300,365)
    ser = pd.Series(values, index = pd.date_range('2019-1-1', periods =365, freq = "D"))
    print(ser[:5])
    ser1= ser.asfreq("M")
    print(ser1[:5])
Out[203]:
    2019-01-01    193
    2019-01-02    271
    2019-01-03    166
    2019-01-04    244
    2019-01-05    271
    Freq: D, dtype: int32
    2019-01-31    281
    2019-02-28    276
    2019-03-31    278
    2019-04-30    182
    2019-05-31    160
    Freq: M, dtype: int32
```

通过 asfreq()函数，将原来的时间序列由间隔一天变为间隔一月，新生成的时间序列如果在原序列里有对应值，那么用原来的 values 作为新时间序列的 values。但是如果调整后的时间序列没有原值能对应上，则新时间序列里的 values 会出现 NaN。

```
In[204]:values= np.random.randint(0,100,30)
    ser0 = pd.Series(values, index = pd.date_range('2019-1-1', periods = 30,
          freq = "2H"))
    print(ser0[:5])
    ser1= ser0.asfreq("H")
    print(ser1[:5])
Out[204]:
    2019-01-01 00:00:00    89
    2019-01-01 02:00:00    33
    2019-01-01 04:00:00    52
    2019-01-01 06:00:00    64
    2019-01-01 08:00:00    97
    Freq: 2H, dtype: int32
    2019-01-01 00:00:00    89.0
    2019-01-01 01:00:00    NaN
    2019-01-01 02:00:00    33.0
    2019-01-01 03:00:00    NaN
    2019-01-01 04:00:00    52.0
    Freq: H, dtype: float64
```

或者在 asfreq()函数里使用 method 参数，如下所示。

```
In[205]:values= np.random.randint(0,100,30)
    ser0 = pd.Series(values, index = pd.date_range('2019-1-1', periods = 30,
          freq = "2H"))
    print(ser0[:5])
    ser1= ser0.asfreq("H",method="ffill")
    print(ser1[:5])
Out[205]:
    2019-01-01 00:00:00     9
    2019-01-01 02:00:00    71
    2019-01-01 04:00:00    46
    2019-01-01 06:00:00    15
    2019-01-01 08:00:00    36
```

```
Freq: 2H, dtype: int32
2019-01-01 00:00:00     9
2019-01-01 01:00:00     9
2019-01-01 02:00:00    71
2019-01-01 03:00:00    71
2019-01-01 04:00:00    46
Freq: H, dtype: int32
```

3. 重新采样

在 Pandas 里对时序的频率的调整称为重新采样，即从一个频率调整为另一个频率的操作，可以借助 resample()函数来完成。有向上采样和向下采样两种。

Pandas 对象都配有 resample()函数，该函数是所有频率转换的工具函数。resample()拥有类似 groupby()函数的 API，调用 resample()函数对数据分组，之后再调用聚合函数，如表 3-12 所示。

表 3-12　resample()函数的参数

参数	说明
freq	表示重采样频率，例如 M、5min、Second(15)
how='mean'	用于产生聚合值的函数名或数组函数，例如 mean()、ohlc()、max()等，默认是 mean，其他常用的值有 first、last、median、max、min
axis=0	默认是纵轴，横轴设置 axis=1
fill_method = None	升采样时如何插值，例如 ffill、bfill 等
closed ='right'	在降采样时，各时间段的哪一段是闭合的，right 或 left，默认 right
label='right'	在降采样时，如何设置聚合值的标签，例如 9:30～9:35 会被标记成 9:30 还是 9:35，默认为 9:35
loffset = None	面元标签的时间校正值，例如-1s 或 Second(-1)用于将聚合标签调早 1 秒
limit=None	在向前或向后填充时，允许填充的最大时期数
kind = None	聚合到时期（period）或时间戳（timestamp），默认聚合到时间序列的索引类型
convention = None	在重新采样时期，将低频率转换到高频率所采用的约定（start 或 end），默认 end

（1）向下采样

以高频时间序列变低频时间序列，粒度变大，需要数据聚合。例如，原来有 100 个时间点，假设变为低频的 10 个点，那么会将原数据每 10 个数据组成一组（bucket）。原来是 100 个时间点，100 个数据，现在是 10 个时间点，应该有 10 个数据，那么这 10 个数据应该是什么呢？可以是每组里的数据的均值 mean，或组里的第一个值，或最后一个值，最常使用的是重采样后的数据，这就要借助 resample()函数调用相应的聚合函数来取得。

在使用 resample()函数进行向下采样数据时，需要考虑下面的问题。

每段间隔在哪边是闭合的（也就是 closed 参数的值是 left 还是 right）？

如何在间隔的开始或结束位置标记每个已聚合的分组（也就是 label 参数的取值问题，例如 9:30～9:35 的五分钟间隔，如果 label="left"，就取 9:30；如果 label="right"，就取 9:35）？

为了说明，来看下面一个 15 分钟的数据。

```
In[206]:rng=pd.date_range("2019-01-01",periods=15,freq="min")
    ser=pd.Series(np.random.randint(0,100,15),index=rng)
    print(ser)
Out[206]:
    2019-01-01 00:00:00    83
    2019-01-01 00:01:00    78
    2019-01-01 00:02:00    41
    2019-01-01 00:03:00    92
```

```
    2019-01-01 00:04:00    13
    2019-01-01 00:05:00    25
    2019-01-01 00:06:00    17
    2019-01-01 00:07:00    34
    2019-01-01 00:08:00    77
    2019-01-01 00:09:00    91
    2019-01-01 00:10:00    73
    2019-01-01 00:11:00    22
    2019-01-01 00:12:00    40
    2019-01-01 00:13:00    15
    2019-01-01 00:14:00    94
    Freq: T, dtype: int32
```

下面把采样频率从 1 分钟一次，修改为 5 分钟一次。

```
In[207]:re1=ser.resample("5min",closed="left",label="left").sum()
    print("closed-label='left':")
    print(re1)
    re2=ser.resample("5min",closed="left",label="right").sum()
    print("closed='left',label='right':")
    print(re2)
    re3=ser.resample("5min",closed="right",label="left").sum()
    print("closed='right',label='left':")
    print(re3)

Out[207]:
    closed-label='left':
    2019-01-01 00:00:00    307
    2019-01-01 00:05:00    244
    2019-01-01 00:10:00    244
    Freq: 5T, dtype: int32
    closed='left',label='right':
    2019-01-01 00:05:00    307
    2019-01-01 00:10:00    244
    2019-01-01 00:15:00    244
    Freq: 5T, dtype: int32
    closed='right',label='left':
    2018-12-31 23:55:00     83
    2019-01-01 00:00:00    249
    2019-01-01 00:05:00    292
    2019-01-01 00:10:00    171
    Freq: 5T, dtype: int32
```

开始采样的频率是 1 分钟一次，因此从 2019-01-01 00:00:00 到 2019-01-01 00:14:00 共采样 15 次（在下面简记为 00:00-00:14），现在要把采样频率改为 5 分钟，如果 closed=left（这也是默认值），则原来的 15 个采样数据的分组为[00:00,00:05)、[00:05,00:10)、[00:10,00:15)。很显然第一分组[00:00,00:05)中包含 2019-01-01 00:00:00 到 2019-01-01 00:04:00 的 5 次采样，其他两组依此类推。如果 closed=right，则原来的 15 个采样数据的分组为(2018-12-31 23:55:00, 2019-01-01 00:00:00]、(00:00,00:05]、(00:05,00:10]、(00:10,00:15]，在第一个分组(,00:00]中仅包含 2019-01-01 00:00:00 采样，其他依此类推。我们再来看 label（默认为 left），在 closed=left 时，分组为[00:00,00:05)、[00:05,00:10)、[00:10,00:15)，因此如果 label=left，则 3 组的 label 分别为 00:00、00:05、00:10；如果 label=right，则 3 组的 label 分别为 00:05、00:10、00:15。

当 label=right 时，我们可以从右边缘减去 1 秒，这样可以使 label 能更清楚地表明时间戳所指的间隔。要实现这个功能，使用 loffset 属性或 shift()函数。

```
In[208]:re2=ser.resample("5min",closed="left",label="right",loffset="-1s").sum()
    print("closed='left',label='right':")
    print(re2)
Out[208]:
    closed='left',label='right':
    2019-01-01 00:04:59    307
    2019-01-01 00:09:59    244
    2019-01-01 00:14:59    244
    Freq: 5T, dtype: int32
```

或者使用 shift()函数进行移动。

```
In[209]:re2=ser.resample("5min",closed="left",label="right").sum()
    re2=re2.shift(-1,freq="s")
    print(re2)
```

输出结果同上。

在金融领域，我们对每只股票都关心它的开盘价、收盘价，最高价、最低价等，Pandas 数据经 resample()处理后可以调用 ohlc()函数得到开端（open）、峰值（high）、谷值（low）、结束值（close）。

```
In[210]:index1 = pd.date_range('2018-12-01', periods = 20, freq = "D")
    tx = pd.Series(np.arange(1, 21),index=index1)
    tf = tx.resample("4D", closed = "right", label = "right").ohlc()
    print(tf)
Out[210]:
                  open    high    low    close
    2018-12-01    1       1       1      1
    2018-12-05    2       5       2      5
    2018-12-09    6       9       6      9
    2018-12-13    10      13      10     13
    2018-12-17    14      17      14     17
    2018-12-21    18      20      18     20
```

（2）向上采样

低频变高频会出现大量的 NaN 数据，可以用 method 指定填充数据的方式。下例中，我们把采样频率从每日一次改为了每 12 小时一次。

```
In[211]:ser= pd.Series(np.arange(3), index = pd.date_range('2019-12-01',
    periods=3,freq="D"))
    re1=ser.resample("12H").first()
    print("first:",re1)
    re2=ser.resample("12H").bfill()
    print("bfill:",re2)
    re3=ser.resample("12H").ffill()
    print("re3:",re3)
    re4=ser.resample("12H").interpolate()
    print("re4:",re4)
Out[211]:
    first: 2019-12-01 00:00:00    0.0
    2019-12-01 12:00:00    NaN
    2019-12-02 00:00:00    1.0
    2019-12-02 12:00:00    NaN
    2019-12-03 00:00:00    2.0
    Freq: 12H, dtype: float64
    bfill: 2019-12-01 00:00:00    0
    2019-12-01 12:00:00    1
```

```
    2019-12-02 00:00:00    1
    2019-12-02 12:00:00    2
    2019-12-03 00:00:00    2
    Freq: 12H, dtype: int32
    re3: 2019-12-01 00:00:00    0
    2019-12-01 12:00:00    0
    2019-12-02 00:00:00    1
    2019-12-02 12:00:00    1
    2019-12-03 00:00:00    2
    Freq: 12H, dtype: int32
    re4: 2019-12-01 00:00:00    0.0
    2019-12-01 12:00:00    0.5
    2019-12-02 00:00:00    1.0
    2019-12-02 12:00:00    1.5
    2019-12-03 00:00:00    2.0
    Freq: 12H, dtype: float64
```

3.6　文件读写

访问数据是应用本书中的工具解决实际问题的第一步，本节讲解使用 Pandas 进行数据输入和输出。输入和输出通常有以下几种类型：读取文本文件，读取 Excel 文件或其他更高效的数据格式的文件，从数据库载入数据，与网络资源进行交互（例如 Web API）。

将表格型数据读取为 DataFrame 对象是 Pandas 的重要功能，表 3-13 所示为部分实现该功能的函数。

表 3-13　将表格型数据读取为 DataFrame 对象的 Pandas 函数

函数	作用
read_csv()	从文件、URL 或文件型对象读取分割好的数据，默认分隔符是逗号
read_excel()	从文件、URL 或文件型对象读取分割好的数据，默认分隔符是制表符\t
read_table()	从文件、URL 或文件型对象读取分割好的数据，默认分隔符是制表符\t
HDFStore()	使用 HDF5 文件读写数据

在某些文件中数据类型并不是数据格式的一部分，例如 CSV 文件，Pandas 在使用 read_csv() 函数读取文件时会进行类型判断，因此对于普通的数值、字符串或布尔类型的数据处理起来是非常方便的，不需要指定哪一列是数字，哪一列是字符串。但是如果要日期或者其他自定义类型的数据就需要额外处理了。

3.6.1　CSV 文件读写

本小节介绍如何使用 Pandas 读写逗号分隔值（Comma-Separated Values，CSV）文件。我们将概述如何使用 Pandas 将 CSV 文件加载到 DataFrame 和如何将 DataFrame 写入 CSV 文件。

读取 CSV 文件的两个主要函数是 read_csv()和 read_table()。它们都使用相同的解析代码来智能地将表格数据转换为 DataFrame 对象。

由于现实世界中的数据非常混乱，因此随着时间推移，Pandas 的一些文件读取函数（尤其是 read_csv()函数）的可选参数变得非常复杂。Pandas 的在线文档中有大量示例来展示这些参数的使用和功能，如果在读取某个文件的时候遇到了困难，那么在 Pandas 的在线文档中可能会有相似的示例来帮助用户找到正确的参数。

read_csv()函数格式如下。

```
Pandas.read_csv(filepath_or_buffer, sep=',', delimiter=None, header='infer',
names=None, index_col=None, usecols=None)
```

read_csv()函数的参数非常多，表 3-14 只对常用的参数给出了详细的说明。

表 3-14　　read_csv()函数参数说明

参数	说明
filepath_or_buffer	可以是 URL，可用 URL 类型包括 http、ftp、s3 和文件
sep	该参数指定数据的分隔符，read_csv()函数默认的分隔符是逗号，read_table()函数默认的分隔符是制表符\t。参数可使用正则表达式。有时 CSV 文件中为了方便阅读添加了很多的空格进行数据对齐，如果希望忽略这些空格，可以将 skipinitialspace 参数设置为 True
delimiter	备选分隔符（如果指定该参数，则 sep 参数失效）
delim_whitespace	指定空格是否作为分隔符使用，等效于设定 sep='\s+'。如果这个参数设定为 True，那么 delimiter 参数失效
header	默认情况下文件第一行被作为列索引标签，如果数据文件中没有保存列名的行，则设置 header=None。header 参数可以是一个列表，例如[0,1,3]，这个列表表示将文件中的这些行作为列标题（意味着每一列有多个标题，也就是多层级列索引），介于中间的行将被忽略掉。注意，如果 skip_blank_lines=True，那么 header 参数将忽略注释行和空行，因此 header=0 表示第一行数据而不是文件的第一行
names	用于 DataFrame 对象中列名列表，如果数据文件中没有列标题行，就需要执行 header=None。names 属性在 header 之前运行，默认列表中不能出现重复内容，除非设定参数 mangle_dupe_cols=True
index_col	用作行索引的行编号或者行标签，如果给定一个序列则有多个行索引
usecols	指定从文件中读入指定的列的列表，该列表中的值如果为数字则对应到文件中的列号，如果为字符串则为文件中的列名。例如 usecols 有效参数可能是[0,1,2]或['foo', 'bar', 'baz']。使用这个参数可以加快加载速度并降低内存消耗
prefix	在没有列标题，也就是 header 设定为 None 时，给列索引添加前缀。例如添加 prefix= 'X' 使得列名称为 X0, X1, …,*XN*
dtype	每列数据的数据类型。例如 {'a': np.float64, 'b' :np.int32}
skipinitialspace	忽略分隔符后的空白（默认为 False，即不忽略）
skiprows	需要忽略的行数（从文件开始处算起），或需要跳过的行号列表（从 0 开始）
nrows	需要读取的行数（从文件头开始算起）
na_values、true_value、false_value	分别指定 NaN、True、False 对应的字符串列表
keep_default_na	如果指定 na_values 参数，并且 keep_default_na=False，那么默认的 NaN 将被覆盖，否则添加
na_filter	是否检查丢失值（空字符串或空值）。对于大文件来说数据集中没有空值，设定 na_filter=False 可以提升读取速度
skip_blank_lines	如果为 True，则跳过空行；否则记为 NaN
nrows	从文件开头处读入的行数
chunksize	用于迭代的块的大小
skip_footer	忽略文件尾部的行数
thousands	千位分隔符

接下来从一个小型的逗号分隔的 CSV 文件开始讲解，下面是 CSV 文件的内容。

```
class,sno,name,math,English,Python
one,20180101,zhangsan,80,89,98
one,20180102,lisi,70,79,88
one,20180103,wangwu,90,89,87
```

```
two,20180201,zhangsan,#,#,89
two,20180202,lisi,78,79,89
two,20180203,wangwu,#,78,89
```

将这些数据保存为 student0.csv 文件并对其进行操作。

首先从 student0.csv 文件中读取数据并创建一个 DataFrame 对象。

```
In[134]:df=pd.read_csv("student0.csv")
        df
Out[134]:
       class   sno        name      math    English     Python
    0  one  20180101   zhangsan     80      89          98
    1  one  20180102   lisi         70      79          88
    2  one  20180103   wangwu       90      89          87
    3  two  20180201   zhangsan     #       #           89
    4  two  20180202   lisi         78      79          89
    5  two  20180203   wangwu       #       78          89
```

这里因为 student0.csv 文件与 Jupyter Notebook 文件 chap3.ipynb 在同一个文件夹中，读取文件使用相对路径就可以直接使用文件了。当然也可以使用绝对路径，例如 student0.csv 文件的绝对路径为 D:\Python\student0.csv，因为在 Python 中 Windows 文件分隔符“\”需要转义，所以 student0.csv 绝对路径应该写为 df=pd.read_csv("D:\\Python\\student0.csv")。

header 参数的默认值为 0，也就是把第一行作为列索引，默认没有行索引，因此自动添加了 0、1、2、3、4、5 的行索引。使用 index_col 定制索引可以指定 CSV 文件中的一列或几列作为行索引，如果是多列，则行索引是多级索引。下面指定 class 和 sno 为多级行索引。

```
In[135]:df=pd.read_csv("student0.csv",index_col=['class','sno'])
        df
Out[135]:
                    name        math     English       Python
    class sno
    one   20180101 zhangsan     80       89            98
          20180102 lisi         70       79            88
          20180103 wangwu       90       89            87
    two   20180201 zhangsan     #        #             89
          20180202 lisi         78       79            89
          20180203 wangwu       #        78            89
```

前面介绍过，尽管在 CSV 文件中列的数据类型并不是数据格式的一部分，但是因为函数 read_csv()会进行类型推断，所以不必指定哪一列是数值、字符串或布尔值。因此 Pandas 处理普通的数值、字符串或布尔类型的数据是很容易的。下面来查看生成的 DataFrame 对象的各列的类型。

```
In[136]:df.dtypes
Out[136]:
    class      object
    sno        int64
    name       object
    math       object
    english    object
    Python     int64
    dtype: object
```

可以看出，name 为 object 类型而不是字符串，因为字符串长度是不固定的，所以 Pandas 没有用字节字符串的形式而是用了 object。对于数据，Python 的默认类型为 int64，而这里 math、English 的成绩为 object 类型，这是因为在 math、English 的列数据中有#（缺失数据），所以下面使用

na_values 属性对数据进行缺失数据的简单处理。

```
In[137]:df=pd.read_csv("student0.csv",index_col=['class','sno'],na_values=["#"])
        df
Out[137]:
                      name      math     English  Python
    class sno
    one   20180101  zhangsan   80.0      89.0      98
          20180102  lisi       70.0      79.0      88
          20180103  wangwu     90.0      89.0      87
    two   20180201  zhangsan   NaN       NaN       89
          20180202  lisi       78.0      79.0      89
          20180203  wangwu     NaN       78.0      89
In[138]:df.dtypes
Out[138]:
    name       object
    math       float64
    English    float64
    Python     int64
    dtype: object
```

从输出结果可以看出，Python 列数据没有缺失值，因此默认数据类型是 int64；English 和 math 列数据中有缺失值，因此默认数据类型是 float64。当然也可以使用 dtype 属性传入我们想要的类型，dtype 的列可以作为字典传递。

```
In[139]:df=pd.read_csv("student0.csv",index_col=['class','sno'],na_values=["#"],
dtype={'math':np.float64,'English':np.float64,'Python':np.float64})
        df.dtypes
Out[139]:
    name   object
    math   float64
    English    float64
    Python float64
    dtype: object
```

skiprows 属性可跳过指定的行数。例如要读的 student.csv 文件的前 5 行（包括一行空白行）是该文件的一些说明部分，student.csv 文件内容如下所示。

```
该文件是期末考试的成绩。
class 表示班级
sno，name 表示姓名和学号
math、English、Python 表示三门课的成绩

class,sno,name,math,English,Python
one,20180101,zhangsan,80,89,98
one,20180102,lisi,70,79,88
one,20180103,wangwu,90,89,87
two,20180201,zhangsan,#,#,89
two,20180202,lisi,78,79,89
two,20180203,wangwu,#,78,89
```

那么读取该文件的时候，要使用 skiprows 属性跳过那些说明行。

```
In[140]:df=pd.read_csv("student.csv",skiprows=4,index_col=['class','sno'],na_
    values=["#"],dtype={'math': np.float64,'English':np.float64,'Python':
    np.float64})
    df
```

```
Out[140]:
                    name        math     English  Python
    class sno
    one   20180101  zhangsan    80.0     89.0     98.0
          20180102 lisi         70.0     79.0     88.0
          20180103 wangwu       90.0     89.0     87.0
    two   20180201 zhangsan     NaN      NaN      89.0
          20180202 lisi         78.0     79.0     89.0
          20180203 wangwu       NaN      78.0     89.0
```

skiprows=4 而不是 5，空白行不算。

当处理大型文件时，可能需要读入文件的一小段或按照小块迭代来遍历文件，这个时候就会用到 nrows 和 chunksize 属性。下面来看这两个属性的作用。

如果只想读取一小部分（不需要读取整个文件），可以使用 nrows 属性指明想读入的行，如设置了 nrows=2，只读入两行数据。

```
In[141]:df=pd.read_csv("student.csv",skiprows=4,nrows=2,index_col=['class','sn
        o'],na_values=["#"],dtype={'math':
        np.float64,'English':np.float64,'Python':np.float64})
     df
Out[141]:
                        name      math    English  Python
    class sno
    one   20180101      zhangsan  80.0    89.0     98.0
          20180102          lisi  70.0    79.0     88.0
```

为了分块读入文件，可以指定 chunksize 作为每一块的行数，然后我们再进行迭代就可以访问整个文件的数据，这样做的好处是节省内存。

```
In[142]:chks=pd.read_csv("student.csv",skiprows=4,chunksize=2,index_col=['class',
     'sno'],na_values=["#"],dtype={'math':np.float64,'English':np.float64,
     'Python':np.float64})
     for pf in chks:
            print(pf)
             print("**************")
Out[142]:
                    name     math     English  Python
    class sno
    one   20180101  zhangsan 80.0     89.0     98.0
          20180102  lisi     70.0     79.0     88.0
    **************
                    name     math     English  Python
    class sno
    one   20180103  wangwu   90.0     89.0     87.0
    two   20180201  zhangsan NaN      NaN      89.0
    **************
                    name     math     English  Python
    class sno
    two   20180202  lisi     78.0     79.0     89.0
          20180203  wangwu   NaN      78.0     89.0
    **************
```

Pandas 除了提供了将 CSV 文件读入 DataFrame 对象的函数外，还提供了将 DataFrame 对象的数据写入 CSV 文件的函数。

使用 DataFrame 对象的 to_csv()函数，我们可以将数据保存为逗号分隔的 CSV 文件。

```
In[143]:data=[{'Chinese':81,'English':74,'Math':87},{'Chinese':92,'English':85,
    'Math':78},{'Chinese':83,'English':96,'Math':89}]
    df=pd.DataFrame(data,index=['zhangsan','lisi','wangwu'])
    df.to_csv("student3=2.csv")
```

运行代码，得到 student2.csv 文件，如图 3-1 所示。

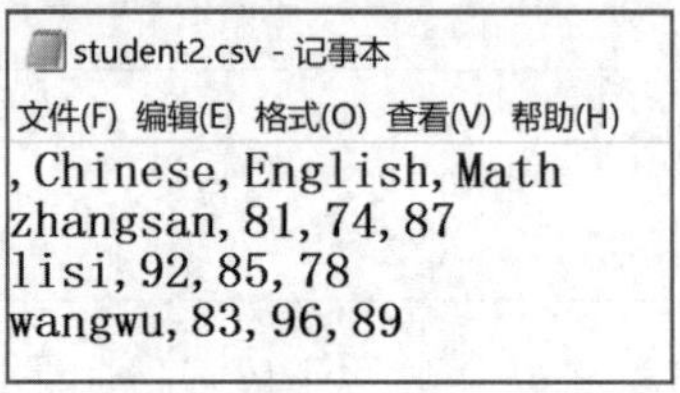

```
student2.csv - 记事本
文件(F) 编辑(E) 格式(O) 查看(V) 帮助(H)
,Chinese,English,Math
zhangsan,81,74,87
lisi,92,85,78
wangwu,83,96,89
```

图 3-1　student2.csv 文件

默认使用逗号（,）作为分隔符，也可以使用 seq 参数指定分隔符。

```
In[144]:df.to_csv("student2.csv",seq='|')
```

缺失值在输出时默认以空字符串出现，也可以使用 na_req 参数指定其他的标识值来指定缺失值的标注，例如使用#。

```
In[145]:df.to_csv("student2.csv",seq='|',na_req='#')
```

默认情况下，DataFrame 对象的行列索引都会被写入文件，可以使用 header=False 来禁止行列索引写入。

```
In[146]:data=[{'Chinese':81,'English':74,'Math':87},{'Chinese':92,'English':85,
      'Math':78},{'Chinese':83,'English':96,'Math':89}]
    df=pd.DataFrame(data,index=['zhangsan','lisi','wangwu'])
    df.to_csv("student3.csv",index=False,header=False)
```

运行代码，得到 student3.csv 文件，如图 3-2 所示。

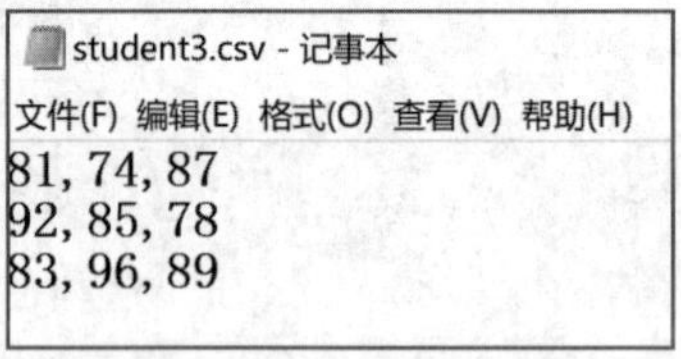

```
student3.csv - 记事本
文件(F) 编辑(E) 格式(O) 查看(V) 帮助(H)
81,74,87
92,85,78
83,96,89
```

图 3-2　student3.csv 文件

除此之外，还可以使用 columns 参数选择写入的列的子集，例如下面只写入 Math 的成绩。

```
In[147]:df.to_csv("student4.csv",columns=["Math"])
```

运行代码，得到 student4.csv 文件，如图 3-3 所示。

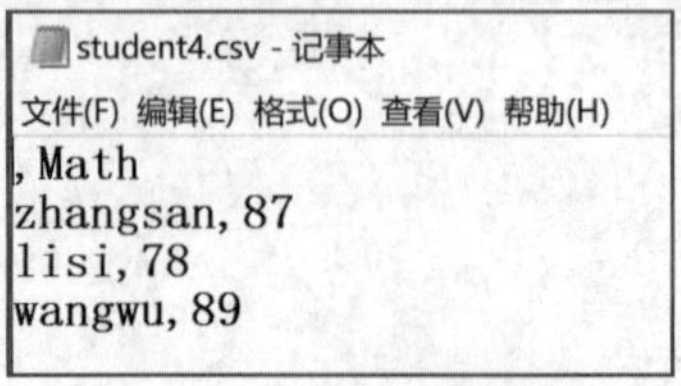

```
student4.csv - 记事本
文件(F) 编辑(E) 格式(O) 查看(V) 帮助(H)
,Math
zhangsan,87
lisi,78
wangwu,89
```

图 3-3　student4.csv 文件

3.6.2　Excel 文件读写

Pandas 中的 read_excel()函数可以读取 Excel 文件中的表格型数据，格式如下。

```
pd.read_excel(io,sheetname=0,header=0,skiprows=None,index_col=None,names=None,
arse_cols=None,date_parser=None,na_values=None,thousands=None,convert_float=True,
has_index_names=None,converters=None,dtype=None,true_values=None,false_values=None,
engine=None,squeeze=False,**kwds)
```

read_excel()函数的参数非常多，表 3-15 中列出了常用参数的说明。其他参数请读者自行查阅 Pandas 的官方文档。

表 3-15　　read_excel()函数常用参数的说明

参数	说明
io	文件类对象，Excel 路径，注意路径中\的转义
sheetname	可以是整数（int）和字符串，整数表示表位置，字符串表示表名，返回多表使用整数或字符串的列表。使用整数和字符串时返回的是一个 DataFrame 对象，使用列表时返回的是 DataFrame 的字典
header	指定作为列名的行，默认为 0，即取第一行，数据为列名行以下的数据；若数据不含列名，则设定 header = None
names	指定列的名字，传入一个列表，列表指明各列的索引标签（列名）
index_col	指定列为索引列，如果传递一个列表，这些列将被组合成一个 MultiIndex
squeeze	如果解析的数据只包含一列，则返回一个 Series 对象
dtype	数据或列的数据类型，参考 read_csv()函数即可

下面以一个示例来讲解 read_excel()函数的使用。有一个 student.xlsx 文件，该文件中有两个 sheet，分别为 student1 和 student2，如图 3-4 所示。

班级	学号	姓名	英语	语文	数学
1	201801	zhansan	78	67	78
1	201801	zhanger	90	43	79
1	201801	lier	99	90	80
2	201801	wanger	97	78	81
2	201801	wangwu	78	87	82
2	201801	zhangsan	98	89	83

student1　student2

图 3-4　student.xlsx

存储在 Excel 文件中的数据可以通过 Pandas 中的 read_excel()函数读取到 DataFrame 对象中。

```
In[148]:df = pd.read_excel("student.xlsx")
    df
Out[148]:
      班级  学号     姓名        英语  语文  数学
    0  1  201801  zhansan  78   67   78
```

```
    1   1  201801  zhanger  90   43   79
    2   1  201801  lier     99   90   80
    3   2  201801  wanger   97   78   81
    4   2  201801  wangwu   78   87   82
    5   2  201801  zhangsan 98   89   83
```

从输出结果可以看出，read_excel()函数默认读取的是第一个表，我们也可以使用 sheetname 选择读取哪一个表。可以使用整型数值，0 表示第一个表格，1 表示第二个表格，或使用表名 student1 和 student2。

```
In[149]:df2 = pd.read_excel("student.xlsx",sheetname="student2")
    df2
```

或者

```
     df2 = pd.read_excel("student.xlsx",sheetname=1)
     df2
Out[149]:
        a  b  c  d  e
    0   1  2  3  4  5
    1   2  3  #  6  8
    2   3  4  6  #  8
    3   4  5  6  8  #
    4   5  6  6  8  #
    5   6  7  6  8  8
    6   7  8  6  8  8
```

也可以一次性把两个表格都读出来，这个时候的表名赋值为一个列表，返回的是 DataFrame 的字典（dict of DataFrame）。字典的键是表名，字典的值的表中数据构成的 DataFrame 对象。

```
In[150]:df3= pd.read_excel("student.xlsx",sheetname=["student1","student2"])
    df3
Out[150]:
    {'student2':
      a  b  c  d  e
    0 1  2  3  4  5
    1 2  3  #  6  8
    2 3  4  6  #  8
    3 4  5  6  8  #
    4 5  6  6  8  #
    5 6  7  6  8  8
    6 7  8  6  8  8,
    'student1':
       班级  学号     姓名      英语 语文 数学
    0   1  201801   zhansan  78   67   78
    1   1  201801   zhanger  90   43   79
    2   1  201801      lier  99   90   80
    3   2  201801    wanger  97   78   81
    4   2  201801    wangwu  78   87   82
    5   2  201801  zhangsan  98   89   83}
```

read_excel()函数其他参数的使用与 read_csv()类似，这里就不再一一列举了。类似地，to_excel()函数也可以将 DataFrame 对象的数据写入 Excel 文件中。

```
In[151]:df2.to_excel("student2.xlsx",sheet_name="2019")
```

运行代码，得到 student2.xlsx 文件，如图 3-5 所示。

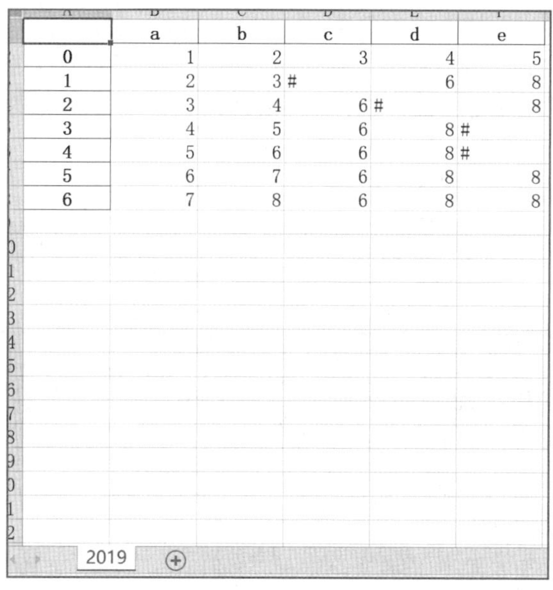

	a	b	c	d	e
0	1	2	3	4	5
1	2	3	#	6	8
2	3	4	6	#	8
3	4	5	6	8	#
4	5	6	6	8	#
5	6	7	6	8	8
6	7	8	6	8	8

2019

图 3-5　student2.xlsx 文件

3.6.3　HDF5 文件读写

HDF5（Hierarchical Data Format Version 5，分层数据格式版本 5）是存储科学数据的一种文件格式，文件扩展名为.h5。它以 C 库的形式提供，因此存取速度非常快，且可在文件内部按照明确的层次存储数据（HDF5 中“HDF”表示的就是分层数据格式）。HDF5 还具有很多其他语言的接口，如 Java、MATLAB 和 Python 等。

与其他简单的数据格式相比，HDF5 支持多种压缩格式的即时压缩，使得重复模式的数据可以更高效地存储。尽管 Python 中已有相应的 PyTables 或 h5py 等库直接访问 HDF5 文件，但是使用 Pandas 提供的接口可以更简单地进行 Series 和 DataFrame 对象的存储。本小节主要介绍 Pandas 中读写 HDF5 文件的方法。

HDFS 文件像一个保存数据的文件系统，其中有两种类型的数据对象。

① 资料数据（dataset）：类似文件系统中的文件，可以为用户保存数据。

② 目录（group）：类似文件系统中的文件夹，可以包含其他的目录和资料数据。

Pandas 中的 HDFStore 构造函数用于生成管理 HDF5 文件 I/O 操作的对象，其主要参数如下。

① path：字符型输入，用于指定 HDF5 文件的名称（不在当前工作目录时需要带上完整路径信息，并且注意文件分隔符\的转义问题）。

② mode：用于指定 I/O 操作的模式，与 Python 内置的 open()函数中的参数一致，默认为'a'模式，即当指定文件已存在时不影响原有数据写入，指定文件不存在时则新建文件；'r'为只读模式；'w'为创建新文件（会覆盖同名旧文件）；'r+'模式与'a'作用相似，但要求文件必须已经存在。

③ complevel：int 型，用于控制 HDF5 文件的压缩水平，取值范围为 0～9。值越大则文件的压缩程度越大，占用的空间越小，但相应地，在读取文件时需要更多解压缩的时间成本。默认为 0，代表不压缩。

④ complib：指定压缩格式，HDF5 文件的存储支持压缩模式，使用的压缩模式是 blocs，其速度最快，也是 Pandas 默认支持的压缩格式。使用压缩可以提高磁盘利用率，节省空间。

下面创建一个 HDFStore 对象 store。

```
In[152]:store = pd.HDFStore("data.h5",complib="blosc",complevel=9)
```

接下来创建 Pandas 中不同的两种对象 Series 和 DataFrame，并将它们共同保存到 store 对象中。HDFStore 对象支持字典接口，因此可以利用键值对将不同的数据存入 store 对象中，也可以使用 store 对象的 put()函数将数据存入 store 对象中，store 对象的 put()函数的主要参数如下。

① key：指定 HDF5 文件中待写入数据的 key。

② value：指定与 key 对应的待写入的数据。

③ format：字符型类型，用于指定写入的模式，'fixed'对应的模式速度快，但是不支持追加也不支持检索；'table'对应的模式以表格的模式写入，速度稍慢，但是支持直接通过 store 对象进行追加和表格查询操作。

```
In[153]:data1=[23,24,25]
        index=pd.Index(['zhangsan','lisi','wangwu'],name="name")
        ser=pd.Series(data=data1,index=index)
        data=[{'Chinese':81,'English':74,'Math':87},{'Chinese':92,'English':
            85,'Math':78},{'Chinese':83,'English':96,'Math':89}]
        df = pd.DataFrame(data,index=['zhangsan','lisi','wangwu'])
        #采用键值对方式将 ser 写入 store 中
        store["data/ser1"]=ser
        #采用 put()函数把 df 写入 store 中
        store.put(key= "data/df1 ",value=df)
```

HDFStore 对象支持字典接口，因此可以查看 store 对象的 items 属性和 keys 属性（注意这里 store 对象只有 items 和 keys 属性，没有 values 属性）。

```
#查看 store 对象的 items 属性
In[154]:store.items
Out[154]:
<bound method HDFStore.items of <class 'Pandas.io.pytables.HDFStore'>
File path: data.h5>
#查看 store 对象的 keys 属性
In[155]:store.keys
Out[155]:
<bound method HDFStore.keys of <class 'Pandas.io.pytables.HDFStore'>
File path: data.h5>
```

调用 store 对象中的数据也可以像字典那样，直接用对应的键名或 get()函数来访问。同样地，store 对象的删除方法也与字典类似，可以采用 remove()函数，传入要删除数据对应的键，即可删除该键对应的对象。

```
In[156]:#使用键名访问 ser 对象
      store["data/ser1"]
Out[156]:
      name
      zhangsan      23
      lisi          24
      wangwu        25
      dtype: int64
In[157]:#使用 get()方法访问 df 对象
       store.get("data/df1")
Out[157]:
                  Chinese  English    Math
      zhangsan      81        74       87
      lisi          92        85       78
      wangwu        83        96       89
```

这时若想将当前的 store 对象持久化到本地，只需要利用 close()函数关闭 store 对象即可。查看本地的 HDF5 文件，如图 3-6 所示，发现文件大小变了，写入成功。

data.h5	2020/2/3 18:08	H5 文件	24 KB

图 3-6　data.h5 文件

在 Pandas 中读入 HDF5 文件的方式主要有两种。一种是通过类似写入的方式首先创建与本地 HDF5 文件连接的 I/O 对象，然后使用键索引或 store 对象的 get()函数传入要提取数据的键来读入指定数据即可。

```
In[158]:#创建与本地 H5 文件链接的 store 对象
        store = pd.HDFStore('data.h5')
        #使用键索引读取 Series
        ser = store['data/ser1']
        #使用 get()函数读取 DataFrame
        df = store.get('data/df1')
```

另一种方式是使用 Pandas 中的 read_hdf()函数，其主要参数如下。

① path_or_buf：传入指定 HDF5 文件的名称。

② key：要提取数据的键。

利用 read_hdf()函数读取 HDF5 文件时，对应文件不可同时存在其他未关闭的 I/O 对象，否则会报错。

```
In[159]:df = pd.read_hdf('data.h5',key='data/df1')
        ser=pd.read_hdf('data.h5',key='data/ser1')
```

写入相同数据量的数据，HDF5 比常规的 CSV 文件快将近 50 倍，即使在没有开启 HDF5 压缩的条件下，HDF5 比 CSV 文件也节省近一半的空间。因此在涉及数据存储、数据处理，特别是规模较大的数据时，使用 HDF5 文件是一个非常不错的选择。

3.7　基本运算

Series 和 DataFrame 对象都支持 NumPy 的数组接口，因此可以直接使用 NumPy 提供的通用函数对它们进行运算。此外，Pandas 提供了很多方便快捷的函数，用于对 Series 和 DataFrame 对象进行批量运算或分组聚合运算，使用这些函数可极大地提升数据分析的效率，也会使代码更加优雅、简洁。

3.7.1　算术运算

算术运算是最基本的运算，一个 Series 对象可以与一个标量值进行算术运算，也可以与另一个 Series 对象进行算术运算，甚至可以与一个 DataFrame 对象进行算术运算。同样地，DataFrame 对象也是如此。

为了方便计算，下面首先准备好数据。

```
In[160]:#生成数据
        df1 = pd.DataFrame(np.arange(12).reshape((3,4)),columns=list("abcd"))
        df2 = pd.DataFrame(np.arange(20).reshape((4,5)),columns=list("abcde"))
```

```
        ser1=pd.Series(np.arange(4),index=list("abcd"))
        ser2=pd.Series(np.arange(5),index=list("abcde"))
        df1
Out[160]:
       a  b   c   d
    0  0  1   2   3
    1  4  5   6   7
    2  8  9  10  11
In[161]:df2
Out[161]:
        a   b   c   d   e
    0   0   1   2   3   4
    1   5   6   7   8   9
    2  10  11  12  13  14
    3  15  16  17  18  19
In[162]:ser1
Out[162]:
    a    0
    b    1
    c    2
    d    3
    dtype: int32
In[163]:ser2
Out[163]:
    a    0
    b    1
    c    2
    d    3
    e    4
```

1. Series 对象的算术运算

如果参与运算的两个对象，一个是 Series 对象，另一个是标量值，那么这个标量值会和 Series 对象的每个位置上的数据进行相应的运算。

```
In[164]:ser1*2
Out[164]:
    a    0
    b    2
    c    4
    d    6
    dtype: int32
```

如果参与运算的两个对象都是 Series 对象，则索引自动对齐，对齐索引进行相应的算术运算；若索引没有对齐，填写 NaN。

```
In[165]:ser1*ser2
```

或者

```
        ser1.mul(ser2)
Out[165]:
    a    0.0
    b    1.0
    c    4.0
    d    9.0
    e    NaN
    dtype: float64
```

ser1 和 ser2 对象中均有 a、b、c、d 索引，因此 a、b、c、d 索引能够对齐，对对齐索引进行乘法运算，没有对齐的索引项 e，填写 NaN。

2. DataFrame 对象的算术运算

如果参与运算的两个对象，一个是 DataFrame 对象，另一个是标量值，那么这个标量值会和 DataFrame 对象的每个位置上的数据进行相应的运算。

```
In[166]:df1*2
Out[166]:
       a   b   c   d
   0   0   2   4   6
   1   8  10  12  14
   2  16  18  20  22
```

如果参与运算的两个对象都是 DataFrame 对象，能够对齐的行/列索引，运算时对应行/列的位置进行相应的算术运算；不能对齐的行/列索引，填写 NaN。df1 的列索引为['a', 'b', 'c', 'd']，行索引为[0,1,2]；df2 的列索引为['a', 'b', 'c', 'd', 'e']，行索引为[0,1,2,3]。因此没有对齐的第四行和第五列值为 NaN。

```
In[167]:df1+df2
```

或者

```
        df1.add(df2)
Out[167]:
        a         b         c         d         e
0       0.0       2.0       4.0       6.0       NaN
1       9.0       11.0      13.0      15.0      NaN
2       18.0      20.0      22.0      24.0      NaN
3       NaN       NaN       NaN       NaN       NaN
```

当然，Pandas 提供的 add()、sub()、mul()、div()、mod()等函数可以通过 axis、level 和 fill_value 等参数控制其运算行为。

① axis：指定运算对应的轴。

② level：指定运算对应的索引级别。

③ fill_value：指定对于不存在或者 NaN 的默认填充值。

```
In[168]:df1.add(df2,fill_value=0)
Out[168]:
       a     b      c       d       e
     0 0.0   2.0    4.0     6.0     4.0
     1 9.0   11.0   13.0    15.0    9.0
     2 18.0  20.0   22.0    24.0    14.0
     3 15.0  16.0   17.0    18.0    19.0
```

3. Series 和 DataFrame 的运算

如果参与运算的两个对象，一个是 DataFrame 对象，另一个是 Series 对象，那么 Pandas 会对 Series 对象沿行方向广播，然后做相应的运算。

```
In[169]:df1+ser1
```

或者

```
        df1.add(ser1)
Out[169]:
       a  b  c  d
    0  0  2  4  6
```

```
    1  4   6   8  10
    2  8  10  12  14
```

使用 axis 参数可以进行列方向的运算。如果参与运算的两个对象一个是 DataFrame 对象，另一个是 Series 对象，先将 Series 对象沿列方向广播，然后做相应的运算。

```
In[170]:ser3=pd.Series(np.arange(4))
        df2.add(ser2,axis=0)
Out[170]:
        a   b   c   d   e
    0   0   1   2   3   4
    1   6   7   8   9  10
    2  12  13  14  15  16
    3  18  19  20  21  22
```

3.7.2 排序和排名

根据条件对 Series 对象或 DataFrame 对象的值进行排序（sorting）和排名（ranking）是一种重要的运算。接下来介绍如何使用 Pandas 中的 sort_index()、sort_values()、rank()函数进行排序和排名。

1. Series 对象排序

可以根据 Series 对象的索引和值进行排序。Pandas 提供了 sort_index()函数帮助我们完成 Series 对象按照索引排序，它返回一个已排序的新对象；sort_values()函数帮助我们完成 Series 对象的值排序。sort_index()和 sort_value()中有参数 ascending，该参数默认为 True，即升序排列，如果要降序排列，只需要设置 ascending=False 即可。

```
In[171]:#准备数据
        ser=pd.Series(np.random.randint(60,90,5),index=list("abcde"))
Out[171]:
    a    83
    b    63
    c    63
    d    82
    e    67
    dtype: int32
In[172]:#根据索引排序
        ser.sort_index()
Out[172]:
    a    83
    b    63
    c    63
    d    82
    e    67
    dtype: int32

In[173]:#根据值排序
        ser.sort_values()
Out[173]:
    b    63
    c    63
    e    67
    d    82
    a    83
    dtype: int32
In[174]: #按降序排序
```

```
    ser.sort_values(ascending=False))
Out[174]:
     a    83
     d    82
     e    67
     c    63
     b    63
     dtype: int32
```

如果 Series 对象中有 NaN 值，则 NaN 值会放在 Series 对象末尾。

2. DataFrame 对象排序

对 DataFrame 对象进行排序的方法与 Series 对象类似，我们可以使用 sort_index()按照索引排序，也可以使用 sort_value()按照值进行排序。不同的是，DataFrame 对象是二维的，因此必须使用 by 参数指定排序的关键字，如果不使用 by 参数进行指定，就会报错。

```
TypeError: sort_values() missing 1 required positional argument: 'by'
```

使用 by 参数指定关键字时，可以使用列表指定多个关键字，列表中的第一个元素为第一关键字，第二个元素为第二关键字，第一关键字相同的按照第二关键字进行排序。sort_value()默认是按照列的值进行排序的，如果希望按照指定行值进行排序，则必须设置 axis=1，不然会报错（因为默认指定的是列索引，找不到这个索引所以报错，axis=1 的意思是指定行索引）。

```
In[175]:#准备数据
    data=[{'Chinese':81,'English':74,'Math':87},{'Chinese':92,'English':85,
        'Math':78},{'Chinese':83,'English':96,'Math':89}]
    df = pd.DataFrame(data,index=['zhangsan','lisi','wangwu'])
    df
Out[175]:
               Chinese  English  Math
     zhangsan  81       85       87
     lisi      92       85       78
     wangwu    83       96       89
In[176]: #按照 1 轴索引降序排列
     df.sort_index(axis=1,ascending=False)
Out[176]:
               Math     English  Chinese
     zhangsan  87       85       81
     lisi      78       85       92
     wangwu    89       96       83
In[177]:#根据一个列的值来排序，如按照"Math"升序排列
     df.sort_values(by="Math")
Out[177]:
               Chinese  English  Math
    lisi       92       85       78
    zhangsan   81       85       87
    wangwu     83       96       89
In[178]:#根据多个列来排序，如按照"English"降序排列，"English"同样按照"Math"降序排列
     df.sort_values(by=["English","Math"],ascending=False)
Out[178]:
               Chinese  English  Math
    wangwu     83       96       89
    zhangsan   81       85       87
    lisi       92       85       78
```

3. 排名

排名是根据 Series 对象的值或 DataFrame 对象的某几列的值进行排名，Pandas 中的 rank()函数可以帮助我们完成排名。该函数的参数主要有 ascending 和 method。ascending 默认为 True，表示升序，如果希望降序则设置 ascending=False 即可；method 参数是说明数据相同时的排序的方法，method 参数的取值及其说明如表 3-16 所示。

表 3-16　　method 参数的取值及其说明

取值	说明
average	对于相同的值，为各个值分配平均排名（默认）
min	对于相同的值，使用整个分组的最小排名
max	对于相同的值，使用整个分组的最大排名
first	对于相同的值，按值在原始数据中的出现顺序分配排名
dense	类似 min，但是组之间的等级总是增加 1

排名会有一个排名值（从 1 开始，一直到数组中有效数据的数量），返回对象的值就是由排名值代替原有的数据，索引并不改变。

```
In[179]:#method 的默认值是 average，分配平均排名
    df.rank()
Out[179]:
              Chinese  English  Math
     zhangsan 1.0      1.5      2.0
     lisi     3.0      1.5      1.0
     wangwu   2.0      3.0      3.0
```

English 这一列出现了值相等的情况，因此 zhangsan、lisi 的值为 1.5，如图 3-7 所示。

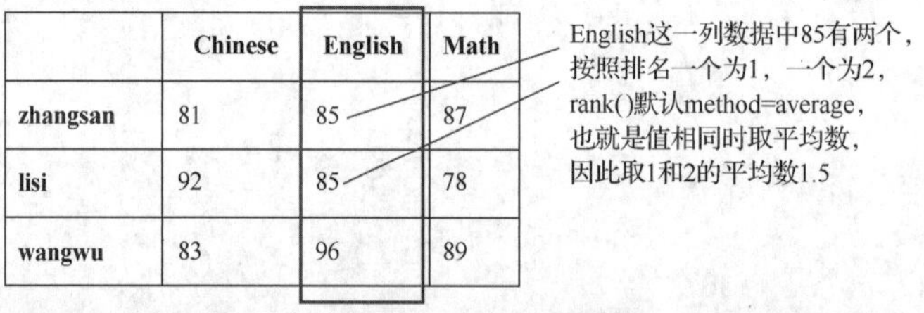

	Chinese	English	Math
zhangsan	81	85	87
lisi	92	85	78
wangwu	83	96	89

English这一列数据中85有两个，
按照排名一个为1，一个为2，
rank()默认method=average，
也就是值相同时取平均数，
因此取1和2的平均数1.5

图 3-7　method=average 的排名计算方法

```
In[180]:#method=min，使用最小排名
    df.rank(method="min")
Out[180]:
              Chinese  English  Math
    zhangsan  1.0      1.0      2.0
    lisi      3.0      1.0      1.0
    wangwu    2.0      3.0      3.0
```

与 method=average 类似，Chinese 和 Math 列未出现值相同的情况，因此不需要特殊处理，English 列中 zhangsan、lisi 的成绩都是 85，按照排名一个为 1，另一个为 2。method=min，也就是值相同时取小的排名值，即 zhangsan、lisi 的排名值都是 1。

```
In[181]:#顺序排名，对于相同的值按照出现的顺序排名
        df.rank(method="first")
Out[181]:
             Chinese  English  Math
     zhangsan 1.0     1.0      2.0
```

```
    lisi        3.0      2.0      1.0
    wangwu      2.0      3.0      3.0
```

若 method=first，也就是值相同时按照出现的次序排序，zhangsan 在前，lisi 在后，因此 zhangsan 为 1，lisi 为 2。

```
In[182]:#降序排名，分值越高，排名越低
    df.rank(method="first",ascending=False)
Out[182]:
                 Chinese  English  Math
    zhangsan      3.0      2.0      2.0
    lisi          1.0      3.0      3.0
    wangwu        2.0      1.0      1.0
```

如果我们只对某一列进行排名，使用上面的方法计算就有些浪费了。因此如果是仅关心某一列的排名，可以先获取某一列的数据，DataFrame 的某一列的数据是一个 Series 对象，对 Series 对象调用 rank()方法就可以完成 DataFrame 一列的排名了。

```
In[183]:#按照某一列来排名
    df["Math"].rank(method="first",ascending=False)
Out[183]:
    zhangsan      2.0
    lisi          3.0
    wangwu        1.0
    Name: Math, dtype: float64
```

3.7.3 汇总和统计

Pandas 常用来进行大数据处理与分析，数据处理和分析的本质是数理统计，因此本小节简单介绍 Pandas 中常用的汇总和统计函数（见表 3-17）。

表 3-17　Pandas 中常用的汇总和统计函数

函数	作用
count()	非 NaN（缺失值）的数量
sum()、mean()、mode()	求和、平均值、众数
mad()	根据平均值计算平均绝对离差
median()、min()、max()	中位数、最小值、最大值
argmin()、argmax()	计算能够获取到最小值、最大值的索引位置（整数）
idxmin()、idxmax()	每列最小值、最大值的行索引
abs()	绝对值
prod()	乘积
var()、std()	方差、标准差
sem()	返回所请求轴上的平均值的无偏标准误差。默认情况下，结果由 N-1 归一化
cov()、corr()	协方差、相关系数
skew()	偏度系数
kurt()	峰度
quantile()	分位数
cumsum()、cumprod()	样本值的累计和、累计积
cummax()、cummin()	样本值的累计最大值和累计最小值
pct_change()	将每个元素与其前一个元素进行比较，并计算变化百分比
describe()	针对 Series 或 DataFrame 对象某列计算汇总统计

表 3-17 中的统计函数都有以下 3 个常用参数。

① axis：指定运算对应的轴。

② level：多层次索引时指定运算对应的索引。

③ skipna：运算是否自动跳过 NaN（缺失值）。

下面通过具体的示例来讲解表 3-17 中的部分函数，首先准备数据。

```
In[184] : data = {'English' : [74,85,96,74,85,96], 'Math' : [87,78,89,74,85,96],
        'Chinese' : [81,92,83,74,85,96]}
      index=pd.Index(['Math','Chinese','English'],name="course")
      index_multi=pd.Index([('one','zhangsan'),('one','lisi'),("one",'wangwu'),
          ('two','zhangsan2'),('two','lisi2'),("two",'wangwu2')],name=["class",
          "name"])
      df = pd.DataFrame(data,columns=index,index=index_multi)
      ser=pd.Series(data=np.arange(7),index=[["one","one","one","two","two",
        "two","two"],list("abcdefg")])
      df
Out[184]:
    course              Math    Chinese  English
    class name
    one    zhangsan     87      81       74
           lisi         78      92       85
           wangwu       89      83       96
    two    zhangsan2    74      74       74
           lisi2        85      85       85
           wangwu2      96      96       96
In[185]:ser
Out[185]:
    one    a    0
           b    1
           c    2
    two    d    3
           e    4
           f    5
           g    6
    dtype: int32
```

1. sum()函数

sum()函数是用来求和的，DataFrame 的 sum()函数默认对列求和（axis 默认为 1），Series 的 sum()函数默认求整个序列的和，level 参数默认是最内层。我们可以通过调整参数 axis=0 使 DataFrame 按照行求和，调整 level=0 参数使行索引调整到最外层。

```
In[186]:df.sum()
Out[186]:
    course
    Math       509
    Chinese    511
    English    510
    dtype: int64
In[187]:ser.sum()
Out[187]:
    21
In[188]:df.sum(axis=0,level=0)
Out[188]:
    course  Math   Chinese   English
```

```
        class
        one      254      256      255
        two      255      255      255

    In[189]:ser.sum(level=0)
    Out[189]:
        one     3
        two    18
        dtype: int32
```

2. var()函数

Pandas的var()函数计算方差（variance）反映的是模型每一次输出结果与模型输出期望（平均值）之间的误差，即模型的稳定性。

方差的计算公式如下：

$$d=\sum_{i=1}^{n}\frac{(x-\mu)^2}{n-1}$$

这里的μ是均值，可以通过mean()函数得到。

```
In[190]:u=ser.mean()
        x=ser.data
        y=[np.square(v-u) for v in x]
        np.sum(y)/6
Out[190]:4.66666666667
```

下面通过公式来计算ser的方差，以此来验证var()函数。

```
In[191]:ser.var()
Out[191]:4.666666507720947
In[192]:df.var()
Out[192]:
  course
  Math        62.166667
  Chinese     62.166667
  English     96.800000
  dtype: float64
```

3. std()函数

Pandas中的std()函数可以计算标准差（standard deviation）。它是离均差平方的算术平均数的算术平方根，用σ表示。因此，标准差也是一种平均数。通过调整axis参数也可以按照行求方差和标准差，并且可以通过调整level参数对不同的层索引求标准差。

```
In[193]:ser.std(level=0)
Out[193]:
    one    1.000000
    two    1.290994
    dtype: float64
In[194]:df.std(axis=0,level=0)
Out[194]:
    course        Math    Chinese   English
    class
    one       5.859465   5.859465     11.0
    two      11.000000  11.000000     11.0
```

4. 其他统计函数

（1）mad()函数可以计算平均绝对离差（mean absolute deviation），平均绝对离差用样本数据相对于其平均值的绝对距离来度量数据的离散程度。

$$M_d = \frac{1}{n}\sum_{i=1}^{n}|x_i - \mu|$$

（2）cov()函数可以计算协方差（covariance），它表示的是两个变量的总体的误差。如果两个变量的变化趋势一致，也就是说如果其中一个大于自身的期望值，另一个也大于自身的期望值，那么两个变量之间的协方差就是正值。如果两个变量的变化趋势相反，即其中一个大于自身的期望值，另外一个却小于自身的期望值，那么两个变量之间的协方差就是负值。

$$\mathrm{Cov}(x,y) = \frac{1}{n-1}(x_i - \mu_x)(y_i - \mu_y)$$

（3）corr()函数可以计算皮尔逊相关系数（Pearson correlation coefficient），它用来衡量两个数据集合是否在一条线上面，即衡量两个变量之间是否为线性相关。相关系数的绝对值越大，相关性越强，即相关系数越接近于 1 或-1 相关度越强，相关系数越接近于 0 相关度越弱。

$$\mathrm{Corr}(x,y) = \frac{\mathrm{Cov}(x,y)}{\sqrt{\mathrm{Var}(x)\mathrm{Var}(y)}}$$

```
In[195]:#计算所有变量之间的协方差
    df.cov()
Out[195]:
    course      Math         Chinese      English
    course
    Math        62.166667    35.433333    52.8
    Chinese     35.433333    62.166667    52.8
    English     52.800000    52.800000    96.8
In[196]:#计算所有变量之间的相关系数
    df.corr()
Out[196]:
    course
    Math        1.000000     0.569973     0.68064
    Chinese     0.569973     1.000000     0.68064
    English     0.680640     0.680640     1.00000
In[197]:#计算指定变量之间的协方差
    df["Math"].cov(df["Chinese"])
Out[197]:
    35.4333333333
In[198]:#计算指定变量之间的相关系数
    df["Math"].corr(df["Chinese"])
Out[198]:
    0.569973190349
```

（4）Pandas 中的 skew()函数用来计算偏度（skewness）。偏度是描述数据分布形态的统计量，其体现的是总体取值分布的对称性，简单来说就是数据的不对称程度。

偏度是利用三阶中心距计算出来的。

① skewness = 0，分布形态与正态分布偏度相同。

② skewness>0，正偏差数值较大，为正偏或右偏。长尾巴拖在右边，数据右端有较多的极端值。

③ skewness<0，负偏差数值较大，为负偏或左偏。长尾巴拖在左边，数据左端有较多的极端值。

④ 数值的绝对值越大，表明数据分布越不对称，偏斜程度也就越大。

计算公式如下：

$$w=\frac{\mathrm{E}(x-\mathrm{E}x)^3}{(\mathrm{Var}(x))^{3/2}}$$

（5）Pandas 的 kurt()函数用来计算峰度（kurtosis）。峰度是描述某变量所有取值分布形态陡缓程度的统计量，简单来说就是数据分布顶的尖锐程度。

峰度是利用四阶标准矩计算出来的。

① kurtosis=0 与正态分布的陡缓程度相同。

② kurtosis>0 比正态分布的高峰更加陡峭——尖顶峰。

③ kurtosis<0 比正态分布的高峰更加平坦——平顶峰。

计算公式如下：

$$k=\frac{\mathrm{E}(x-\mathrm{E}x)^4}{(\mathrm{Var}(x))^2}-3$$

```
In[199]:#计算偏度
    df.skew()
Out[199]:
    course
    Math       -0.070725
    Chinese     0.070725
    English     0.000000
    dtype: float64

In[200]:#计算峰度
    df.kurt()
Out[200]:
    course
    Math       -0.485429
    Chinese    -0.485429
    English    -1.875000
    dtype: float64
```

偏度和峰度通常会用来看数据的分布形态，而且一般会与正态分布做比较，通常把正态分布的偏度和峰度都看作 0。如果在实际的计算中，算出偏度和峰度不为 0，即表明变量存在左偏或右偏，或是高顶或平顶。

习题

一、基本操作题

在 Jupyter Notebook 中实现下面的操作。

1. 导入 Pandas 库并简写为 pd，输出版本号。

2. 从字典创建 Series 对象。

3. 从字典（字典的值是 Series 对象）创建 DataFrame 对象。

4. 从 CSV 文件中读取数据创建 DataFrame 对象，文件分隔符为“,”，文件内容自行编写。

5. 创建一个 Index 对象 index1 和一个 Series 对象 ser5，设置 Series 对象的索引是 index1。

6. 创建一个 MultiIndex 对象 mindex1 和一个 DataFrame 对象 df5，设置 DataFrame 对象的行索引是 mindex1。

7. 采用属性和字典的方式访问题目 5 中所创建的 ser1 对象的数据。
8. 采用属性和字典的方式访问题目 6 中所创建的 df5 对象的第三列数据。

二、简答题

1. 简述 Pandas 中常用的两种数据结构。
2. 举例说明在 Pandas 中创建 Series 对象的方法。
3. 举例说明在 Pandas 中创建 DataFrame 对象的方法。
4. 如何在 DataFrame 对象中添加索引、行或列？
5. 如何从 DataFrame 对象中删除索引、行或列？
6. 简述 Pandas 中读写 Excel 数据的函数及其各个参数的意义。
7. HDF5 文件是什么样的文件？简述 Pandas 中读写 HDF5 数据的函数及其各个参数的意义。

04

第4章　Pandas数据处理

我们所获取的数据，大部分会存在格式不一致、有异常值或缺失值等情况。有些异常值会影响数据分析的结果，导致错误的判断和结论，因此在数据分析前进行数据的清洗和预处理是非常重要的工作。

本章首先介绍如何清洗数据，数据清洗主要完成对缺失值、异常值、重复数据的处理；然后介绍如何进行数据合并、分箱、转换等一些数据预处理工作；数据清洗和预处理后，就要使用数据分组和聚合函数进行数据分析与数据探索。

4.1　数据清洗

数据清洗是指发现并纠正数据中可识别的错误，包括检查数据一致性、处理异常值和缺失值等。数据集中的数据是面向某一主题的数据的集合，可能从多个渠道获取，这样就避免不了有些数据有异常值、重复数据或缺失值等，这些数据显然是我们不想要的，它们被称为“脏数据”。我们要按照一定的规则把“脏数据”“洗掉”，这就是数据清洗。

本节将讲解如何使用 Pandas 清洗数据，例如使用 Pandas 中的函数寻找重复数据、处理缺失值等，异常值的检测将在后续内容中介绍。

4.1.1　处理缺失值

在本书的后续内容中会使用“缺失”或“NaN”来表示缺失值。Pandas 中使用 isnull()和 notnull()函数来检查缺失值。

```
In[1]:dictSer=pd.Series({'a':10,'b':40,'c':5,'d':90,'e':35,
      'f':40},index=['a','b','e','k'])
      ser2=pd.isnull(dictSer)
      print(ser2)
Out[1]:
     a    False
     b    False
     e    False
     k    True
     dtype: bool
In[2]:ser2=pd.notnull(dictSer)
      print(ser2)
```

```
Out[2]:
    a    True
    b    True
    e    True
    k    False
    dtype: bool
```

另外，isnull()和 notnull()也是 Series 对象的实例函数。

```
In[3]:dictSer=pd.Series({'a':10,'b':40,'c':5,'d':90,'e':35,'f':40},
    index=['a','b','e','k'])
    print(dictSer.isnull())
Out[3]:
    a   False
    b   False
    e   False
    k   True
    dtype: bool
```

当使用 Pandas 进行数据处理时，会遇到很多缺失值，缺失值一般由所处理的数据本身的特性、当初录入的失误或其他原因导致，例如读入数据的空值、做除以 0 等计算时造成的缺失值等。对于缺失值的处理，有直接删除和进行填补两种方法，下面是几个基础的缺失值处理函数。

① dropna()：删除缺失值。

② isnull()、notnull()：判断缺失值。

③ fillna()、interpolate()：填补缺失值。

下面结合具体的例子来详细介绍上述函数的用法。在 DataFrame 中缺失值的标签一般为 NaN。

首先进行数据准备，构造一个包含缺失值的 DataFrame 对象（使用 NumPy 中的 np.nan 定义缺失值）。

```
In[4]:index = pd.Index(data=["zhangsan", "lisi", "wangwu", "zhaoliu", "sunqi",
"zhouba"], name="name")
      data = {"age": [12, 20, np.nan, 20,  23,np.nan],
            "city": ["BeiJing", "ShangHai", "GuangZhou", "ShenZhen", "NanJing",
"JiNan"],
            "sex": ["femal", "male", "female", "male", "male", np.nan],
            "birth": ["2000-02-10", None,"1988-10-17" ,"1978-08-08", np.nan, "1988-10-17"]
            }
      df = pd.DataFrame(data=data, index=index)
      df
Out[4]:
   name      age    birth         city        sex
   zhangsan  12.0   2000-02-10    BeiJing     femal
   lisi      20.0   None          ShangHai    male
   wangwu    NaN    1988-10-17    GuangZhou   female
   zhaoliu   20.0   1978-08-08    ShenZhen    male
   sunqi     23.0   NaN           NanJing     male
   zhouba    NaN    1988-10-17    JiNan       NaN
```

对 birth 进行数据类型转化。birth 类型是字符串，下面将其转化为日期类型。

```
In[5]:df.birth = pd.to_datetime(df.birth)
     df
Out[5]:
   name      age    birth       city        sex
   zhangsan  12.0   2000-02-10  BeiJing     femal
   lisi      20.0   NaT         ShangHai    male
   wangwu    NaN    1988-10-17  GuangZhou   female
```

```
    zhaoliu     20.0    1978-08-08   ShenZhen     male
    sunqi       23.0    NaT          NanJing      male
    zhouba      NaN     1988-10-17   JiNan        NaN
```

可以看到，用户 wangwu、sunqi 的 age 为 NaN，birth 为 NaT，在 Pandas 中这些都属于缺失值。

1. 检测缺失值

使用 isnull()或 notnull()函数检测缺失值。isnull()函数用来判断 DataFrame 对象的元素是否为缺失值，返回相同大小的对象，如果是缺失值则为 True，否则为 False。而 notnull()函数刚好相反，如果是缺失值则为 False，否则为 True。

```
In[6]:df.isnull()
Out[6]:
    name        age     birth    city     sex
    zhangsan    False   False    False    False
    lisi        False   True     False    False
    wangwu      True    False    False    False
    zhaoliu     False   False    False    False
    sunqi       False   True     False    False
    zhouba      True    False    False    True
```

2. 过滤缺失值

可以看到 NaN、NaT 类型的缺失值都能够通过 isnull()函数找出来。接下来使用 notnull()函数过滤掉这些数据。df[df.age.notnull()]过滤掉 age 列中的数据为缺失值的行，也就是第 3 行（wangwu）、第 6 行（zhouba）。

```
In[7]:df1=df[df.age.notnull()]
    df1
Out[7]:
    name        age     birth        city         sex
    zhangsan    12.0    2000-02-10   BeiJing      femal
    lisi        20.0    NaT          ShangHai     male
    zhaoliu     20.0    1978-08-08   ShenZhen     male
    sunqi       23.0    NaT          NanJing      male
```

除此以外，我们还可以使用 dropna()函数过滤缺失值，dropna()函数在过滤缺失值时是非常有用的。在 Series 对象上使用 dropna()函数，它会返回 Series 对象中所有的非空数据及其索引值。

```
In[8]:ser=pd.Series([1,2,np.NaN,3,NaN])
      ser.dropna()
Out[8]:
     0    1.0
     1    2.0
     3    3.0
     dtype: float64
```

在 DataFrame 对象上使用 dropna 时，会稍微复杂一点，dropna()函数默认情况下会删除包含缺失值的行。

dropna()函数的语法格式如下。

```
dataFrame.dropna(axis = 0,how ='any',thresh = None,subset = None,inplace = False)
```

参数说明如下。

① axis：确定删除缺失值的行或列，axis=0 表示删除包含缺失值的行，axis=1 表示删除包含缺失值的列。

② how：删除方式，how='any'表示删除包含缺失值的行或列，how='all'表示只有行或列都为缺失值时才会被删除。

③ thresh：设置需要的非缺失值的阈值。当 thresh=2 时，保留包含至少有两个非缺失值的行或列。

④ subset：想要处理缺失值的列标签列表。

⑤ inplace：是否对原数据集进行替换处理。inplace=True 替换修改原对象，inplace=False 不替换原对象，仅在返回值中进行修改。

对于上面的例子，如果想要删除 age 或 birth 为缺失值的行，代码如下。

```
In[9]:df2=df.dropna(subset=["age","birth"])
df2
Out[9]:
    name        age      birth         city         sex
    zhangsan    12.0     2000-02-10    BeiJing      femal
    zhaoliu     20.0     1978-08-08    ShenZhen     male
```

因此，设定适当的 dropna 参数，可以使 dropna()函数不仅可以用来删除缺失值，而且可以根据条件决定是删除缺失值所在的行还是列。

3. 补全缺失值

在数据处理的过程中，经常要对各个特征下数据缺失的多少进行一个判断，对于缺失数较多的特征一般选择丢弃。

例如，设定如果一行中有两个及两个以上的缺失值，就删除这一行，如果少于两个就补全缺失值。

```
In[10]:df.dropna(axis=0,thresh=3,inplace=True)
     df
Out[10]:
    name        age      birth         city         sex
    zhangsan    12.0     2000-02-10    BeiJing      femal
    lisi        20.0     NaT           ShangHai     male
    wangwu      NaN      1988-10-17    GuangZhou    female
    zhaoliu     20.0     1978-08-08    ShenZhen     male
    sunqi       23.0     NaT           NanJing      male
```

可以看到，设置 axis=0、thresh=3，那么一行必须有 3 个非缺失值才能被保留。由于 zhouba 这一行有两个非缺失值（两个缺失值），因此这一行被过滤了，另外参数 inplace=True 使得 df 对象数据被改变。

除了可以丢弃缺失值外，也可以填充缺失值，最常见的是使用 fillna()函数完成填充。

fillna()的语法格式如下。

```
DataFrame.fillna(value = None,method= None,inplace= False,limit =None)
```

参数说明如下。

① value：用于指定用何值填充缺失值。value 可以是一个标量，如 value=0，表示用 0 填补所有缺失值。value 也可以是一个字典，键为需要填充的列名，值为需要填充的内容。

② method：指定填充的方式。method='ffill'表示用前面的非缺失值补齐后面的缺失值，method='bfill'表示用下一个非缺失值填充该缺失值。

③ inplace：与 dropna()函数的 inplace 参数意义相同。

④ limit：在指定 method 时，控制向前或向后填充缺失值的最大数量。

```
In[11]:df3=df.fillna(method="ffill",limit=2)
     df3
Out[11]:
  name      age      birth         city         sex
  zhangsan  12.0     2000-02-10    BeiJing      femal
  lisi      20.0     2000-02-10    ShangHai     male
  wangwu    20.0     1988-10-17    GuangZhou    female
```

```
 zhaoliu  20.0    1978-08-08   ShenZhen     male
 sunqi    23.0    1978-08-08   NanJing      male
```

还可以用这一列的均值来填充，例如使用 age 列的平均值四舍五入后的值作为 age 的缺失值的填充值。

```
In[12]:data={"age":np.round(df["age"].mean())}
       df3=df.fillna(data)
       df3
Out[12]:
 name     age     birth         city        sex
 zhangsan 12.0    2000-02-10   BeiJing      femal
 lisi     20.0    NaT          ShangHai     male
 wangwu   19.0    1988-10-17   GuangZhou    female
 zhaoliu  20.0    1978-08-08   ShenZhen     male
 sunqi    23.0    NaT          NanJing      male
```

除了可以使用 fillna()填充固定值外，还可以使用插值法对缺失值进行填补，通过 interpolate()函数完成，默认为线性插值，即 method="linear"。除此之外，还有 method="time"等插值方法可供选择，这些内容在第 7 章中会详细讲述，这里就不再过多介绍。

在一些文本处理中，缺失值可能是一些特殊的字符串。例如，在存储的用户信息中，在记录用户性别的时候，对于未知的用户性别都记为“unknown”。很明显，可以认为 unknown 是缺失值。此外，有的时候会出现空白字符串，这些也可以认为是缺失值，对于这种情况，可以使用第 3 章介绍的 replace()函数将“unknown”或空白字符串替换为 NaN（缺失值），然后再使用上面的 fillna()等函数进行缺失值的填充或判断。

4.1.2　删除重复数据

由于各种原因，DataFrame 对象中可能会出现重复的数据。在 Pandas 的 DataFrame 对象里有 duplicated()函数可以查询到数据里是否有重复的数据，DataFrame 对象的 duplicated()函数返回的是一个布尔值 Series 对象。这个 Series 对象指明每一行是否存在重复，False 表明不重复，True 表明与上一行重复。

```
In[13]:col = ["banana", "pear", "apple"] * 4
      pri = [2.50, 3.00, 5] * 4
      df = pd.DataFrame({"fruit":col, "price":pri})
      df
Out[13]:
           fruit    price
      0    banana   2.5
      1    pear     3.0
      2    apple    5.0
      3    banana   2.5
      4    pear     3.0
      5    apple    5.0
      6    banana   2.5
      7    pear     3.0
      8    apple    5.0
      9    banana   2.5
      10   pear     3.0
      11   apple    5.0
In[14]:df.duplicated()
Out[14]:
      0    False
      1    False
      2    False
```

```
3       True
4       True
5       True
6       True
7       True
8       True
9       True
10      True
11      True
dtype: bool
```

使用 drop_duplicates()函数可以删除重复数据，该函数返回一个 DataFrame 对象。

```
In[15]:df.drop_duplicates()
Out[15]:
          fruit    price
     0    banana   2.5
     1    pear     3.0
     2    apple    5.0
```

duplicated()和 drop_duplicates()函数默认所有列数据相同即判断为重复数据，可以通过指定数据的任意子集来检测数据是否有重复，例如，指定 price 一致即认为是重复数据，代码实现如下。

```
In[16]:df.drop_duplicates(["price"])
Out[16]:
          fruit    price
     0    banana   2.5
     1    pear     3.0
     2    apple    5.0
```

如果想影响 DataFrame 对象本身，启用函数的 inplace 参数，即 inplace=True。默认保留最先重复出现的数据，如果想保留最后重复出现的数据，可以使用 keep 参数，默认 keep="first"。

```
df.drop_duplicates(keep="last",inplace=True)
```

4.1.3 删除列

在实际的数据处理中经常会发现数据集中不是所有的字段都有用。例如，有一个关于学生信息的数据集，包含姓名、分数、联系方式、父母姓名、住址等具体信息，但是我们只想分析学生的分数。在这个情况下，住址或父母姓名等信息对我们来说就不是很重要。这些没用的信息会占用不必要的空间，并会使运行时间变长。

Pandas 提供了一个非常便捷的方法，使用 drop()来移除一个 DataFrame 对象中不想要的行或列。drop()函数的语法格式如下。

```
dataframe.drop(labels=None,axis=0, index=None, columns=None, inplace=False)
```

主要参数说明如下。

① labels：要删除的行或列的名字，用列表给定。

② axis：默认为 0，删除行，因此删除 columns 时要指定 axis=1。

③ inplace：默认为 False，该删除操作不改变原数据，而是返回一个执行删除操作后的新 DataFrame 对象；inplace=True，则会直接在原数据上进行删除操作，删除后无法撤销该操作。

下面来看一个简单的例子，如何从 DataFrame 对象中移除列。

```
#删除 c1、c2 且不在原表中更新
In[17]:index=["row1","row2","row3","row4","row5"]
     df=pd.DataFrame({"c1":np.random.randint(0,100,5),
            "c2":np.random.randint(0,100,5),
            "c3":np.random.randint(0,100,5),
```

```
            "c4":np.random.randint(0,100,5),
            "c5":np.random.randint(0,100,5)},index=index)
    df
Out[17]:
          c1  c2  c3  c4  c5
    row1  97  76  84   7  42
    row2  95  96  79  26  34
    row3  50  23  30  73  32
    row4  74  38  58  81  12
    row5  25  27  19  82  14

In[18]:df2=df.drop(["c1","c2"],axis=1)
    df2
Out[18]:
          c3  c4  c5
    row1  84   7  42
    row2  79  26  34
    row3  30  73  32
    row4  58  81  12
    row5  19  82  14
#删除 row1、row2 且在原表中更新
In[19]:df.drop(["row1","row2"],inplace=True)
    df
Out[19]:
          c1  c2  c3  c4  c5
    row3   5  51  38  29  72
    row4   6  64  29  75   6
    row5  94  57  92   0  56
```

4.1.4　重命名索引

在数据处理时，经常会遇到处理的数据集有不太容易理解的列名，这种情况下需要重新命名列。使用 DataFrame 对象的 rename()函数重命名轴索引可以达到重命名列标签的目的。

```
In[20]:index=["row1","row2","row3","row4"]
       df = pd.DataFrame({'c1':["20190101","20190102","20190103","20190104"],
            'c2': ['Alice', 'Alice', 'Charlie', 'Danielle'],
            'c3': [21, 22, 23, 24] },columns = ['c1','c2', 'c3'],index=index)
    df
Out[20]:
          c1          c2       c3
    row1  20190101    Alice    21
    row2  20190102    Alice    22
    row3  20190103    Charlie  23
    row4  20190104    Danielle 24
#rename()可以结合字典型对象使用，为轴标签的值提供新的值
In[21]:df2=df.rename(columns={
            "c1":"id",
            "c2":"name",
            "c3":"age"
        })
    df2
Out[21]:
          id          name     age
    row1  20190101    Alice    21
    row2  20190102    Alice    22
    row3  20190103    Charlie  23
    row4  20190104    Danielle 24
```

同样地，如果想修改原有的数据集，则传入 inplace=True。

```
In[22]:df.rename(index={"row1":1,"row2":2,"row3":3,"row4":4},columns={"c1":
        "id","c2":"name","c3":"age"},inplace=True)
        df
Out[22]:
           id         name     age
        1  20190101   Alice    21
        2  20190102   Alice    22
        3  20190103   Charlie  23
        4  20190104   Danielle 24
```

4.2 数据规整

数据分析和科学计算的应用中涉及的数据可能分布在多个文件或数据库中，在进行数据分析和科学计算之前，要审查数据是否满足数据处理的要求。Pandas 提供了一组可进行转化、合并、重塑等规整化处理的函数和算法，它们灵活、高效，能够轻松地将数据规整化为用户需要的形式。

本节通过具体实例介绍使用 Pandas 数据规整的方法，主要关注数据的离散化和分箱、数据重塑和轴向旋转、分类数据的规整、数据的转换和合并的方法。

4.2.1 离散化和分箱

在处理连续的数值数据时，将数据分成多个箱进行进一步分析通常是很有帮助的，这里对这样操作的表述通常有几个不同的术语，如装桶、离散分箱、离散化或量子化。

Python 实现连续数据的离散化处理主要基于 cut()和 qcut()两个函数，本小节简要描述为什么要进行数据分箱，以及如何使用 Pandas 中的函数将连续数据转换为一组离散的箱。与许多 Pandas 中的函数一样，cut()和 qcut()函数看起来很简单，但是这些函数包含了很多功能。

cut()和 qcut()函数，前者根据指定分界点对连续数据进行分箱处理，后者则可以根据指定箱子的数量对连续数据进行等宽分箱处理，所谓等宽指每个箱子中的数据量是相同的。下面简单介绍这两个函数的用法。

```
pd.cut(x, bins, right=True, labels=None, retbins=False, precision=3, include_
       lowest=False, duplicates='raise')
```

参数说明如下。

① x：需要离散化的数组、Series 对象或一维 DataFrame 对象。

② bins：如果 bins 的值为 int 型整数，则将 x 按照数值大小平均分成 bins 份，x 的范围在最左侧和最右侧分别扩展 0.1%以包括最大值和最小值；如果 bins 的值为标量序列，则根据标量序列定义分组的各个区间严格按照给定的区间分割，x 最左侧和最右侧不扩展。

③ right：布尔值，默认为 True，表示分割后包含区间右侧值不包含左侧值，False 表示分割后包含左侧值不包含右侧值。

④ labels：分组后 bins 的标签，默认为 None，此时标签名为分割后所属的区间。

⑤ retbins：默认是 False，设置 retbins=True，会将分割区间以数组形式显示出来。这个参数一般在 bins 设置为整数时使用，因为其他 bins 方式都自定义了这个区间。

⑥ precision：保留的小数点位数，默认为 3。

⑦ include_lowest：如果自定义标量序列分组，第一个区间是否包含左侧最小值。

⑧ duplicates：是否允许区间重复。

函数的返回值形式取决于 retbins。若 retbins 为 False，则返回整数填充的 Categorical 对象；若 retbins 为 True，则返回用浮点数填充的 *N* 维数组。

下面的代码产生了 20 个 18～90 岁的年龄信息，然后使用 cut()函数将年龄信息进行分箱处理，分为 [16,30]、(30,45]、(45,60]、(60,90]四个分箱，分箱的名称分别为青年、中年、中老年、老年。

```
In[23]:ages = np.array(np.random.randint(18,90,20))
      ages
Out[23]:
      [66 25 78 70 26 57 26 35 61 39 60 61 89 47 89 53 51 37 64 57]
In[24]:cc=pd.cut(ages,[16,30,45,60,90],labels=["青年","中年","中老年","老年"],
       include_lowest=True)
       cc
Out[24]:
      [老年,青年,老年,老年,青年,…, 中老年,中老年,中年,老年,中老年]
      Length: 20
      Categories (4, object): [青年<中年<中老年<老年]
```

因为默认为左开区间，所以无法将最小值划到一个给定的区间（如果设置 right=False 则最大值无对应区间），故而原数组可能会有 NaN，可以设置参数 include_lowest=True，则可将最小值包含进去。

从上面的输出结果可以看出，cut()函数返回的对象是一个特殊的 Categories 对象。它在内部包含一个 categories 数组，它指定了不同的区间名称，还有一个 codes 属性，它指明 ages 数据标签。Categories 对象会在后面的分类数据处理中详细讲解。

下面来查看上面例子中的 cut()函数返回的 cc 的 codes 和 categories 属性内容。

```
In[25]:cc.codes
Out[25]:
       array([1, 3, 0, 1, 1, 3, 2, 1, 1, 3, 0, 0, 2, 3, 1, 3, 2, 3, 1, 0], dtype=int8)
In[26]:cc.categories
Out[26]:Index(['青年','中年','中老年','老年'], dtype='object')
```

函数 qcut()是一个与分箱密切相关的函数，它基于样本的分位数进行分箱。使用 cut()通常不会使每个箱具有相同的数据量，由于 qcut()使用样本的分位数，可以通过 qcut()获得等长的箱。

4.2.2 索引重塑和轴向旋转

1. set_index()重置索引

Pandas 索引 index 扩展了 NumPy 数组的功能，它允许多样化的切分和标记。在很多情况下，使用普通的列作为索引值识别数据字段是非常有帮助的。看下面的例子。

```
In[27]:df = pd.DataFrame({'shengfen':["jiangsu","shandong","shandong", "jiangsu"],
       'city':['nanjing','jinan','qingdao','suzhou'],
       'id':["20190101","20190102","20190103","20190104"],
       'name': ['zhangsan', 'zhangsan', 'lisi', 'wangwu'],
       'age': [21, 22, 23, 24] },
       columns = ['shengfen','city','id','name', 'age'])
      df
Out[27]:
          shengfen    city     id          name        age
      0   jiangsu     nanjing  20190101    zhangsan    21
      1   shandong    jinan    20190102    zhangsan    22
      2   shandong    qingdao  20190103    lisi        23
      3   jiangsu     suzhou   20190104    wangwu      24
```

当需要从上面的数据中去寻找一个人时，用户也许会输入一个标识来定位这个人（这个标识可以是 id 或 name 等）。set_index()函数可以将任意列设置为索引，这时就可以通过这个列定位数据了。

函数格式如下。

```
dataframe.set_index(keys,drop=True,append=False,inplace=False,verify_integrity=False)
```

参数说明如下。

① keys：需要设置索引的列标签、列标签列表、数组列表。

② drop：默认为 True，删除用作新索引的列，如果不想删除作为新索引的列则设置 drop=False。

③ append：是否将 keys 附加到现有索引，默认为 False，也就是默认为设置 keys 为新的索引；设置 append=True，则 keys 附加到原索引的后面。

④ inplace：是否修改原 DataFrame 的数据，默认为 False，不修改。

⑤ verify_integrity：默认为 False，检查新索引的副本。否则，将检查推迟到必要时进行。将其设置为 False 将提高该函数的性能。

【实例】将 name 作为新的索引，根据 name 去搜索信息。

```
In[28]:df.set_index(["id"],inplace=True)
      df
Out[28]:
      id       shengfen   city       id        name      age
      20190101 jiangsu    nanjing    20190101  zhangsan  21
      20190102 shandong   jinan      20190102  zhangsan  22
      20190103 shandong   qingdao    20190103  lisi      23
      20190104 jiangsu    Suzhou     20190104  wangwu    24
      #寻找 id 为"20190101"的人的数据
In[29]:df.loc["20190101"]
Out[29]:
       shengfen    jiangsu
       city        nanjing
       id          20190101
       name        zhangsan
       age         21
       Name: 20190101, dtype: object
       #寻找 name 为 zhangsan 的数据（当一个 name 对应多个人时，返回 DataFrame 对象）
In[30]:df.set_index(["name"],drop=False,inplace=True)
       df.loc["zhangsan"]
Out[30]:
      name     shengfen   city    id         name      age
      zhangsan jiangsu    nanjing 20190101   zhangsan  21
      zhangsan shandong   jinan   20190102   zhangsan  22
```

2. reset_index()函数

reset_index()可以取消层次化索引，还原为默认的整型索引。

函数格式如下。

```
dataframe.reset_index(level=None,drop=False,inplace=False,col_level=0,col_fill='')
```

参数说明如下。

① level：指明具体要还原的哪个层次的索引，默认所有索引都取消，然后还原为默认的整数索引。

② drop：drop=False，则索引列会被还原为普通列，否则会丢失。

③ inplace：inplace=True 不创建的对象，直接对原始对象进行修改；inplace=False 对数据进行修改，创建并返回新的对象承载其修改结果。默认是 False，即创建新的对象进行修改，原对象不变。

④ col_level：整型或者字符串，默认值为 0。如果列有多个级别，则确定将标签插入哪个级别。默认情况下，它插入第一层。

⑤ col_fill：object 类型。如果列有多个级别，则确定其他级别的命名方式；如果没有，则复制索引名称。

使用 set_index()函数把 df 的索引重置为["shengfen","city"]的二级索引。

```
In[31]:df.set_index(["shengfen","city"],inplace=True)
   df
Out[31]:
                         id         name         age
    shengfen   city
    jiangsu    nanjing  20190101   zhangsan     21
    shandong   jinan    20190102   zhangsan     22
    qingdao             20190103    lisi        23
    jiangsu    suzhou   20190104   wangwu       24
    #level 默认所有索引都取消，然后还原为默认的整数索引

In[32]:df.set_index(["shengfen","city"],inplace=True)
    df4.reset_index(drop=True,inplace=True)
    df4
Out[32]:
      id        name       age
    0 20190101  zhangsan  21
    1 20190102  zhangsan  22
    2 20190103  lisi      23
    3 20190104  wangwu    24
    #level=0，取消 0 层的索引，这时如果还有其他层级的索引则不还原，如果没有其他层的索引，则还
原为默认的整数索引
In[33]:df = pd.DataFrame({'shengfen':["jiangsu","shandong","shandong","jiangsu"],
     'city':['nanjing','jinan','qingdao','suzhou'],
     'id':["20190101","20190102","20190103","20190104"],
     'name': ['zhangsan', 'zhangsan', 'lisi', 'wangwu'],
     'age': [21, 22, 23, 24] },
     columns = ['shengfen','city','id','name', 'age'])
     df.reset_index(drop=True,inplace=True,level=0)
     df
Out[33]:
               id           name       age
    city
    nanjing    20190101     zhangsan   21
    jinan      20190102     zhangsan   22
    qingdao    20190103     lisi       23
    suzhou     20190104     wangwu     24
```

3. swaplevel()函数

有时候需要重新排列轴上索引的层级顺序或按照特定层级的值对数据进行排序。swaplevel()函数接收两个层级序号或层级名称，返回一个进行了层级变更的新对象（只是索引层级变了，数据不改变）。

首先使用 reset_index()函数把 df 的索引重置为["shengfen","city"]的二级索引。

```
In[34]:df = pd.DataFrame({'shengfen':["jiangsu","shandong","shandong","jiangsu"],
     'city':['nanjing','jinan','qingdao','suzhou'],
     'id':["20190101","20190102","20190103","20190104"],
     'name': ['zhangsan', 'zhangsan', 'lisi', 'wangwu'],
     'age': [21, 22, 23, 24] },
     columns = ['shengfen','city','id','name', 'age'])
   df.reset_index(drop=True,inplace=True,level=0)
   df
Out[34]:
```

```
                    id          name        age
shengfen  city
jiangsu   nanjing   20190101    zhangsan    21
shandong  jinan     20190102    zhangsan    22
shandong  qingdao   20190103    lisi        23
jiangsu   suzhou    20190104    wangwu      24
```

下面交换二级索引["shengfen","city"]为["city","shengfen"]。

```
In[35]:df_1=df.swaplevel()
       df_1
```

或者

```
In[36]:df_1=df.swaplevel("shengfen","city")
      df_1
Out[36]:
                     id          name        age
city       shengfen
nanjing    jiangsu   20190101    zhangsan    21
jinan      shandong  20190102    zhangsan    22
qingdao    shandong  20190103    lisi        23
suzhou     jiangsu   20190104    wangwu      24
```

因为 sort_index()函数只能在单一层级上对数据进行排序，所以进行层级变换时，使用 sort_index()函数进行排序也很常用。

```
In[37]:df_1.sort_index(level=1)
Out[37]:
                     id          name        age
city       shengfen
nanjing    jiangsu   20190101    zhangsan    21
suzhou     jiangsu   20190104    wangwu      24
jinan      shandong  20190102    zhangsan    22
qingdao    shandong  20190103    lisi        23
```

也可以先交换索引再进行排序。

```
In[38]:df_1.swaplevel(0,1).sort_index(level=0)
Out[38]:
                     id          name        age
shengfen  city
jiangsu   nanjing    20190101    zhangsan    21
          suzhou     20190104    wangwu      24
shandong  jinan      20190102    zhangsan    22
          qingdao    20190103    lisi        23
```

第二种方法的数据的可观性更好，这是因为按照索引排序时通常会先交换索引到最外层，然后按照索引排序。索引按照外层排序数据选择性能会更好。

4. 轴向旋转

在用 Pandas 进行数据重排时，经常用到 stack()和 unstack()两个函数。

① stack()：列转行，将数据的列索引“旋转”为行索引，一般用于将 DataFrame 对象转为层次化 Series 对象。

② unstack()：行转列，将数据的行索引“旋转”为列索引，一般用于将层次化 Series 对象转为 DataFrame 对象。

对于 DataFrame 对象，无论是使用 unstack()还是 stack()函数，得到的都是一个 Series 对象。而对于 Series 对象，只有 unstack()函数，没有 stack()函数，Series 对象的 unstack()函数得到 DataFrame 对象。

```
In[39]:data=pd.DataFrame(np.arange(6).reshape((2,3)),index=pd.Index(['2018年',
'2019年'],name="year"),columns=pd.Index(['one','two','three'],name="class"))
      data
Out[39]:
    class     one  two  three
    year
    2018年     0    1      2
    2019年     3    4      5
In[40]:data2=data.stack()
      data2
Out[40]:
    year      class
    2018年    one      0
              two      1
              three    2
    2019年    one      3
              two      4
              three    5
    dtype: int32

In[41]:data3=data2.unstack()
       data3
Out[41]:
    class     one  two  three
    year
    2018年     0    1      2
    2019年     3    4      5
```

从输出结果可以看出，使用 stack()函数，将 DataFrame 对象 data 的行索引['one','two','three']转变成列索引（第二层），便得到了一个层次化的 Series 对象（data2）；使用 unstack()函数，将 Series 对象（data2）的第二层列索引转变成行索引（默认的，可以改变），便又得到了 DataFrame 对象（data3）。

4.2.3　分类数据处理

DataFrame 对象列中经常有许多重复的元素，如性别、水果、城市等，通常把它们表示为文本。Pandas 将文本表示为对象类型，其中保存了 Python 普通 string 类型。这是常见的导致运行速度慢的原因，因为对象类型是以 Python 中的对象类型运行的，而不是以正常的 C 语言的速度运行的。

Pandas 中的 Categorical 是一种新型并且强大的类型，它可以数字化分类数据，这样就可以快速解决这类文本数据。

1. 认识 Categorical Data

例如有一个城市人口信息表，存储了该城市所有人的姓名、性别、年龄信息（假设有 500 万条数据）。

```
In[42]:df = pd.DataFrame({'name': ['Alice', 'Bob', 'Charlie', 'Danielle'],
                          'age': [21, 22, 23, 24],
                          'gender': ['Female', 'Male', 'Male', 'Female']},
                           columns = ['name', 'age', 'gender'])
```

```
    print(df.dtypes)
Out[42]:
name        object
age         int64
gender      object
dtype:      object
```

数据表第三列是 gender，要么是 Female，要么是 Male。一共有 500 万条数据，而 gender 这一列是 object 类型，很占空间，如何能减少这张大表的存储空间浪费呢？需要设计一个辅助的编码表。

```
编码   性别
0      Female
1      Male
```

变化后的表的数据存储所需的空间量就变少了。也就是说，在城市人口信息表里存储的不是 object 类型，而是整型数据（编码值通常用整型数据）。Pandas 中的 Categorical Data 的作用就是构建并依赖这个编码表，因此当 DataFrame 对象里的某列数据采用 Categorical Data 方式，这列数据的存储空间就会大大减少。

调用 astype('category')可以将 DataFrame 对象的 gender 列转化为 category 类型。

```
In[43]:df = pd.DataFrame({'name': ['Alice', 'Bob', 'Charlie', 'Danielle'],
     'age': [21, 22, 23, 24],
     'gender': ['Female', 'Male', 'Male', 'Female']},
     columns = ['name', 'age', 'gender'])
     df['gender'] = df['gender'].astype('category')
     df.dtypes
Out[43]:
    name   object
    age    int64
    gender category
    dtype:object
```

从输出结果可以看出，gender 列的数据类型变成 category 类型。

```
In[44]:df
Out[44]:
        name      age    gender
0      Alice      21     Female
1      Bob        22     Male
2      Charlie    23     Male
3      Danielle   24     Female
```

可以看到，DataFrame 数据外观与之前是一样的，输出 gender 这一列来看一下。

```
print(df["gender"])
```

输出结果如下。

```
0      Female
1      Male
2      Male
3      Female
Name: gender, dtype: category
Categories (2, object): [Female, Male]
```

其他都一样，只是 dtype 为 category，并且多了一行 Categories (2, object): [Female, Male]，这是 category 的分类的集合。

Categorical Data 由两部分组成，即 categories 和 codes。categories 是有限且唯一的分类的集合，codes 是 Categorical Data 的值对应于 categories 的编码，用于存储。

```
In[45]:df.gender.cat.categories
Out[45]:
    Index(['Female', 'Male'], dtype='object')
In[46]:df.gender.cat.codes
Out[46]:
    0    0
    1    1
    2    1
    3    0
    dtype: int8
```

因此，DataFrame 数据外观和感觉跟之前都是一样的，但是此时每个结果的存储就只有一个字节了。

2. 创建 Categorical Data 数据

在 Pandas 里有很多的方式可以创建 Categorical Data 型的数据，可以基于已有的 DataFrame 数据将某列转化成 Catagorical Data 型的数据，也可直接创建 Categorical Data 型数据，某些函数的返回值也有可能就是 Categorical Data 型数据。

在 Pandas 中创建 Categorical Data 型数据主要有如下几种方式。

① 对于 Series 数据结构，传入参数 dtype='category'即可。

```
#直接创建 Categorical Data 型
In[47]:series_cat = pd.Series(['B','D','C','A'], dtype='category')
   #显示 series_cat 信息
   series_cat
Out[47]:
 0    B
 1    D
 2    C
 3    A
 dtype: category
 Categories (4, object): [A, B, C, D]
```

② astype('category')方式可以将 DataFrame 对象的某列直接转化成 Categorical Data 型的数据。

```
In[48]:df = pd.DataFrame({'name': ['Alice', 'Bob', 'Charlie', 'Danielle'],
    'age': [21, 22, 23, 24],
    'gender': ['Female', 'Male', 'Male', 'Female']},
    columns = ['name', 'age', 'gender'])
    df['gender'] = df['gender'].astype('category')
    df.dtypes
Out[48]:
    name       object
    age        int64
    gender     category
    dtype:     object
```

③ 用 Pandas.Categorical 直接创建 Categorical Data 型数据。

```
In[49]:gender= ["Famale","Male"]
    cat = pd.Categorical(gender)
    cat.categories
Out[49]:
Index(['Famale', 'Male'], dtype='object')
```

```
In[50]:cat.codes
Out[50]:
      [0 1]
```

可以把 Pandas.Categorical 创建的 Categorical Data 数据插入 DataFrame 对象里，作为 DataFrame 对象的一列。

```
In[51]:gender= ["Famale","Male","Male","Female"]
    df = pd.DataFrame({'name': ['Alice', 'Bob', 'Charlie', 'Danielle'],
           'age': [21, 22, 23, 24] },
           columns = ['name', 'age', 'gender'])

    cat = pd.Categorical(gender)
    df["gender"] = cat
In[52]:df
Out[52]:
          name     age      gender
    0     Alice    21       Famale
    1     Bob      22       Male
    2     Charlie  23       Male
    3     Danielle 24       Female
In[53]:df.dtypes
Out[53]:

   name      object
   age        int64
   gender  category
   dtype: object
```

Pandas.Categorical 对于一些股票符号、性别、实验结果、城市名称等是很有效的，可以极大地提高这些数据的性能。

4.2.4 数据转换

有时 DataFrame 对象里的数据未必就是原始数据，例如采集时设置一些规定，1 代表男性、0 代表女性。那么当我们拿到这样的数据时，需要做一些数据上的转换，以便真实地反映数据本身，本小节将利用 map()、apply()、applymap()映射函数和 replace()函数，完成数据转换。

1. map()函数

map()函数主要运用于 Series 对象，用来对 Series 对象中的元素进行转化。其语法格式如下。

```
se.map(arg, na_action=None)
```

参数说明如下。

① arg：函数、字典或序列对应的映射。

② na_action：是否忽略缺失值 NaN，默认 None。

当传入参数 arg 为序列时，会将传入的序列中与原序列值相匹配的键所对应的值映射到原序列的值中。

```
In[54]:ser1=pd.Series(np.arange(4),index=['a','b','c','d'])
    ser2=pd.Series([10,20,30,40],index=np.arange(4))
    ser3=ser1.map(ser2)
    ser3
Out[54]:
    a    10
```

```
    b    20
    c    30
    d    40
    dtype: int64
```

当传入的参数 arg 为字典时，返回一个根据字典的映射关系对原序列的值进行转换的新序列。

```
#根据指定字典进行一一映射
In[55]:dict1={1:10,2:20,3:30,4:40}
    ser1.map(dict1)
Out[55]:
    a     NaN
    b    10.0
    c    20.0
    d    30.0
    dtype: float64
```

当传入的参数 arg 为函数时，会对原序列中每个元素运用该函数，并返回与原序列个数一致、索引一致的新序列。运用的函数可以是 NumPy 中的函数，也可以是匿名函数或自定义的函数。

（1）直接使用 NumPy 中的函数

```
#根据指定函数进行一一映射
In[56]:ser1.map(np.sqrt)
Out[56]:
  a    0.000000
  b    1.000000
  c    1.414214
  d    1.732051
  dtype: float64
```

这个效果与直接对 Series 运用 NumPy 函数 se.sqrt()效果一致，因此这种方式不常用。

（2）使用匿名函数

```
In[57]:ser1.map(lambda x:x+2)
Out[57]:
    a    2
    b    3
    c    4
    d    5
    dtype: int64
```

当 map()函数的参数为匿名函数时，map()函数对每个元素执行匿名函数，并返回一个 Series 对象。

（3）使用自定义函数

```
In[58]: def fun(x):
            x=x*2
            return x
    ser1.map(fun)
Out[58]:
a    0
b    2
c    4
d    6
dtype: int64
```

ser1.map(fun)使用 map()函数对每个元素执行 fun()函数，并返回一个 Series 对象。从上述运行结果可看出，在 Series 对象中，map()函数可将函数应用到元素级数据上，使 Series 对象中每个元素都乘 2。

2. apply()函数

apply()函数可以运用于 Series 对象，也可以应用于 DataFrame 对象。当应用于 Series 对象时，apply()会将函数作用于对象中的每个值，效果与 map()函数完全一致。当应用于 DataFrame 对象时，apply()函数作用于对象的每一行或每一列数据（若 axis=0，即函数作用于每列数据；若 axis=1，即函数作用于每行数据）。apply()函数的语法格式如下。

```
df.apply( [func, axis=0])
```

参数说明如下。

① func：对对象操作的函数，可以是 NumPy 中的函数，也可以是匿名函数或自定义的函数。

② axis：若 axis=0，apply()函数作用于 DataFrame 对象的每列数据：若 axis=1，apply()函数作用于 DataFrame 对象的每行数据。默认 axis=0。

与 map()函数一样，apply()中运用的函数可以是上例所示 NumPy 中的函数，也可以是匿名函数或自定义的函数。

```
In[59]:df=pd.DataFrame(np.random.randint(-10,10,16).reshape(4,4),columns=list
("abcd"))
        df
Out[59]:
        a  b   c   d
     0  8   3  -6  -3
     1 -6  -5  -2  -3
     2 -5  -7  -3  -1
     3  2   2   1  -8
In[60]:df.apply(np.max)
Out[60]:
        a   4
        b   9
        c   -2
        d   4
```

在 Pandas 中还可使用 DataFrame 对象中的 apply()函数实现将函数应用到由各列或各行所形成的一维数组上，具体示例如下。

```
In[61]:fun=lambda x:x.max()-x.min()
        df.apply(fun)
Out[61]:
     a   14
     b   10
     c    7
     d    7
     dtype: int64
```

上述代码是使用 DataFrame 对象中的 apply()函数，其中 lambda x:x.max()−x.min()创建 lambda()函数，并将其赋值给变量 fun；df.apply(fun)使用 apply()函数对每列元素执行 func()函数。

目前，大量常见的数组统计功能都已被实现为 DataFrame 对象的内部函数，例如 sum()函数和 mean()函数。因此，实现这些功能无须使用 apply()函数，可以使用 df 的 max()和 min()函数求解，示例如下。

```
In[62]:df.max()-df.min()
Out[62]:
     a   14
```

```
    b    10
    c     7
    d     7
    dtype: int32
```

同样地，也可以应用到行上来进行计算，统计行的信息。

```
In[63]:fun=lambda x:x.max()-x.min()
       df.apply(fun,axis=1)
Out[63]:
    0    14
    1     4
    2     6
    3    10
    dtype: int64
```

从上述运行结果可看出，apply()函数可将函数应用到 DataFrame 对象的各行或各列所形成的一维数组上。

上述示例中，传递给 apply()函数的函数返回值为标量值，除此之外，传递给 apply()函数的函数还可以返回含多个值的 Series 对象，具体示例如下。

```
In[64]:def fun(x):
           return pd.Series([x.min(),x.max()],index = ['min','max'])
       df.apply(fun)
Out[64]:
          a    b    c   d
    min  -6   -7   -6  -8
    max   8    3    1  -1
```

上述代码中的 fun()函数返回由各列的最大值和最小值组成的 Series 对象，然后 apply()函数对每列执行 fun()函数，返回由多个 Series 构成的 DataFrame 对象。

3. applymap()函数

apply()函数主要是对 DataFrame 数据的行或列进行操作，如果我们想对 DataFrame 数据中的每个元素进行操作，而不进行汇总，该怎么实现呢？

Pandas 提供的另一个映射函数 applymap()，能实现将函数运用在元素级别。

applymap()函数只运用于 DataFrame 数据，对 DataFrame 数据中的每一个元素进行指定函数的操作，其作用类似 map()函数对 Series 对象的作用。

```
In[65]:fun= lambda x : x + 2
       df.applymap(fun)
Out[65]:
        a   b   c   d
    0  10   5  -4  -1
    1  -4  -3   0  -1
    2  -3  -5  -1   1
    3   4   4   3  -6
```

上述代码使用 DataFrame 对象中的 applymap()函数。其中 fun= lambda x : x + 2 创建 lambda()函数，并将其赋值给变量 fun，实现将 DataFrame 对象中每个元素加 2 的操作；df.applymap(fun)使用 applymap()函数对每个元素执行 fun()函数并返回一个 DataFrame 对象。

从上述运行结果可看出，applymap()函数可将 Python 函数应用到元素级数据上，使 DataFrame 对象中每个元素都加 2。

map()、apply()、applymap()这 3 个函数的区别如下。

① map()：只能作用于 Series 对象中的每个元素。

② apply()：既可以作用于 Series 对象中的每个元素，也可以作用于 DataFrame 对象中的行或列。

③ applymap()：只能作用于 DataFrame 对象中的每个元素。

4．replace()函数

前面讲过 fillna()函数可以将 NaN 数据填充为 0，这里的 replace()函数则可以将数据替换成其他数据。replace()函数的使用方式有很多，可以一对一地替换，也可一对多地替换，还可以多对多地替换或用字典方式替换。

（1）一对一替换数据

一对一替换数据，可以在 replace()函数里指定要被替换的字符串和替换的字符串两个数据。

例如，将 DataFrame 对象的某列的数据中的 city 空字符串替换为 NaN。

```
In[66]:index = pd.Index(data=["zhangsan", "lisi", "wangwu"], name="name")
       data = {
         "age": [12, 20, 0],
         "city": ["BeiJing", "", " "],
         }
       df = pd.DataFrame(data=data, index=index)
       df
Out[66]:
                  age      city
       name
       zhangsan   12       BeiJing
       lisi       20
       wangwu     0
```

下面的代码把 df 的 city 列数据中的空字符串替换为 NaN。

```
In[67]:df["city"].replace("",np.nan,inplace=True)
       df
Out[67]:
              age      city
    name
    zhangsan  12       BeiJing
    lisi      20       NaN
    wangwu    0
```

从输出结果可以看出，df["city"].replace("",np.nan,inplace=True)只是把 df["city"]中的""替换成了 np.nan，但是" "并没有被替换。因此有的时候需要进行一对多替换。

（2）一对多替换数据

要一对多替换数据，可以在 replace()函数里指定要被替换的字符串的列表和替换的字符串。

例如，将 DataFrame 对象的某列的数据中的 city 空字符串和“.”替换为 NaN。

```
In[68]:df["city"].replace([""," "],np.nan,inplace=True)
      df
Out[68]:
                age      city
  name
  zhangsan      12       BeiJing
  lisi          20       NaN
  wangwu        0        NaN
```

（3）多对多替换数据

要多对多替换数据，可以在 replace()函数里指定要被替换的字符串的列表和替换的字符串列表。

```
In[69]:df["city"].replace(["",""],["JiNan","BeiJing"],inplace=True)
       df
Out[69]:
               age     city
    name
    zhangsan   12      BeiJing
    lisi       20      JiNan
    wangwu     0       BeiJing
```

（4）字典方式替换

对于 Series 对象，通过字典的键指定要被替换的数据，值为替换的数据。

```
In[70]:ser= pd.Series(["a", "b", "c", "a", "c"])
     ser.replace({"c":"hello", "a" : "world"}, inplace = True)
     ser
Out[70]:
  0   world
  1       b
  2   hello
  3   world
  4   hello
dtype: object
```

对于 DataFrame 对象，可以通过字典的键指定列，值为要被替换的数据，第二个参数为替换的数据：

```
In[71]:index = pd.Index(data=["zhangsan", "lisi", "wangwu"], name="name")
     data = {
          "age": [12, 20, 0],
          "city": ["BeiJing", "", " "],
          }
      df = pd.DataFrame(data=data, index=index)
     df
Out[71]:
               age     city
    name
    zhangsan   12      BeiJing
    lisi       20
    wangwu     0

In[72]:df.replace({"city" : [" ",""]}, "BeiJing", inplace = True)
     df
Out[72]:
               age     city
    name
    zhangsan   12      BeiJing
    lisi       20      BeiJing
    wangwu     0       BeiJing
```

4.2.5　数据合并

在数据处理中，数据之间的合并是经常会用到的操作。学过数据库的读者应该都清楚数据表之间的连接，本小节要介绍的数据合并其实与数据表之间的连接有很多相似之处。

Pandas 中数据合并常用的函数有 3 种：concat()、merge()及实例函数 combine_first()。

① concat()是对象在轴向上进行连接或堆叠。

② merge()根据一个或多个键进行连接，对于学习过关系型数据库的读者来说，这种函数比较熟悉，因为它实现的就是数据库中的连接操作。

③ combine_first()允许将重叠的数据拼接在一起，以使用一个对象中的值填充另一个对象中的缺失值。

下面结合具体的实例介绍上面的 3 个函数。

1. concat()函数

在 Pandas 里提供 concat()函数可以将形参给出的列表里的各个 Pandas 的数据拼接成一个大的数据。

（1）两个 Series 对象的拼接

```
In[73]:s1 = pd.Series(np.random.randint(1,10,5),index=list("abcde"))
    s2 = pd.Series(np.random.randint(1,10,3),index=list("abc"))
    ss = pd.concat([s1, s2])
    ss
  Out[73]:
    a    3
    b    9
    c    3
    d    1
    e    2
    a    4
    b    9
    c    1
    dtype: int32
```

默认情况下，concat()函数是沿着 axis=0 的轴向生效的，生成另一个 Series 对象。如果传递 axis=1 的参数，则返回结果是一个 DataFrame 对象，这个时候两个 Series 对象未匹配上的 index 下的值为 NaN：

```
In[74]: sss=pd.concat([s1,s2],axis=1)
Out[74]:
       0    1
    a  3   4.0
    b  9   9.0
    c  3   1.0
    d  1   NaN
    e  2   NaN
```

（2）两个 DataFrame 对象的连接

两个 DataFrame 对象在行索引（index）和列标签（columns）完全相同的情况下，当 axis=0 时，concat()函数沿着 0 轴（也就是行）进行堆叠；当 axis=1 时，沿着 1 轴（也就是列）进行堆叠。

```
In[75]:col =["c1","c2","c3","c4"]
    idx = ["a", "b", "c", "d"]
    val1 = np.arange(16).reshape(4, 4)
    val2 = np.arange(20, 36).reshape(4, 4)
    df1 = pd.DataFrame(val1, index = idx, columns = col)
    df1
Out[75]:
   c1  c2  c3  c4
a   0   1   2   3
b   4   5   6   7
```

```
c  8  9 10 11
d 12 13 14 15

In[76]:df2 = pd.DataFrame(val2, index = idx, columns = col)
Out[76]:df2
       c1  c2  c3  c4
   a   20  21  22  23
   b   24  25  26  27
   c   28  29  30  31
   d   32  33  34  35

In[77]:df12_0 = pd.concat([df1, df2],axis=0)
     df12_0
Out[77]:
       c1  c2  c3  c4
   a    0   1   2   3
   b    4   5   6   7
   c    8   9  10  11
   d   12  13  14  15
   a   20  21  22  23
   b   24  25  26  27
   c   28  29  30  31
   d   32  33  34  35

In[78]:df12_1 = pd.concat([df1, df2],axis=1)
     df12_1
Out[78]:
      c1  c2  c3  c4  c1  c2  c3  c4
   a   0   1   2   3  20  21  22  23
   b   4   5   6   7  24  25  26  27
   c   8   9  10  11  28  29  30  31
   d  12  13  14  15  32  33  34  35
```

两个 DataFrame 对象在行索引（index）和列标签（columns）不完全相同的情况下，concat() 函数的计算结果如下。

```
In[79]:col1 =["c1","c2","c3","c4"]
    idx1 = ["a", "b", "c", "d"]
    col2 =["c1","c2","d3","d4"]
    idx2 = ["a", "b", "e", "f"]
    val1 = np.arange(16).reshape(4, 4)
    val2 = np.arange(20, 36).reshape(4, 4)
    df1 = pd.DataFrame(val1, index = idx1, columns = col1)
    df1
Out[79]:
      c1  c2  c3  c4
   a   0   1   2   3
   b   4   5   6   7
   c   8   9  10  11
   d  12  13  14  15
In[80]:df2 = pd.DataFrame(val2, index = idx2, columns = col2)
    df2
Out[80]:
      c1  c2  d3  d4
   a  20  21  22  23
   b  24  25  26  27
   e  28  29  30  31
```

```
     f  32  33  34  35
In[81]:df12_0 = pd.concat([df1, df2],axis=0)
       df12_0
Out[81]:
         c1  c2  c3    c4     d3     d4
     a   0   1   2.0   3.0    NaN    NaN
     b   4   5   6.0   7.0    NaN    NaN
     c   8   9   10.0  11.0   NaN    NaN
     d   12  13  14.0  15.0   NaN    NaN
     a   20  21  NaN   NaN    22.0   23.0
     b   24  25  NaN   NaN    26.0   27.0
     e   28  29  NaN   NaN    30.0   31.0
     f   32  33  NaN   NaN    34.0   35.0
In[82]:df12_1 = pd.concat([df1, df2],axis=1)
     df12_1
Out[82]:
       c1     c2     c3     c4     c1     c2     c3     d4
   a   0.0    1.0    2.0    3.0    20.0   21.0   22.0   23.0
   b   4.0    5.0    6.0    7.0    24.0   25.0   26.0   27.0
   c   8.0    9.0    10.0   11.0   NaN    NaN    NaN    NaN
   d   12.0   13.0   14.0   15.0   NaN    NaN    NaN    NaN
   e   NaN    NaN    NaN    NaN    28.0   29.0   30.0   31.0
   f   NaN    NaN    NaN    NaN    32.0   33.0   34.0   35.0
```

从上面的执行结果可以看出，两个 DataFrame 对象的 index、columns 不完全相同时，两个 DataFrame 未匹配上的 index 或 columns 下的值为 NaN。

实际上，concat()函数提供类似数据库的内连接和外连接的操作。可以使用参数 join 指定连接的类型，默认是 outer，即外连接，也可以设置为内连接 inner。先来看关于连接的基本概念。

内连接的连接结果仅包含符合连接条件的行，参与连接的两个表都应该符合连接条件。

外连接的连接结果不仅包含符合连接条件的行，同时也包含自身不符合条件的行。

如果两个 DataFrame 对象的 index 和 columns 完全相同，那么内连接和外连接结果肯定相同，因此我们主要考虑 index 和 columns 不完全相同的情况（数据是与上面的 index 和 columns 不完全相同的 df1 和 df2）。

```
In[83]:df12_0 = pd.concat([df1, df2],axis=0,join="inner")
       df12_0
Out[83]:
        c1  c2
     a   0   1
     b   4   5
     c   8   9
     d  12  13
     a  20  21
     b  24  25
     e  28  29
     f  32  33
In[84]:df12_1 = pd.concat([df1, df2],axis=1,join="inner")
       df12_1
Out[84]:
       c1  c2  c3  c4  c1  c2  d3  d4
     a 0   1   2   3   20  21  22  23
     b 4   5   6   7   24  25  26  27
```

axis=0 时，内连接结果仅包含符合连接条件的列；axis=1 时，内连接结果仅包含符合连接条件件的行。

2. merge()函数

merge()函数的操作实现两个 DataFrame 对象之间的合并，类似关系型数据库两个表之间的连接操作。merge()函数格式如下。

```
pd.merge(left, right, on=None, how='inner', left_on=None, right_on=None,
left_index=False, right_index=False, sort=False, suffixes=('_x', '_y'))
```

参数说明如下。

① left/right：第一个 DataFrame 和第二个 DataFrame 对象。merge()函数只能实现两个 DataFrame 对象的合并，无法一次实现多个 DataFrame 对象的合并。

② on：指定参考 columns。要求两个 df 必须至少有一个相同的 columns，默认为 None 时，以最多相同的 columns 为参考。

③ how：合并的方式。默认为 inner，取参考 columns 的交集，outer 取并集保留所有行；outer、left、right 中的缺失值都以 NaN 填充；left 按照左边对象为参考进行合并，即保留左边的所有行，right 按照右边对象为参考进行合并，即保留右边的所有行。

④ left_on/right_on：默认值都为 None，当两个 df 有相同的 columns 时取默认值 None，如果两个 df 没有相同的 columns，使用 left_on 和 right_on 分别指明左边和右边的参考 columns。

⑤ left_index/right_index：取值 True 或 False，指定是否以索引为参考进行合并。

⑥ sort：合并结果是否按 on 指定的参考进行排序。

⑦ suffixed：合并后如果有重复 columns，分别加上什么后缀。

df1 与 df2 有相同的 columns 时，可以通过 on 参数指定合并参考的 columns 列表。如果没有指定 on 参数，on 默认为 None，即所有的相同的 columns 作为合并参考。

【实例】两个 DataFrame 对象中含有相同的 columns，例如 bookid，两个 DataFrame 根据 bookid 进行合并。

```
In[85]:col1 = ["book_name", "book_id", "price"]
      col2 = ["user_id","book_id"]
      val1 = [["Python", 201901, 34],["C", 201902, 33],["Java", 201903, 35]]
      val2 = [[1, 201901],[2, 201901],[1, 201902]]
      book = pd.DataFrame(val1, columns = col1)
      book
Out[85]:
         book_name  book_id     price
      0  Python     201901      34
      1  C          201902      33
      2  Java       201903      35
In[86]:sale = pd.DataFrame(val2, columns = col2)
    sale
Out[86]:
         user_id    book_id
    0    1          201901
    1    2          201901
    2     1         201902
In[87]:book.merge(sale)
Out[87]:
         book_name  book_id     price   user_id
    0    Python     201901      34      1
    1    Python     201901      34      2
    2    C          201902      33      1
In[88]:sale.merge(book)
```

```
Out[88]:
       user_id    book_id     book_name   price
   0   1          201901      Python      34
   1   2          201901      Python      34
   2   1          201902      C           33
```

merge()函数的 outer 连接方式取并集保留 book 与 sale 的所有行，未匹配上的用 NaN 填充。

```
In[89]:pd.merge(book,sale,how="outer")
Out[89]:
        book_name   book_id     price       user_id
0       Python      201901      34          1.0
1       Python      201901      34          2.0
2       C           201902      33          1.0
3       Java        201903      35          NaN
In[90]:pd.merge(sale,book,how="outer")
Out[90]:
        user_id     book_id     book_name   price
0       1.0         201901.0    Python      34
1       2.0         201901.0    Python      34
2       1.0         201902.0    C           33
3       NaN         201903.0    Java        35
```

merge()函数的 left 与 right 连接，left、right 中的缺失值都以 NaN 填充。left 按照左边对象为参考进行合并，即保留左边的所有行；right 按照右边对象为参考进行合并，即保留右边所有行。

```
In[91]:pd.merge(book,sale,how="left")
Out[91]:
        book_name   book_id     price       user_id
0       Python      201901      34          1.0
1       Python      201901      34          2.0
2       C           201902      33          1.0
3       Java        201903      35          NaN
In[92]:pd.merge(sale,book,how="right")
Out[92]:
        user_id     book_id     book_name   price
0       1.0         201901.0    Python      34
1       2.0         201901.0    Python      34
2       1.0         201902.0    C           33
3       NaN         201903.0    Java        35
```

可以看出，pd.merge(book,sale,how="left")与 pd.merge(sale,book,how="right")的结果是相同的。

当 book 与 sale 没有相同的 columns 时，就需要 left_on 和 right_on 两个参数来分别指定 book 的哪些 columns 与 sale 的哪些 columns 作为参考来合并。下面把 book 的 book_id 这一列修改成 bookid，这样 book 与 sale 就没有共同的 columns 了。

此时运行上面的程序就会报错。

```
MergeError: No common columns to perform merge on
```

这就需要通过 left_on 和 right_on 来指定哪些 columns 作为参考的列来合并。

```
In[93]:col1 = ["book_name", "bookid", "price"]
       col2 = ["user_id","book_id"]
       val1 = [["Python", 201901, 34],["C", 201902, 33],["Java", 201903, 35]]
       val2 = [[1, 201901],[2, 201901],[1, 201902]]
       book = pd.DataFrame(val1, columns = col1)
       book
```

```
Out[93]:
      book_name    bookid   price
   0  Python       201901   34
   1  C            201902   33
   2  Java         201903   35

In[94]:sale = pd.DataFrame(val2, columns = col2)
     sale
Out[94]:
      user_id      book_id
    0 1            201901
    1 2            201901
    2 1            201902

In[95]:pd.merge(book,sale,left_on="bookid",right_on="book_id")
Out[95]:
      book_name    bookid   price    user_id      book_id
    0 Python       201901   34       1            201901
    1 Python       201901   34       2            201902
In[96]:pd.merge(sale,book,left_on="book_id",right_on="bookid")
Out[96]:
      user_id      book_id book_name    bookid   price
    0 1            201901  Python       201901   34
    1 2            201901  Python       201901   34
    2 1            201902  C            201902   33
```

上面的例子都是以共同的 columns（如果没有共同的 columns 就需要 left_on 和 right_on 指定）为参考来进行合并，如果使用行索引来进行合并，需要设置 left_index 或 right_index 这两个参数。若需要行索引与列索引作为参考，需要 left_on、right_on、left_index、right_index 参数的组合。

下面把 sale 的 book_id 作为行索引，sale.set_index("book_id",inplace=True)，然后 book 的列 bookid 与 sale 的行索引 book_id 作为参考进行合并。

```
In[97]:col1 = ["book_name", "bookid", "price"]
      col2 = ["user_id","book_id"]
      val1 = [["Python", 201901, 34],["C", 201902, 33],["Java", 201903, 35]]
      val2 = [[1, 201901],[2, 201901],[1, 201902]]
      book = pd.DataFrame(val1, columns = col1)
      book
Out[97]:
      book_name    bookid   price
    0 Python       201901   34
    1 C            201902   33
    2 Java         201903   35

In[98]:sale = pd.DataFrame(val2, columns = col2)
    sale.set_index("book_id",inplace=True)
    sale
Out[98]:
                   user_id
    book_id
    201901         1
    201901         2
    201902         1
In[99]:pd.merge(book,sale,left_on="bookid",right_index="book_id")
Out[99]:
```

```
        book_name    bookid       price    user_id
    0       Python   201901       34         1
    0       Python   201901       34         2
    1       C        201902       33         1
In[100]:pd.merge(sale,book,left_index="book_id",right_on="bookid")
Out[100]:
            user_id  book_name    bookid       price
    0       1        Python       201901       34
    0       2        Python       201901       34
    1       1        C            201902       33
```

如果需要参考多个列或行，那么 left_on、right_on、left_index、right_index 的值就是一个列表。

如果两者相同的 columns 未被指定为参考列，那么结果中这两个相同的 columns 名称会被加上后缀，默认左右分别为_x 和_y。当然也可以使用 suffixes 参数指定它们的名称。

```
In[101]:df1 = pd.DataFrame({'key1':['a','b','c','d'],'key2':['e','f','g','h']},
    index=['k','l','m','n',])
    df2 = pd.DataFrame({'key1':['a','B','c','d'],'key2':['e','f','g','H']},
    index = ['p','q','u','v'])
    df1
Out[101]:
            key1     key2
    k       a        e
    l       b        f
    m       c        g
    n       d        h
In[102]:df2
Out[102]:
            key1     key2
    p       a        e
    q       B        f
    u       c        g
    v       d        H
In[103]:pd.merge(df1,df2,on='key1')
Out[103]:
            key1     key2_x   key2_y
    0       a        e        e
    1       c        g        g
    2       d        h        H
In[104]:pd.merge(df1,df2,on='key2',suffixes=('_df1','_df2')))
Out[104]:
            key1_df1     key2      key1_df2
    0       a            e         a
    1       b            f         B
    2       c            g         c
```

3. combine_first()函数

combine_first()函数可以在相同 index 和 columns 的位置，用一个对象的值去替换另一个对象的空值 NaN。例如 df1.combine_first(df2)，如果 df2 有在 df1 中的 index 和 columns，且 df1 中它们的值为 NaN，则用 df2 中的相应位置的值（相同的 index 和 columns）来填充。如果 df2 有不在 df1 中的 index 和 columns，则直接追加即可。

```
In[105]:df1 = pd.DataFrame([[1,np.nan,3],[np.nan,5,6]],columns=['a','b','c'])
    df2 = pd.DataFrame([[3,4,'w'],[5,6,'x'],[7,8,9]],columns=['a','b','d'])
    df1
```

```
Out[105]:
       a    b  c
  0  1.0  NaN  3
  1  NaN  5.0  6
In[106]:df2
Out[106]:
     a  b  d
  0  3  4  w
  1  5  6  x
  2  7  8  9
In[107]:df1.combine_first(df2)
Out[107]:
       a    b    c   d
  0  1.0  4.0  3.0   w
  1  5.0  5.0  6.0   x
  2  7.0  8.0  NaN   9
```

上例中对于 df1 中的 index 为 0 和 1，在对应 columns 位置（columns=['a','b',]）使用 df2 的值替换 df1 的空值，df2 中的 index=2、columns='d'不在 df1 中，则在 df1 中追加这一行和这一列。

4.3　数据分组与聚合

对数据集进行分组并对每个分组应用聚合函数或转换函数，通常是数据分析工作中的重要环节。在将数据集加载、清洗、规整好之后，通常就是计算分组统计或生成透视表。Pandas 提供了一个灵活高效的 groupby()函数功能对数据集进行分组、聚合、摘要等操作。

4.3.1　groupby()函数

在使用 Pandas 的时候，有些场景需要对数据内部进行分组处理，如一组全校学生成绩的数据。我们想通过班级进行分组，或者再对班级分组后的性别进行分组来进行分析，通过 Pandas 中的 groupby()函数就可以完成。在使用 Pandas 进行数据分析时，groupby()函数是一个数据分析的“利器”。

哈德利 • 威克姆（Hadley Wickham，许多热门 R 语言包的作者）提出了一个用于表示分组运算的术语“split-apply-combine”（拆分—应用—合并）。根据这个术语，分组运算一般分为 3 个阶段。

第一个阶段：Pandas 对象（Series 对象或 DataFrame 对象）中的数据根据一个或多个键（下文称为分组键），被拆分（split）为多组，拆分操作是在对象的特定轴上执行的。例如，DataFrame 对象可以在其行（axis=0）或列（axis=1）上进行分组。

第二个阶段：将一个函数应用（apply）到各个分组并产生一个新值。

第三个阶段：所有这些函数的执行结果会被合并（combine）到最终的结果对象中，结果对象的形式一般取决于数据上所执行的操作。

图 4-1 所示为一个简单的分组聚合样例，从图中可以清楚地看到“拆分—应用—合并”的阶段。

groupby()函数对 DataFrame 对象按照分组键先分组，然后通过预定义的或自定义的聚合函数进行每组的运算，最后得到以分组的列为索引的 DataFrame 对象。这是数据处理中很常用的一个过程，Pandas 中可以直接通过 groupby()函数实现，既高效又简便。分组键可以是多种形式的，通常有如下几种。

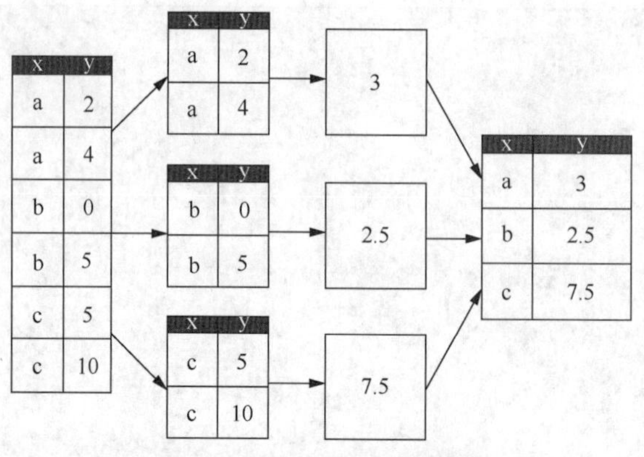

图 4-1　简单的分组聚合样例

① DataFrame 对象的列名的值。

② 与需要分组的 DataFrame 对象的轴向长度一致的列表或数组。

③ 与需要分组的 DataFrame 对象的轴上的值和分组名称相匹配的字典或 Series 对象。

④ 可以在轴索引或索引中的单个标签上调用的函数。

groupby()函数是 Pandas 中的一种很有用的分组运算，其可以通过参数 by 指定列，通过指定的列对 DataFrame 对象进行分组，返回一个 GroupBy 对象。分组之后，目的是进行每组的聚合运算，因此必须对 GroupBy 对象进行聚合运算，得到最终的 DataFrame 对象。Groupby()函数格式如下。

```
groupby(by=None, axis=0, level=None, as_index=True, sort=True, group_keys=True, squeeze=False, **kwargs)
```

参数说明如下。

① by：分组依据。by 的值可以是 DataFrame 对象的列名的值，可以是列表或数组，可以字典或 Series 对象，也可以是函数。

② axis：指明分组的轴向。axis=0 或 1，axis=0 表示对行进行操作，axis=1 表示对列进行操作，默认 axis=0。

③ level：用于多层 DataFrame 对象指定索引层。

④ as_index：布尔类型，指明返回值是否使用原索引。

⑤ sort：布尔类型，默认为 True，对分组结果的键进行排序，但不改变分组内部值的顺序。

⑥ group_keys：与 apply()函数配合使用，以传入分组的键名。

⑦ squeeze：布尔类型，queeze=True，返回值是多维时压缩维度，默认为 False。

下面结合具体的例子来说明 groupby()函数和参数的使用。

准备数据。

```
In[108]:df=pd.DataFrame({"class":["one","one","two","two","one","two"],
        "stuid":["20190101","20190102","20190201","20190202","20190103","20190203"],
        "sex":["female","male","female","female","male","male"],
        "name":["Alice","Tom","Lili","Mery","Jack","Terry"],
        "course":["Java","Java","Python","Python","Python","Java"],
        "score":[89,78,79,89,78,87],"age":[23,24,23,24,23,21]
                 })
        df
Out[108]:
       age class    course   name     score    sex      stuid
     0 23   one      Java     Alice    89       female   20190101
     1 24   one      Java     Tom      78       male     20190102
```

```
    2 23  two      Python  Lili     79       female  20190201
    3 24  two      Python  Mery     89       female  20190202
    4 23  one      Python  Jack     78       male    20190103
    5 21  two      Java    Terry    87       male    20190203
```

1. Series 对象的分组

例如，现在要根据班级（class）来统计平均成绩（score）信息，只统计 score 列的均值，因此可以只对 score 列进行分组。前面讲过 df["score"]是一个 Series 对象，这里注意一点，Series 对象的 groupby()函数不是列名和列名列表作为分组键，而是 Series 对象作为分组键，因此我们把 df["class"]作为分组键。

```
In[109]:grp=df["score"].groupby(df["class"])
     grp
Out[109]:
<Pandas.core.groupby.generic.DataFrameGroupBy object at 0x000001F4C78E8BC8>
```

groupby()函数的返回值是一个 DataFrameGroupBy 对象，这个对象拥有一些中间数据，这些中间数据使我们可以在每一个分组上应用一些操作，例如求均值操作。

```
In[110]:grp.mean()
Out[110]:
    class
    one    81.666667
    two    85.000000
    Name: score, dtype: float64
```

grp.mean()函数根据分组进行了聚合，并产生了一个新的 Series 对象，这个 Series 对象使用分组键（class）作为索引。

当然也可以根据多个键来分组，下面我们根据 class 和 sex 来分组求均值。同样地，如果只对 score 的均值感兴趣，可以只对 score 列进行分组。

```
In[111]:grp3=df["score"].groupby(by=[df["class"],df["sex"]])
   grp3.mean()
Out[111]:
                    score
    class  sex
    one    female   89
           male     78
    two    female   84
           male     87
```

从输出结果可以看出，分组键是列表时，结果是一个以分组键为索引的多层索引。

2. DataFrame 对象的分组

（1）使用列名或列名列表分组

如果以班级为单位统计一些信息，我们可以对 DataFrame 对象使用 groupby()函数。DataFrame 对象的 groupby()函数传递列名或列名构成的列表作为分组键，这与 Series 对象的 groupby()函数必须传递 Series 对象或 Series 对象的列表不同：

```
In[112]:grp1=df.groupby(by=["class"])
     grp1
     f1.mean()
Out[112]:
           age          score
    class
    one    23.333333    81.666667
```

```
    two    22.666667    85.000000
```

从输出结果可以看到，返回结果是一个 DataFrame 对象，并且返回的 DataFrame 对象以分组键为索引。另外，返回结果中只有 score、age 列，这是因为其他列并不是数值数据，所以被排除在外了。因此对 DataFrame 对象进行分组操作后默认所有的列都进行分组操作，这里其他列不进行分组运算是因为其他列不是数值型，无法求均值。

如果我们只对 score 列感兴趣，那么显然聚合 age 列就浪费了时间。尤其对于大型数据集，经常只需要聚合少部分的列。这时可以对 DataFrameGroupBy 对象用列名称或列名称的数组进行索引。

```
In[113]:df.groupby("class")["score"].mean()
Out[113]:
    class
    one    81.666667
    two    85.000000
    Name: score, dtype: float64
```

当然也可以根据多个键来分组，例如根据 class 和 sex 来分组，然后聚合 score 和 age 列。

```
In[114]:df.groupby(by=["class","sex"])["score","age"].mean()
       df
Out[114]:
                   score    age
 class     sex
 one       female  89.0     23.0
           male    78.0     23.5
 two       female  84.0     23.5
           male    87.0     21.0
```

当分组键是多列时，返回的 DataFrame 对象是以分组键为索引的多层索引。无论返回结果是 Series 对象，还是 DataFrame 对象，返回对象的索引都将分组键作为索引对象，这是由 groupby() 函数的 as_index 参数决定的。这个参数默认为 True，如果不希望把分组键作为索引，可以设置参数 as_index=False。

```
In[115]:f1=df.groupby(by=["class"],as_index=False)
     f2=df.groupby(by=["class","sex"],as_index=False)
     f1.mean()
Out[115]:
        class      score
    0   one        81.666667
    1   two        85.000000
In[116]:f2.mean()
Out[116]:
        class  sex     score
    0   one    female  89
    1   one    male    78
    2   two    female  84
    3   two    male    87
```

可以看到，as_index=False 后，返回结果的 DataFrame 对象的索引不再是分组键。直接使用 as_index=False 参数是一个好的习惯，因为如果 DataFrame 对象非常巨大（例如达到 GB 以上规模），先生成一个 DataFrameGroupBy 对象，然后调用 reset_index()函数会有额外的时间消耗。

默认情况下，groupBy()函数会在操作过程中对数据进行排序。如果为了更好地提高性能，可以设置 sort=False。直接使用 sort=False 是个好的习惯，在任何涉及数据的操作中，排序都是非常“奢侈的”。如果只是单纯的分组，不关心顺序，在使用 groupby()函数的时候应当关闭排序功能，因为这个功能默认是开启的。尤其在较大的数据集上作业时，更应当注意这个问题。

```
f1=df.groupby(by=["class"],as_index=False,sort=False)
f2=df.groupby(by=["course","sex"],as_index=False,sort=False)
```

（2）使用字典或 Series 对象分组

如果需要对不同的列进行不同的处理，则可以传入字典，其中键值为对应的列名，值为函数名、元组，或元组列表，以对不同的列进行不同的处理，并且重命名。下面的 product 是一个水果店的进出货表，其中有三列 in1、in2、in3 表示进货数量，有两列 out1、out2 表示出货数量。现在需要统计进出货的总数量。

```
In[117]:product=pd.DataFrame({
                'in1':np.array(np.random.randint(100,200,3)),
                'out1':np.array(np.random.randint(100,200,3)),
                'in2':np.array(np.random.randint(100,200,3)),
                'out2':np.array(np.random.randint(100,200,3)),
                'in3':np.array(np.random.randint(100,200,3)),
            },index=["apple","pear","banana"])
    product
Out[117]:
        out1      out2      in1       in2       in3
    apple  119    146       161       169       179
    pear   100    168       162       113       108
    banana 157    133       114       135       177
```

下面把各列与分组的对应关系用一个字典表示出来（in 表示进货，out 表示出货）。

```
map1={"out1":"out","out2":"out","in1":"in","in2":"in","in3":"in"}
```

若想根据 in 和 out 进行聚合，只需要把这个字典映射传给 groupby()函数的 by 参数进行分组即可。

```
In[118]:tj=product.groupby(by=map1,axis=1)
    tj.sum()
Out[118]:
              out    in
    apple     265    509
    pear      268    383
    banana    290    426
```

也可以将 map1 的各列与分组的对应关系转变为 Series 对象，然后把这个 Series 对象作为 groupby()函数的 by 参数传递。

```
In[119]:ser=pd.Series(map1)
    tj2=product.groupby(by=ser,axis=1)
    tj2.sum()
Out[119]:
           out       in
    apple  265       509
    pear   268       383
    banana 290       426
```

（3）使用函数分组

使用 Python 的函数作为分组键，传递的函数将会按照每个索引值调用一次，同时函数的返回值会被用作分组名称。

考虑水果店的进出货表 DataFrame 对象，假设要根据水果名字的长度来进行分组，那么可以传递 len()函数作为分组键。

```
In[120]:product.groupby(by=len).sum()
Out[120]:
     in1     out1    in2     out2    in3
   4 113     133     193     153     120
   5 131     196     143     105     139
   6 187     157     152     103     141
```

输出结果的索引值是函数 len()调用每一个索引值的返回值，len("apple")返回 5，len("pear")返回 4，len("banana")返回 6。

3. 遍历各分组

DataFrameGroupBy 对象支持迭代，可以产生一组二元元组（由分组名和数据块组成）。看下面的例子。

```
In[121]:for name,group in df.groupby('class'):
          print("name:")
          print(name)
          print("group:")
          print(group)
Out[121]:
    name:
    one
    group:
       age class   course  name    score   sex     stuid
    0  23  one     Java    Alice   89      female  20190101
    1  24  one     Java    Tom     78      male    20190102
    4  23  one     Python  Jack    78      male    20190103
    name:
    two
    group:
       age class   course  name    score   sex     stuid
    2  23  two     Python  Lili    79      female  20190201
    3  24  two     Python  Mery    89      female  20190202
    5  21  two     Java    Terry   87      male    20190203
```

对于多重键（分组键有多个）的情况，元组的第一个元素将会是由分组键值组成的元组。

```
In[122]:for (key1,key2),group in df.groupby(["class","course"]):
          print("key1,key2:",key1,key2)
          print(group)
Out[122]:
    key1,key2: one Java
       age class   course  name    score   sex     stuid
    0  23  one     Java    Alice   89      female  20190101
    1  24  one     Java    Tom     78      male    20190102
    key1,key2: onePython
       age class   course  name    score   sex     stuid
    4  23  one     Python  Jack    78      male    20190103
    key1,key2: two Java
       age class   course  name    score   sex     stuid
    5  21  two     Java    Terry   87      male    20190203
    key1,key2: two Python
       age class   course  name    score   sex     stuid
    2  23  two     Python  Lili    79      female  20190201
    3  24  two     Python  Mery    89      female  20190202
```

我们还可以在分组后的对象上进行类型转换，例如把分组后的 DataFrameGroupBy 对象转化成列表、字典等。

```
In[123]:li1=list(df.groupby("class"))
    li1[0]
Out[123]:
   ('one',age  class   course   name    score    sex     stuid
   0       23  one     Java     Alice   89       female  20190101
   1       24  one     Java     Tom     78       male    20190102
   4       23  one     Python   Jack    78       male    20190103)
In[124]:di1=dict(list(df.groupby("class")))
   di1["one"]
Out[124]:
      age class    course   name    score    sex     stuid
   0  23  one      Java     Alice   89       female  20190101
   1  24  one      Java     Tom     78       male    20190102
   4  23  one      Python   Jack    78       male    20190103
```

4.3.2 数据聚合

在学习 groupby()函数时，我们已经使用了一些聚合操作，包括 mean()、count()、min()和 sum()函数等。DataFrameGroupBy 对很多常用的聚合函数都给出了优化实现，表 4-1 所示为已经实现优化的一些聚合函数。

表 4-1　　DataFrameGroupBy 的聚合函数

函数	作用
count()	分组中的非 NaN 值的数量
sum()	非 NaN 值的累计和
max()、min()	非 NaN 值的最大值、最小值
mean()	非 NaN 值的平均值
median()	非 NaN 值的中位数
std()、var()	标准差、方差
prod()	非 NaN 值的乘积
first()、last()	非 NaN 值的第一个值和最后一个值

1. agg()函数

有时，表 4-1 中的那些聚合函数不能满足用户的要求，这时用户可以使用自己定义的聚合函数，然后通过 DataFrameGroupBy 对象的 agg()函数传入。

agg()函数的形参是一个函数，分组后的每列都会应用这个函数，因此 agg()函数可以对分组后的数据进行聚合处理。

下面把前面讲过的求每个班的每门课的平均成绩的例子用自己定义的聚合函数再实现一遍。首先定义一个聚合函数。

```
In[125]:def mymean(x):
          return np.mean(x)
     #然后将 mymean()聚合函数传递给 agg()函数就可以了
    fz=df["score"].groupby([df["class"],df["course"]])
    avg= fz.agg(mymean)
    avg
Out[125]:
    Class  course
    one    Java     83.5
```

```
          Python   78.0
    two   Java     87.0
          Python   84.0
    Name: score, dtype: float64
```

自定义的聚合函数使用起来通常比表 4-1 中的聚合函数慢得多，因此只有当无法用优化的聚合函数实现其功能时，我们才自己定义聚合函数。

还可以各列使用多个函数进行聚合，例如对上面的学生信息根据 class 和 course 分组，然后对 score 列求平均成绩、总成绩。表 4-1 中的描述性统计函数已经有 mean()函数和 sum()函数了，我们可以将函数名以字符串的形式传递给 agg()函数。

```
In[126]:df.groupby(["class","course"]).agg(["mean","sum"])
Out[126]:
                    age           score
                    mean    sum   mean    sum
    class  course
    one    Java     23.5    47    83.5    167
           Python   23.0    23    78.0    78
    two    Java     21.0    21    87.0    87
           Python   23.5    47    84.0    168
```

从输出结果可以看出，这里将聚合函数名称作为各列默认的列名，当然也可以给聚合后的各列重命名。要达到这个效果只需要给 agg()函数传递元组的列表，每个元组的第一个元素将作为聚合后的 DataFrame 对象的列名。

```
In[127]:df.groupby(["class","course"]).agg([("平均","mean"),("总","sum")])
Out[127]:
                    age          score
                    平均     总   平均    总
    class  course
    one    Java     23.5    47   83.5   167
           Python   23.0    23   78.0   78
    two    Java     21.0    21   87.0   87
           Python   23.5    47   84.0   168
```

更进一步地，用户可能希望将不同的函数应用到不同的列上。要实现这个功能，需要将含有列名与函数对应关系的字典传递给 agg()函数。例如，对上面的学生信息表的 age 列求平均数，对 score 列求总成绩。

```
In[128]:df.groupby(["class","course"]).agg({'age':"mean","score":"sum"})
Out[128]:
                    score    age
    class  course
    one    Java     167      23.5
           Python   78       23.0
    two    Java     87       21.0
           Python   168      23.5
```

还可以对不同的列应用多个不同的函数，例如对上面的学生信息表的 age 列求平均数和最大值，对 score 列求总成绩和最小值。

```
In[129]:df.groupby(["class","course"]).agg({'age':["mean",".max"],"score":
["sum",".min"]})
Out[129]:
                    score          age
                    sum    min     mean     max
```

```
        class  course
        one    Java     167   78     23.5    24
               Python   78    78     23.0    23
        two    Java     87    87     21.0    21
               Python   168   79     23.5    24
```

2. transform()函数

上面使用 agg()函数求出了不同班级的不同课程的平均分，如果想要将函数的结果添加到原始的 DataFrame 对象中，即在原数据表 df 中添加一列 avg_course_class，表示不同班级的不同课程的平均分，那么应该如何实现呢？

可以利用以前学过的 map()函数进行数据转换。首先根据 class 和 course 进行分组并对 score 列聚合求平均值得到 avg 对象，它是一个 Series 对象，且它的索引是 class、course 列；然后创建一个新的 Series 对象 ser，它的值是 class 和 course 列构成的元组，此处使用 zip()函数，zip()函数把可迭代的对象作为参数，将对象中对应的元素打包成一个个元组，然后返回由这些元组组成的列表；最后使用 map()函数进行数据转换，把 ser 对象的值转换成 avg 的值并把 ser 对象作为 df 的 avg_course_class 列。

```
In[130]:avg=df["score"].groupby(by=[df["class"],df["course"]]).mean()
     ser=pd.Series(zip(df["class"],df["course"]))
     df["avg_course_class"]=ser.map(avg)
     df
Out[130]:
        age  class   course   name    score   sex     stuid     avg_course_class
    0   23   one     Java     Alice   89      female  20190101  83.5
    1   24   one     Java     Tom     78      male    20190102  83.5
    2   23   two     Python   Lili    79      female  20190201  84.0
    3   24   two     Python   Mery    89      female  20190202  84.0
    4   23   one     Python   Jack    78      male    20190103  78.0
    5   21   two     Java     Terry   87      male    20190203  87.0
```

除了使用上面的函数外，还有一个简单很多的方法，那就是使用 DataFrameGroupBy 对象的 transform()函数。transform()函数的主要任务是自行生成具有其转换后的值的 Series 对象，并且它具有与原 DataFrame 对象相同的索引和轴长。函数语法格式如下。

```
transform(func, axis=0)
```

参数说明如下。

func：用于转换数据的函数。

axis：传入的函数具体是对每一行还是每一列进行操作，取决于 axis 参数。默认 axis=0，表示对每一列进行操作；axis=1，表示对每一行进行操作。

```
In[131]:fz=df["score"].groupby(by=[df["class"],df["course"]])
    df["avg_course_class"]=fz.transform('mean')
    df
Out[131]:
        Age  class   course   name    score   sex     stuid     avg_course_class
    0   23   one     Java     Alice   89      female  20190101  83.5
    1   24   one     Java     Tom     78      male    20190102  83.5
    2   23   two     Python   Lili    79      emale   20190201  84.0
    3   24   two     Python   Mery    89      female  20190202  84.0
    4   23   one     Python   Jack    78      male    20190103  78.0
    5   1    two     Java     Terry   87      male    20190203  87.0
```

3. apply()函数

除了使用上面的 agg()、transform()函数，我们还经常使用 apply()函数，其格式如下。

```
apply(func, axis)
```

apply()函数最重要的参数是传入的函数，传入的函数会对 DataFrame 对象的每一行（index）或每一列（column）进行操作，返回每一个 index 或 column 对应的值，再将这些行（或列）及其对应的返回值重新组合成一个 DataFrame 对象，然后作为整个 apply()函数的返回值返回。传入的函数具体是对每一行还是每一列进行操作，取决于 apply()传入的 axis 参数，默认 axis=0，表示对每一列进行操作；axis=1，表示对每一行进行操作。

下面对学生信息按照班级（class）、课程（course）分组后，对成绩（score）列求和。

```
In[132]:fun1=lambda x:x["score"].sum()
    df.groupby(by=["class","course"]).apply(fun1)
```

或者

```
In[133]:df.groupby(by=["class","course"]).apply(np.sum)["score"]
```

或者

```
In[134]:df.groupby(by=["class","course"]).agg("sum")["score"]
Out[134]:
Class  course
one    Java     167
       Python   78
two    Java     87
       Python   168
dtype: int64
```

apply()函数的 func 参数还可以传入自定义函数，例如下面的例子传入了自定义的函数 top()。还是看学生信息数据集，假设想要选出每门课程得分最高的一组（因为数据量较少，所以我们选出一组，实际上可以选出多组，把选出的数量作为 top 的参数），首先定义一个在特定列中选出最大值所在行的函数。

```
In[135]:def top(df,n=1,cols="score"):
        return df.sort_values(by=cols)[-n:]
    #我们按照 course 分组，之后再调用 apply()函数
   df.groupby("course").apply(top)
Out[135]:
              age  class   course   name    score   sex      stuid
    course
    Java    0  23   one     Java     Alice   89      female   20190101
    Python 3   24   two     Python   Mery    89      female   20190202
```

从输出结果可以看出，top()函数在 DataFrame 对象的每一分组上被调用，之后再利用 Pandas.concat()将函数结果粘贴在一起，并使用分组名作为各组的标签。因此结果包含一个分层索引，level=0 的索引是分组名（例如，Java,Python），level=1 的索引是原 DataFrame 对象的索引值（例如 0,3）。

除了可以向 apply()函数传递聚合函数，还可以传递参数。例如，下面获取每门课程的成绩为前两名的学生。

```
In[136]:df.groupby("course").apply(top,n=2))
Out[136]:
              age  class   course   name    score   sex      stuid
    course
    Java    5  21   two     Java     Terry   87      male     20190203
            0  23   one     Java     Alice   89      female   20190101
    Python 2   23   two     Python   Lili    79      female   20190201
```

```
            3   24   two     Python  Mery     89       female   20190202
```

或者想获取每个班的年龄最大的学生情况。

```
In[137]:df.groupby("class").apply(top,cols="age")
Out[137]:
                age  class   course  name     score    sex      stuid
     class
     one    1   24   one     Java    Tom      78       male     20190102
     two    3   24   two     Python  Mery     89       female   20190202
```

前面讲了 apply()函数的结果使用分组名作为各组的标签，因此结果包含一个分层索引，level=0 的索引是分组名，level=1 的索引是原 DataFrame 对象的索引值。我们可以通过向 groupby()传递 group_keys=False 来禁用这个功能，这样做的好处是提高性能。

```
In[138]:df.groupby("class",group_keys=False).apply(top,cols="age")

Out[138]:
        age  class   course  name    score   sex     stuid
     1  24   one     Java    Tom     78      male    20190102
     3  24   two     Python  Mery    89      female  20190202
```

4. 案例

（1）根据分箱进行分组和统计

利用 cut()和 qcut()函数将数据按照箱个数或分位数进行分箱。groupby()函数可以方便对分箱进行分析，因为 cut()或 qcut()函数返回的 Categories 对象可以直接传递给 groupby()函数进行分组。

考虑下面的一个数据集，主要有 age 和 weight 两列，下面将 age 按照[15,25]、(25,40]、(40,55]、(55,70]、(70,120]进行分箱，分箱后统计每个年龄段的平均体重、最轻的体重、最重的体重。

```
In[139]:df1=pd.DataFrame({
                "age":np.random.randint(15,120,30),
                "weight":np.random.randint(40,70,30)
        })
     #进行分箱
     bins=[15,25,40,55,70,120]
     bins_name=["青年","中青年","中年","中老年","老年"]
     ft=pd.cut(df1["age"],bins,labels=bins_name,include_lowest=True)
     #ft 可以直接传递给 groupby()函数进行分组
     #定义统计函数
     def tj(group):
         return {"min":group.min(),"max":group.max(),"mean":group.mean()}
     #ft 传递给 groupby()进行分组
     fz=df1.groupby(ft)["weight"]
     #分组后进行统计输出
     fz.apply(tj).unstack()
Out[139]:
            max    mean       min
     age
     青年   61.0   55.750000  49.0
     中青年 68.0   56.000000  47.0
     中年   65.0   53.666667  46.0
     中老年 54.0   52.666667  52.0
```

```
    老年   69.0  52.642857  43.0
```

当然也可以利用 agg()函数来分组统计。

```
fz.agg(["mean","max","min"])
```

（2）使用分组平均值填充缺失值

在进行缺失值处理时，可以使用 dropna()函数清除含有缺值的行，也可以使用 fillna()函数填充固定值，那么如果使用分组的平均值来填充缺失值，该如何操作呢？

还是考虑学生信息表，假设学生信息表中的 score 列中有部分同学的成绩是 NaN，现在希望使用该班级该门课的平均成绩来填充这些缺失值。

```
In[140]:df=pd.DataFrame({"class":["one","one","two","two","one","two","one",
"two","one","two"],
        "name":["Alice","Tom","Lili","Mery","Jack","Terry","Aoe","Bob","Tok","Fox"],
        "course":["Java","Java","Python","Python","Python","Java","Python","Java",
"Python","Java"],
        "score":[89,78,79,89,78,87,np.nan,np.nan,np.nan,np.nan]
        })
        df
Out[140]:
     class  course  name   score
   0 one    Java    Alice  89.0
   1 one    Java    Tom    78.0
   2 two    Python  Lili   79.0
   3 two    Python  Mery   89.0
   4 one    Python  Jack   78.0
   5 two    Java    Terry  87.0
   6 one    Python  Aoe    NaN
   7 two    Java    Bob    NaN
   8 one    Python  Tok    NaN
   9 two    Java    Fox    NaN
```

下面用班级的课程的平均成绩来填充这些缺失值。首先定义一个函数，将这个函数应用到分组上去填充其缺失值。

```
In[141]:def fin1(group):
         return group.fillna(group.mean())
    df2.groupby(["class","course"]).apply(fin1)
Out[141]:
                      class  course  name   score
    class course
    one   Java     0  one    Java    Alice  89.0
                   1  one    Java    Tom    78.0
                   8  one    Java    Tok    83.5
          Python   4  one    Python  Jack   78.0
                   6  one    Python  Aoe    78.0
    two   Java     5  two    Java    Terry  87.0
                   7  two    Java    Bob    87.0
          Python   2  two    Python  Lili   79.0
                   3  two    Python  Mery   89.0
                   9  two    Python  Fox    84.0
```

或者使用 lambda()函数。

```
In[142]:fin2=lambda g:g.fillna(g.mean())
    df2.groupby(["class","course"]).apply(fin2)
```

4.3.3　透视表和交叉表

1. 透视表

透视表（pivot table）是各种电子表格程序和其他数据分析软件中一种常见的数据汇总工具。它根据一个或多个键对数据进行聚合，并根据行和列上的分组键将数据分配到各个矩形区域。当然我们可以通过 groupby 功能制作透视表，但是使用 DataFrame 对象的 pivot_table()函数更加方便快捷。另外，pivot_table()还可以添加分项小计（通过设置 margins 参数添加）。

先看一下官方文档中 pivot_table()的函数格式。

```
    DataFrame.pivot_table(values = None,index = None,columns = None,aggfunc ='mean',
fill_value = None,margins = False,dropna = True,margins_name ='All' )
```

各参数说明如表 4-2 所示。

表 4–2　　pivot_table()函数的参数说明

参数	说明
values	需要聚合的列名，默认聚合所有的数值型的列
index	在结果透视表的行上进行分组的列名或其他分组键
columns	在结果透视表的列上进行分组的列名和分组键
aggfunc	聚合函数或聚合函数列表，默认是 mean()
fill_value	在结果表中替换缺失值的值
margins	如果为 True，在结果表中添加行/列的小计和总计，默认为 False
dropna	如果为 True，则不包含所有条目都是 NaN 的列

pivot_table()函数有 4 个最重要的参数 index、values、columns、aggfunc，下面以这 4 个参数为主讲解 pivot_table()函数是如何使用的。

首先准备数据。

```
    In[143]:df=pd.DataFrame({"class":["one","two","one","two","one","one","two",
"two","one","one"],
        "name":["Alice","Tom","Alice","Tom","Jack","Jack","Aoe","Aoe","Tok","Tok"],
        "course":["Java","Java","Python","Python","Python","Java","Python","Java",
"Java","Python"],
        "score":[89,78,79,89,78,87,87,89,94,93]
        })
        df
    Out[143]:
          class   course   name    score
        0 one     Java     Alice   89
        1 two     Java     Tom     78
        2 one     Python   Alice   79
        3 two     Python   Tom     89
        4 one     Python   Jack    78
        5 one     Java     Jack    87
        6 two     Python   Aoe     87
        7 two       Java   Aoe     89
        8 one       Java   Tok     94
        9 one     Python   Tok     93
```

下面通过透视表，以 class 和 name 为索引对象，以 course 作为列，把 score 作为值填充。

```
    In[144]:table = pd.pivot_table(df, values='score', index=['class','name'],
      columns=['course'])
      table
```

```
Out[144]:
          course   Java    Python
    class  name
    one    Alice   89      79
           Jack    87      78
           Tok     94      93
    two    Aoe     89      87
           Tom     78      89
```

如果设置了 margins=True，则返回结果中会包含部分总计，也就是会添加 All 行和 All 列。

```
In[145]:table=pd.pivot_table(df,values='score',index=['class','name'],columns=['course'],
        margins=True)
        table
Out[145]:
       course      Java    Python   All
    class  name
    one    Alice   89.0    79.0     84.0
           Jack    87.0    78.0     82.5
           Tok     94.0    93.0     93.5
    two    Aoe     89.0    87.0     88.0
           Tom     78.0    89.0     83.5
    All            87.4    85.2     86.3
```

All 的值是均值，列中的 All 值是这一行的均值，行分组中的 All 是这一列的均值。如果要使用不同的聚合函数，只需要将这些函数传递给 aggfunc。

```
In[146]:table=pd.pivot_table(df,values='score',index=['class','name'],columns=
['course'],aggfunc=[np.sum,np.mean],margins=True)
Out[146]:
                sum mean
          course   Java    Python   All      Java    Python   All
   class  name
   one    Alice    89.0    79.0     168.0    89.0    79.0     84.0
          Jack     87.0    78.0     165.0    87.0    78.0     82.5
          Tok      94.0    93.0     187.0    94.0    93.0     93.5
   two    Aoe      89.0    87.0     176.0    89.0    87.0     88.0
          Tom      78.0    89.0     167.0    78.0    89.0     83.5
   All             437.0   426.0    863.0    87.4    85.2     86.3
```

如果在某些情况下产生了空值（或 NaN），可以使用 fill_value 参数来填充。

```
In[147]:table = pd.pivot_table(df, values='score', index=['class','name'],
    columns=['course'],aggfunc=[np.sum,np.mean],margins=True,fill_value=0)
```

2\. 交叉表

交叉表（crosstab）是用于统计分组频率的特殊透视表，下面是统计各个国家惯用左手还是右手的调查表数据。

```
In[148]:df=pd.DataFrame({
    "样本数":np.random.randint(5,10,8),
    "国家":["USA","Japan","USA","USA","Japan","USA","Japan","Japan"],
    "惯用":["left","right","left","right","left","right","left","right"],
    "性别":["male","female","male","male","female","female","female","male"]
    })
    df
Out[148]:
      国家      性别      惯用      样本数
```

```
0 USA      male     left     5
1 Japan    female   right    7
2 USA      male     left     9
3 USA      male     right    8
4 Japan    female   left     7
5 USA      female   right    9
6 Japan    female   left     8
7 Japan     male    right    6
```

如果想要按照国籍和惯用性来分析这些数据，那么可以使用 pivot_table()函数来实现，但是使用 pd.crosstable()函数更方便。

```
In[149]:pd.crosstab(df["国家"],df["惯用"],margins=True)
Out[149]:
    惯用   left  right  All
    国家
    Japan  2     2      4
    USA    2     2      4
    All    4     4      8
```

crosstab()函数的第一个参数是行索引，第二个参数是列标签，还可以添加第三个参数 margins=True 说明添加小计。前两个参数可以是数组、Series 对象或数组的列表。

```
In[150]:pd.crosstab(df["性别"],[df["国家"],df["惯用"]])
Out[150]:
    国家   Japan           USA
    惯用   left  right     left   right
    性别
    female 2     1         0      1
    male    0    1         2      1
```

习题

1. 学生信息表的创建和简单处理，学生信息可包含 name、age、telephone、address、score 等字段。

（1）创建一个学生信息的数据字典 studic。

（2）将数据字典 studic 的数据放入 student 的数据框（DataFrame 对象）中。

（3）数据框的列排序默认是字母顺序，重新修改列序为 name、age、telephone、address、score。

（4）查看数据的维度。

（5）查看每个列的数据类型。

（6）按照 score 降序排列数据。

2. 某酒类消费数据分析，数据为 drink.csv。

（1）将数据集 drink.csv 中的数据读入一个名为 drinks 的 DataFrame 对象中。

（2）哪个地方（continent）平均消耗的啤酒（beer）更多?

（3）输出每个地方（continent）的红酒消耗（wine_servings）的描述性统计值。

（4）输出每个地方每种酒类别的消耗平均值。

（5）输出每个地方每种酒类别的消耗中位数。

（6）输出每个地方对 spirit 饮品消耗的平均值、最大值和最小值。

3. 探索 Chipotle 快餐数据。

（1）将数据集 chipotle.csv 读入一个名为 chipo 的 DataFrame 对象中。

（2）查看前 10 行内容。

（3）数据集中有多少列（columns）？

（4）输出全部的列名称。

（5）数据集的索引是怎样的？

（6）下单数最多的商品（item）是什么？

（7）在 item_name 这一列中，一共有多少种商品被下单？

（8）在 choice_description 中，下单次数最多的商品是什么？

（9）一共有多少商品被下单？

（10）将 item_price 的数据类型转换为浮点数。

（11）在该数据集对应的时期内，收入（revenue）是多少？

（12）在该数据集对应的时期内，一共有多少订单？

（13）每一单（order）对应的平均总价是多少？

4. 探索 1960 年到 2014 年美国犯罪数据。

（1）将 1960 年到 2014 年美国犯罪数据集 crime.csv 读入数据框 crime 中。

（2）输出 crime 中每一列（columns）的数据类型并输出 crime 中所有的列名。

（3）将 Year 的数据类型转换为 datetime64。

（4）输出美国历史上生存最危险的时间。

（5）将列 Year 设置为数据框的索引。

（6）删除名为 Total 的列。

（7）按照 Year（每十年为一个阶段）对数据框进行分组并求和。

5. 2012 年欧洲杯数据分析。

（1）将数据集 euro12.csv 读入一个名为 euro12 的数据框（DataFrame）内。

（2）该数据集中一共有多少列（columns）？并查看所有的列名。

（3）选择 Goals 和 Team 两列数据（可以使用 iloc 和标签下标和索引下标 3 种方式中的一种访问）。

（4）选择前 7 列。

（5）选择除了最后 3 列之外的全部列。

（6）统计有多少球队参与了 2012 年欧洲杯。

（7）将数据集中的列 Team、Yellow Cards 和 Red Cards 单独保存。

（8）对数据框 discipline 按照先 Red Cards 再 Yellow Cards 进行排序。

```
    discipline.sort_values(by=['Red Cards', 'Yellow Cards'])  # sort_values 按值进行排序
```

（9）对数据框 discipline 计算每个球队拿到的黄牌数的平均值。

（10）找到进球数 Goals 超过 6 的球队数据。

（11）选择以字母 G 开头的球队数据。

（12）找到英格兰（England）、意大利（Italy）和俄罗斯（Russia）队的射正率（Shooting Accuracy）。

以上部分习题的原始数据可从本书配套资源中获取，数据为 CSV 格式。

05 第5章　数据可视化

大量研究结果表明，人类通过图形获取信息的速度比通过阅读文字获取信息的速度快很多，使用图表来进行数据分析，可以确保对关系的理解比报告或电子表格更快。

数据可视化是指以饼状图、直方图、折线图等图形的方式展示数据，其价值在于让我们可以直观地发现数据中隐藏的规律、察觉到变量之间的内在关系、发现异常值等。Python 常见的数据可视化库有 Matplotlib、Seaborn 和 Pandas。

Matplotlib 是常用的二维绘图库之一，可以看作可视化的必备技能库，它包含了大量的工具，也提供了极大的灵活性，理论上使用它可以绘制用户想绘制的任何图形。由于 Matplotlib 是比较底层的库，有众多的 API，这使得 Matplotlib 学习起来有一定的难度。

Matplotlib 功能强大，使用 Matplotlib 画一张完整的图表，需要实现很多的基本组件，例如图像类型、刻度、标题、图例、注解等。目前有很多的开源框架所实现的绘图功能是基于 Matplotlib 的，Pandas 和 Seaborn 就是其中使用较多的两个框架。

5.1　Matplotlib 简介

Matplotlib 由约翰 • 亨特（John Hunter）于 2002 年开发，目的在于在 Python 环境下进行 MATLAB 风格的绘图。Matplotlib 能够生成出版级质量的各种图形（通常是二维的），例如直方图、功率谱、条形图、误差图、散点图等，并且用户可以利用鼠标对生成图形进行设置。

Matplotlib 既可以在 Python 脚本中编码绘图，也可以在 Jupyter Notebook 中使用，还可以将图表导出为各种常见的矢量和光栅图形格式，例如 PDF、SVG、JPG、PNG、BMP、GIF 等。

学习本章内容，最简单的方式就是在 Jupyter Notebook 中使用交互视图，不过其生成的图形内嵌在 Jupyter Notebook 生成界面内，无法使用鼠标进行设置。如果需要进行设置，可在 Jupyter Notebook 中执行以下语句。

```
%matplotlib notebook
```

5.2 Matplotlib 绘图

Matplotlib 的 pyplot 模块提供了与 MATLAB 类似的绘图函数调用接口，方便用户快速绘制二维图表。在本书后续内容中，使用如下的方式导入 matplotlib.pyplot 模块。

```
import matplotlib.pyplot as plt
```

下面以绘制正弦函数图像为例，程序首先通过 NumPy 的 linspace()函数生成区间在[0,10]的数组 x，然后使用 NumPy 的 sin()函数求出 y 值的绘图数据 y=sin(x)，最后调用 pyplot 模块的 plot 方法绘制 y=sin(x)的图像，结果如图 5-1 所示。

```
In[1]:x=np.linspace(0,10,100)
      y=np.sin(x)
      plt.plot(x, y)
```

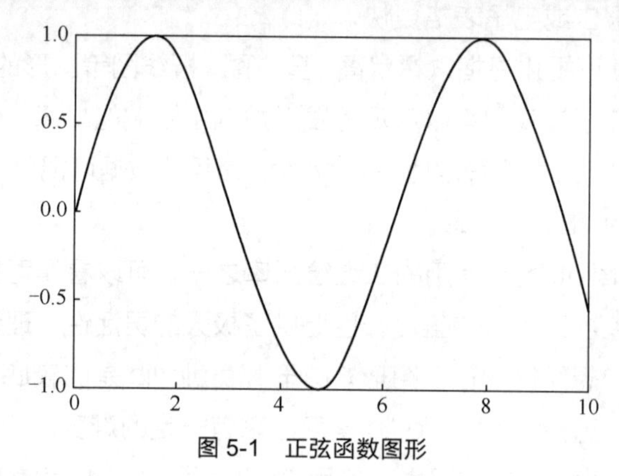

图 5-1　正弦函数图形

同样地，还可以画余弦函数图形，并把两个函数图形显示在一张图中，结果如图 5-2 所示。

```
In[2]:x=np.linspace(0,10,100)
      y=np.sin(x)
      z=np.cos(x)
      plt.plot(x, y)
      plt.plot(x,z)
```

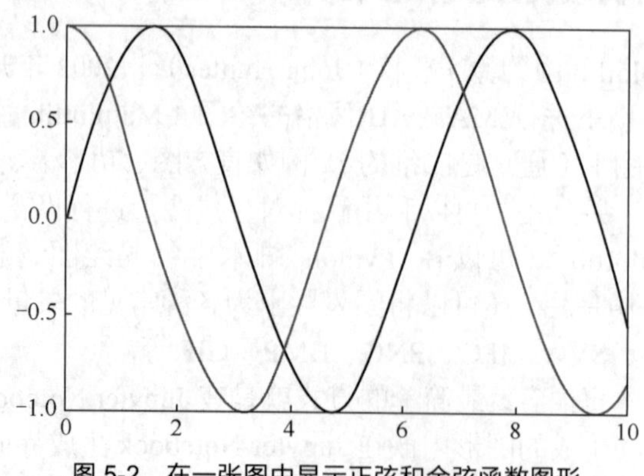

图 5-2　在一张图中显示正弦和余弦函数图形

通过上面的例子，我们已经对使用 Matplotlib 绘图有了基本的了解，下面来深入了解其绘图机制。

Matplotlib 实际上是一套面向对象的绘图库，它所绘制的图表中每个绘图元素，包括线条、文字、刻度在内都有一个对象与之对应。为了方便快速绘图，Matplotlib 通过 pyplot 模块提供了一套和 MATLAB 类似的绘图 API，将众多绘图对象所构成的复杂结构隐藏在这套 API 内部，只要调用 pyplot 模块所提供的函数，就可以实现快速绘图和设置图表的各种细节。pyplot 模块虽然用法简单，但不适合在较大的应用程序中使用，因此本书建议使用面向对象的方法绘图，该方法可以更好地控制和自定义绘图。

5.2.1　面向对象绘图流程

面向对象的主要思想是用户使用 pyplot 创建图形对象，通过图形对象创建一个或多个轴对象，通过这些轴对象完成大多数绘图操作。面向对象绘图有助于更好地处理有多个子图的图形对象。Matplotlib 在图形对象上所呈现出来的所有元素，都是一个个的对象，可以把 Matplotlib 的面向对象绘图流程简单地类比在画布上画图的过程，大致流程分成 3 步，这 3 步也对应画图的 3 层，从外到内分别是画布、子图、绘图元素（如线、文字等）。

第一步：创建 Figure 对象——类比在画架上添加画布。

Figure 对象又称为容器，是最外一层的对象，就相当于一张画布，包含图表的所有元素。一个 Figure 对象就是一张图表，使用 plt.figure()函数就可以获得一个 Figure 对象，如下所示。

```
fig1 = plt.figure(1)
fig2 = plt.figure(2)
```

运行之后，可以得到两张空图。

第二步：为 Figure 对象添加 Axes 对象，也就是添加子图——在画布上划分不同的区域。

在 Figure 对象中添加子图常用的函数是 fig.add_subplot()。其实用该函数创建的对象是 SubplotAxes，它是 Axes 对象的派生类。

第三步：为 Axes 对象添加 Artist 对象——在某一个画图区域添加绘图元素。

调用 Axes 对象的各种函数创建各种简单类型的 Artist 对象（例如线条、刻度等都是 Artist 对象），为子图添加各种绘图元素，例如使用 Axes 对象的 plot()函数绘制折线。

5.2.2　图片对象

Matplotlib 所绘制的图位于图片 Figure 对象中，调用 plt.figure()函数可以创建一个图片对象（figure）。如果用户没有调用 plt.figure()函数创建 Figure 对象，Matplotlib 也会自动创建一个 Figure 对象。plt.figure()函数的语法格式如下。

```
plt.figure(num=None, figsize=None, dpi=None, facecolor=None, edgecolor=None,
frameon=True)
```

参数说明如下。

① num：图像编号或名称，如果 num 的值是数字则为编号，如果为字符串则为名称。

② figsize：指定 Figure 对象的宽和高，单位为英寸（1 英寸=2.54 厘米）。

③ dpi：指定绘图对象的分辨率，即每英寸多少个像素，默认值为 80。

④ facecolor：指定图片的背景颜色。

⑤ edgecolor：指定图片的边框颜色。

⑥ frameon：指定图片是否显示边框。

【实例】创建 Figure 对象，并指定 Figure 对象的宽和高分别为 4 英寸和 3 英寸，背景颜色为蓝色，并在该 Figure 对象上绘制正弦和余弦函数图形（见图 5-3）。

```
In[3]:fig = plt.figure(figsize=(4,3),facecolor='blue')
      #生成绘图数据
      x = np.linspace(0,10,100)
      y = np.sin(x)
      z=np.cos(x)
      #在 fig 对象上绘制正弦和余弦函数图形
      plt.plot(x,y)
      plt.plot(x,z)
```

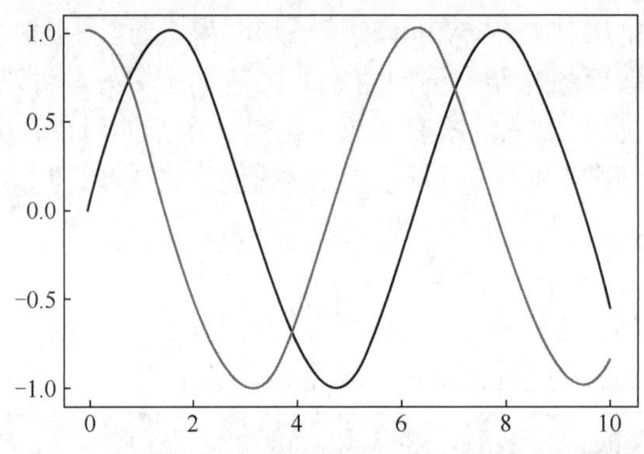

图 5-3　设置了画布大小和背景颜色的 Matplotlib 图片

由于某些原因，在建立 Figure 对象的时候没有指定图片的大小，如果需要后续设置，可以使用 fig.set_figheight()和 fig.set_figwidth()函数指定图片的大小，例如下面的代码是等价的。

```
fig=plt.figure(figsize=(3,4))
```

或者

```
fig=plt.figure()
fig.set_figheight(4)
fig.set_figwidth(3)
```

如果想把 Matplotlib 生成的图片保存到文件中，可以使用鼠标操作保存图片，也可以通过 plt.savefig()函数保存，该函数有一个参数 pdi 可以设置保存图片的分辨率。

```
In[4]:#保存到文件并设置分辨率
      plt.savefig("a0_1.png",dpi=120)
```

5.2.3　子图

创建 Figure 对象后，可以调用 plt.plot()函数在当前的 Figure 对象中绘图。实际上使用 plt.plot()函数也是在 AxesSubplot（子图）对象上绘图，因为如果当前的 Figure 对象中没有 AxesSubplot 对象，会默认为其创建一个 AxesSubplot 图像。

除了可以像上面的例子那样把正弦和余弦函数图形画在一个子图中，还可以在一张图片里画多张子图，把正弦和余弦函数图形画在不同的子图中。使用 fig.add_subplot()函数可以在一个 Figure 对象中创建一个或多个子图，如图 5-4 所示。fig.add_subplot()函数的格式如下。

```
fig.add_subplot(nrows, ncols, index, **kwargs)
```

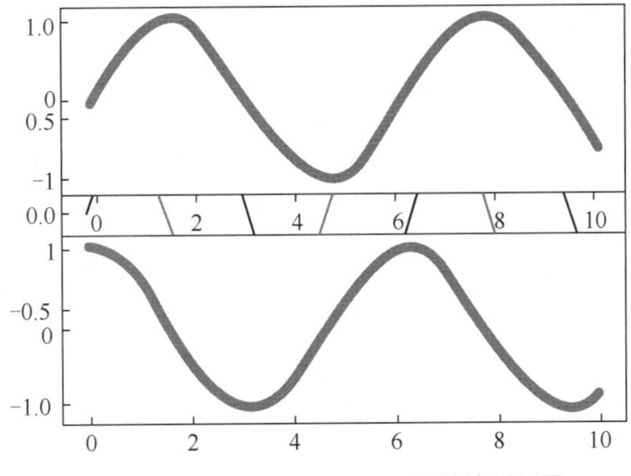

图 5-4　使用 fig.add_subplot()函数绘制子图

参数说明如下。

① nrows、ncols：指定划分的行数 nrows 和列数 ncols，这样就可以划分出 nrows 行 ncols 列的绘图区。例如 nrows=2、ncols=2 表示划分了一个 2 行 2 列的绘图区域，最多可以放置 4 个子图（AxesSubplot）对象。

② index：子图的编号，子图编号从 1 开始，因此 index 的取值范围是[1,nrows*ncols]。

```
In[5]:ax1=fig.add_subplot(2,1,1)
      x=np.linspace(0,10,100)
      y=np.sin(x)
      ax1.plot(x,y)
```

ax1=fig.add_subplot(2,1,1)代码的意思是图片是 2×1 的（两行一列，最多两个子图），并且 ax1 对象选择了两个图形的第一个（序号从 1 开始）。可以继续创建第二个子图。

```
In[6]:ax2=fig.add_subplot(2,1,2)
      x=np.linspace(0,10,100)
      z=np.cos(x)
      ax2.plot(x,z)
      fig
```

绘制子图是常见的应用，除了使用上面的 fig.add_subplot()函数外，Matplotlib 还提供了一个便捷的绘制子图的函数 plt.subplot()，该函数返回新的图片（新的 Figure 对象）和包含了已生成子图对象（AxesSubplot）的 NumPy 数组。

```
In[7]:fig,axes=plt.subplot(2,1)
```

上面的代码返回的图片 fig 对象是 2×1 的（两行一列，最多两个子图），返回的 axes 对象是子图的 NumPy 数组（数组的元素类型是 AxesSubplot 对象），可以使用 axes[0]访问第一张子图，使用 axes[1]访问第二张子图。当然也可以使用 plt.subplot(2,1,1)（表示 2 行、1 列、第 1 个图形）访问第一张子图，使用 plt.subplot(2,1,2)访问第二张子图。

```
In[8]:fig,axes=plt.subplot(2,1)
        axis[0].plot(x,y)
        axis[1].plot(x,y)
```

或者

```
In[9]:ax1=plt.subplot(2,1,1)     #2 行，1 列，第 1 个图形，如图 5-5 上图所示
        ax1.plot(x,y)
        ax2=plt.subplot(2,1,2)   #2 行，1 列，第 2 个图形，如图 5-5 下图所示
        ax2.plot(x,y)
```

上面代码的输出结果如图 5-5 所示。

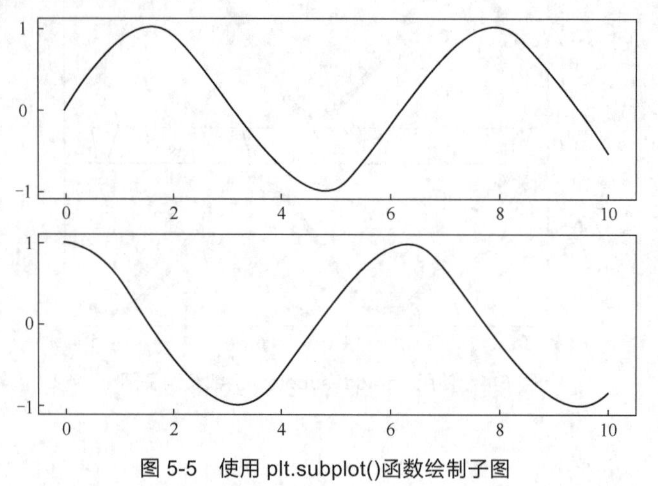

图 5-5　使用 plt.subplot()函数绘制子图

如果 plt.subplot()函数中的 nrows、ncols、index 的值都是一位数，那么 plt.subplot(1,2,1)可以简写为 plt.subplot(121)。

5.2.4　子图间距

默认情况下，Matplotlib 会在子图的外部和子图之间留出一定的间距，这个间距都是根据子图的高度和宽度来计算的。使用子图对象上的 subplots_adjust()函数或使用 plt.subplots_adjust()函数可以调整子图的间距。subplots_adjust()函数的语法格式如下。

```
subplots_adjust(left=None,bottom=None,right=None,top=None,wspace=None,hspace=None)
```

参数说明如下。

① left/right/top/bottom：设置子图所在区域的边界。取值范围为[0,1]，left 和 right 是图片的宽度的百分比，top 和 bottom 是图片的高度的百分比，而且要保证 left<right，bottom<top，否则会报错。

② wspace/hspace：设置子图的水平间距和垂直间距。同 left、right 一样，它们的值是宽度和高度的百分比，因此取值范围为[0,1]。当值等于 0 时子图无间距。

```
In[10]:x=np.linspace(0,10,100)
        y=np.sin(x)
        z=np.cos(x)
        fig,axis=plt.subplots(2,1)
        plt.subplots_adjust(wspace=0,hspace=0)
        plt.subplot(2, 1, 1)  #2行，1列，第1个图形，如图5-6上半图所示
        plt.plot(x,y)
        plt.subplot(2, 1, 2)  #2行，1列，第2个图形，如图5-6下半图所示
        plt.plot(x,y)
```

plt.subplots_adjust(wspace=0,hspace=0)要放在 fig,axis=plt.subplots(2,1)之后进行设置。图 5-6 中采用 plt.plot()函数绘图时，实际是在当前的子图对象（AxesSubplot）中进行绘图。为了将面向对象的绘图库包装成只使用函数的 API，pyplot 模块的内部保存了当前图表及当前子图等信息。当前的图表和子图可以使用 plt.gcf()和 plt.gca()获得，分别表示“Get Current Figure”和“Get Current Axes”。在 pyplot 模块中，许多函数都对当前的 Figure 或 Axes 对象进行处理，例如，plt.plot()实际上会通过 plt.gca()获得当前的 Axes 对象 ax，然后再调用 ax.plot()实现真正的绘图。

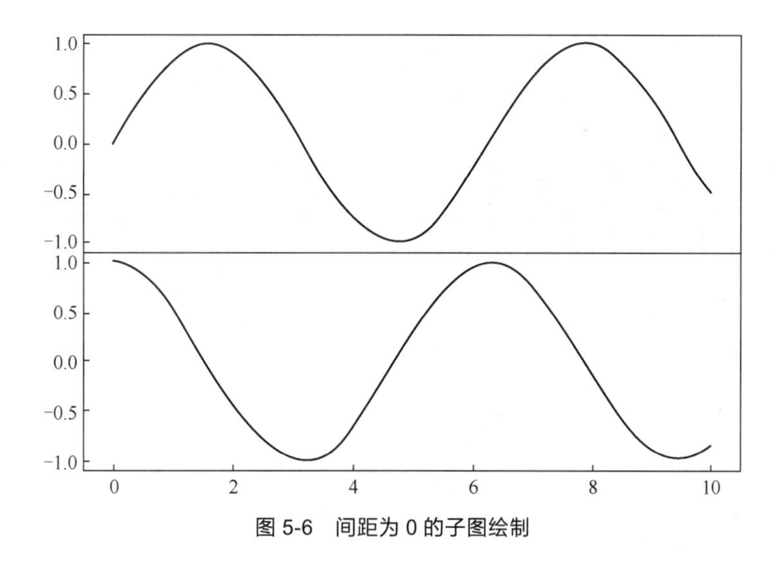

图 5-6　间距为 0 的子图绘制

5.2.5　Matplotlib 快速绘图和面向对象绘图的区别

随着对 Matplotlib 的学习的深入，可能有读者已经发现，在 Matplotlib 中有两种绘图模式：一种是类似 MATLAB 的绘图，也就是 pyplot 的快速绘图；另一种是在 Axes 对象中的面向对象绘图。这是因为 Matplotlib 最初的目的是在 Python 中实现 MATLAB 的绘图功能，所以它采用了与 MATLAB 类似的语法，这就是 pyplot 快速绘图。pyplot 模块的内部保存了当前图表 Figure 和当前子图 Axes 等对象信息。可以用 plt.gcf()和 plt.gca()函数获得当前 Figure 和 Axes 对象。使用 pyplot 绘图函数都是对当前的 Figure 或 Axes 对象进行操作，例如 plt.subplots()函数就是对当前的 Figure 对象进行操作，plt.plot()函数就是对当前的 Axes 对象进行操作。

简单来说，pyplot 快速绘图是对当前 Figure 或当前 Axes 对象进行操作，面向对象绘图是对指定的 Figure 对象或 Axes 对象进行操作，两种方式可以交叉使用。

5.3　Matplotlib 绘图设置

5.3.1　图像设置

1. 图像线形设置

Matplotlib 的 plot()函数的参数除了有绘图数据的 x 和 y，还有 format_string 字符串参数来指明颜色和线形。

plt.plot()函数语法格式如下。

```
plt.plot(x,y,format_string,**kwargs)
```

参数说明如下。

① x/y：表示 x、y 轴绘图数据的对象。

② format_string：提供一定格式的字符串，指定简单的绘图样式。用一个字符代表点的形状，例如，句点（.）表示小圆点，小写字母 o 表示大圆点，*表示五角星，小写字母 p 表示五边形；用一个字母表示颜色，例如，r 表示红色，b 表示蓝色，g 表示绿色；用一些符号表示线条的样式，例如，-表示实线，--表示虚线等。

还可以把这些符号组合起来，并且没有先后顺序，例如 pr--表示采用五边形的红色的虚线来绘制图形。因此，简单的样式直接用样式字符串的组合就可以实现了。

plot()绘图默认是折线图，如果点比较少，或者是非线性的数据，就需要显示点了。下面在图上随机生成 10 个点，结果如图 5-7 所示。

```
In[11]:x =np.random.rand(10)
       y =np.random.rand(10)
       plt.plot(x, y, "*r--")
```

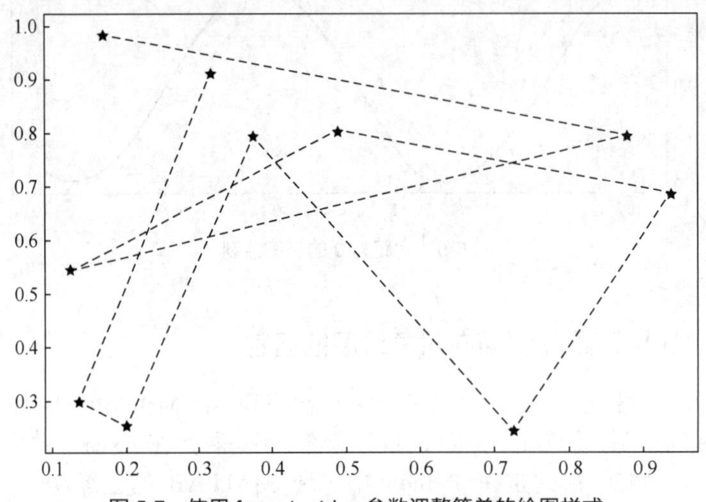

图 5-7　使用 format_string 参数调整简单的绘图样式

除此之外，plt.plot()函数还提供了很多专门的参数进行绘图样式的设置，利用 plt.plot()函数中的 color、linewidth、linestyle、marker 参数可以分别设置折线的颜色、线宽、线形和标记。如果使用专门的参数设置会覆盖 format_string 的设置。

例如，代码 plt.plot(x,y,color='r',linewidth=1.5,linestyle='--',marker='+')设置绘图的颜色为红色，线宽 1.5，线形为虚线，标记为+，如图 5-8 所示。

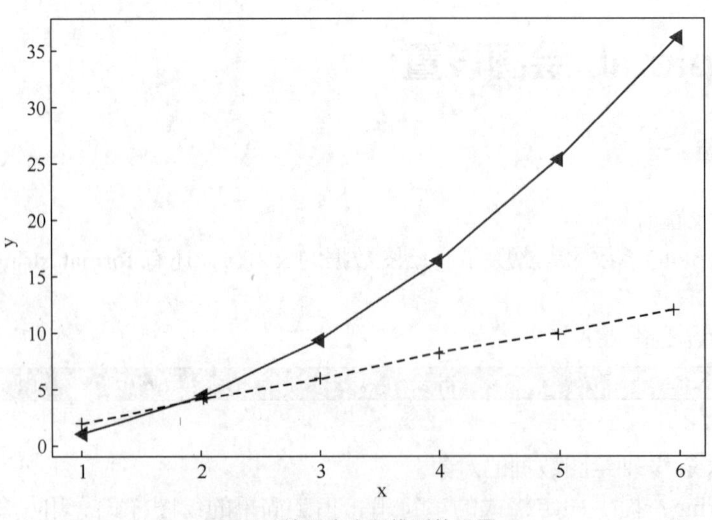

图 5-8　绘图大小和线型的设置

针对颜色设置，可以写成以下几种形式：使用颜色的英文或英文首字母，即 color='r'或 color='red'；使用颜色十六进制，color="#FF0000"；使用颜色 RGB 或 RGBA 元组，即 color=(1,0,0)或 color=(1,0,0,1)，前者为 RGB 模式，后者为 RGBA 模式，两者前 3 个数字相同，RGBA 模式的最后一个数字表示颜色的透明度，范围是 0～1。线形的设置见表 5-1，标记的设置见表 5-2。

表 5–1　　线形的设置

线形	表示
-	实线
- -	短横线
-.	点与短横相间线
:	虚点线

表 5–2　　标记的设置

标记	表示
'.'	point marker（点标记）
','	pixel marker（像素标记）
'o'	circle marker（圆形标记）
'v'	triangle_down marker（下三角标记）
'^'	triangle_up marker（三角标记）
'<'	triangle_left marker（左三角标记）
'>'	triangle_right marker（右三角标记）
'1'	tri_down marker（向下的三叉标记）
'2'	tri_up marker（向上的三叉标记）
'3'	tri_left marker（向左的三叉标记）
'4'	tri_right marker（向右的三叉标记）
's'	square marker（正方形标记）
'p'	pentagon marker（五角形标记）
'*'	star marker（星形标记）
'h'	hexagon1 marker（六边形标记 1）
'H'	hexagon2 marker（六边形标记 2）
'+'	plus marker（+标记）
'x'	x marker（×标记）
'D'	diamond marker（钻石标记）
'd'	thin_diamond marker（瘦钻石标记）
'|'	vline marker（垂直线标记）
'_'	hline marker（水平线标记）

```
In[12]:#定义 y1=2x,y2=x*x
       x= [1,2,3,4,5,6]
       y1=2*np.array(x)
       y2=np.square(x)
       #设置坐标轴的 label
       plt.xlabel("x")
       plt.ylabel("y")
       plt.figure(num=1,figsize=(8,5))
       plt.plot(x,y1,color='r',linewidth=1.5,linestyle='--',marker='+')
       plt.plot(x,y2,color='g',linewidth=1.5,linestyle='-',marker='<')
```

2. 图像透明度设置

在实际绘图中，可能由于某些原因造成所绘图像的部分图形被其他图像所覆盖，导致图像质量下降，这时可以通过设置图像透明度来处理。

利用 plt.plot()函数中的 alpha 参数可以进行图像透明度的设置，该值的范围为 0～1，数值越大，透明度越低，结果如图 5-9 所示。

```
In[13]:#定义 y1=2x,y2=x*x
       x= [1,2,3,4,5,6]
       y1=2*np.array(x)
       y2=np.square(x)
       #设置坐标轴的 label
       plt.xlabel("x")
       plt.ylabel("y")
       plt.figure(num=1,figsize=(8,5))
       plt.plot(x,y1,color='r',linewidth=15)
       plt.plot(x,y2,color='g',linewidth=15,alpha=0.5)
```

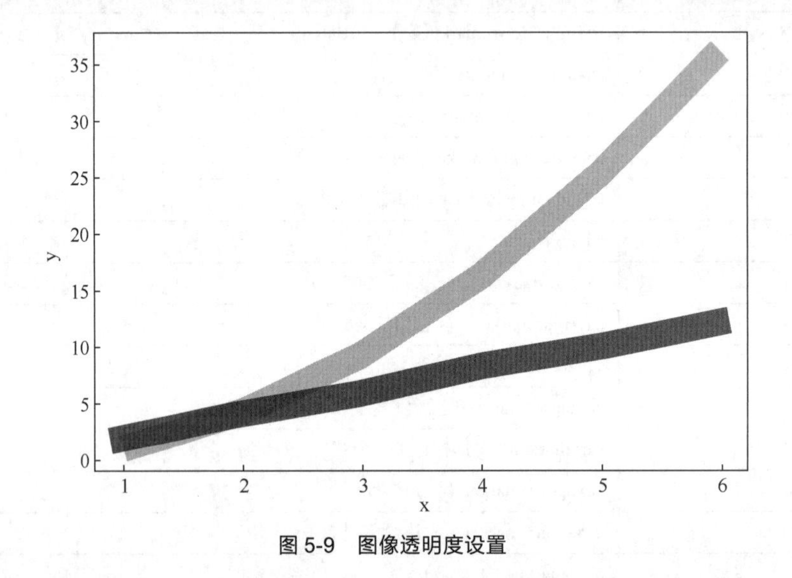

图 5-9　图像透明度设置

在上面的例子中，图像 y2=x*x 与图像 y1=2*x 有些部分是重叠的，这样 y2 图像会覆盖 y1 图像，因此上面的代码中设置 y2 图像为半透明，也就是设置 alpha=0.5。

3. 图像分栏设置

当同一张图中有多个子图时，就涉及子图的排放位置问题，也称为图像分栏。图像分栏显示主要涉及 subplot()函数的使用，subplot(a,b,c)中 a、b 参数表示图片中有 a 行 b 列，也就是最多可以放 a×b 个子图，参数 c 表示将子图放置在第几个位置。当 a、b、c 的值都是个位数时，可以省略 a、b、c 之间的逗号，例如 plt.subplot(2,2,1)与 plt.subplot(221)等价。当 a、b、c 不是个位数时最好不要省略逗号，否则会引发错误。

图像分栏可以是均匀分栏，也可以是不均匀分栏。均匀分栏比较简单，均匀分栏时 c 的取值范围为[1,a*b]，同时先排行再排列，前面的子图都是采用均匀分栏来显示的。

不均匀分栏的图像如图 5-10 所示，第一行有 1 个子图，第二行有 3 个子图。因此在绘制第一个子图时可以使用 plt.subplot(2,1,1)表示图片的分栏是 2 行 1 列。又因为第二行有 3 个子图，所以后面的代码中使用 plt.subplot(2,3,*)表示图片的分栏是 2 行 3 列的。这时代码

plt.subplot(2,1,1)可以看作第一行 3 列进行了合并（3 列合并成了一列），但是对于子图计数从整个排列开始计算，plt.subplot(2,1,1)占据了 3 个子图的位置，所以第二行第一个子图计数从第四个开始。

```
In[14]:#定义 y1=2x
    x= [1,2,3,4,5,6]
    y=2*np.array(x)
    # 子图不等均分
    plt.subplot(2,1,1)  #2 行 1 列,第一个子图
    plt.plot(x,y)
    plt.subplot(234)  #按照索引值进行排列
    plt.plot(x,y)
    plt.subplot(235)
    plt.plot(x,y)
    plt.subplot(236)
    plt.plot(x,y)
```

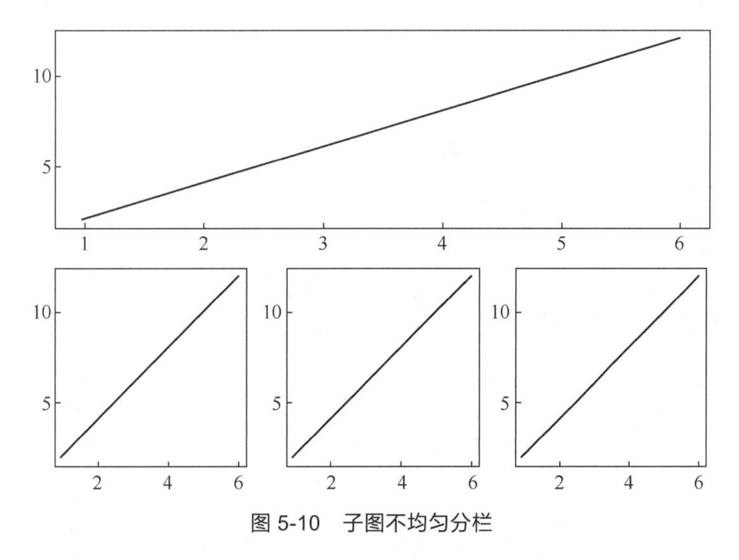

图 5-10　子图不均匀分栏

可以看到，针对不均匀图像分栏，subplot()函数使用起来很不方便，要进行子图的不均匀分栏使用 subplot2grid()函数和 GridSpec()函数更方便。

要使用 subplot2grid()函数，需要提供网格的几何形状和网格中子图的位置。使用 subplot2grid()函数的 rowspan、colspan 参数可以轻松实现子图的不均匀分栏。subplot2grid()函数格式如下。

```
plt.subplot2grid(shape, loc, rowspan=1, colspan=1, **kwargs)
```

参数说明如下。

① shape：提供网格的几何形状，一个二元元组。例如，(2,3)表示 2 行 3 列的网格。

② loc：提供网格中子图的位置，一个二元元组，索引从 0 开始。例如，如果 shape=(2,3)，则子图的 loc 有(0,0)、(0,1)、(0,2)、(1,0)、(1,1)、(1,2)。

③ rowspan：整型，设置该网格跨几行合并，row 表示行的意思。

④ colspan：整型，设置该网格跨几列合并，col 是 column 的简写，表示列的意思。

例如，plt.subplot2grid((2,3),(0,0),colspan=3)代码中的 shape=(2,3)表示网格的形状是 2 行 3 列，loc=(0,0)表示子图的位置，colspan=3 表示该子图跨 3 列合并，因此 loc=(0,1)、loc=(0,2)位置处不能再放子图了。

【实例】用 subplot2grid()函数实现图 5-10 所示的不均匀分栏。

```
In[15]:    #(2,3)表示 2 行 3 列，(0,0)表示从 0 行 0 列开始，其中 0、0 是 index
        ax_1 = plt.subplot2grid((2,3),(0,0),colspan=3)
        ax_1.plot(x,y)
        ax_2 = plt.subplot2grid((2,3),(1,0))
        ax_2.plot(x,y)
        ax_3 = plt.subplot2grid((2,3),(1,1))
        ax_3.plot(x,y)
        ax_4 = plt.subplot2grid((2,3),(1,2))
        ax_4.plot(x,y)
```

使用 GridSpec()函数可以调整子图的布局参数，GridSpec()函数在 Matplotlib 的 gridspec 模块中。首先使用下面的语句引入该模块。

```
import matplotlib.gridspec as gridspec
```

语句 gs=gridspec.GridSpec(2,3)创建一个 2 行 3 列的网格，可以使用索引下标访问每个子图，例如 gs[0,0]、gs[0,1]、gs[0,2]、gs[1,0]、gs[1,1]、gs[1,2]。如果要实现子图跨行跨列（也就是不均匀分栏），则对行或列的索引进行切片就可以了。例如 gs[0,:]表示第一行的所有列，gs[:,0]表示第一列跨了所有行。

【实例】用 GridSpec 实现图 5-10 所示的不均匀分栏。

```
In[16]:import matplotlib.gridspec as gridspec
        #定义 y1=2x
        x= [1,2,3,4,5,6]
        y=2*np.array(x)
        plt.figure()
        gs =gridspec.GridSpec(2,3)
        ax_1 = plt.subplot(gs[0,:])
        ax_1.plot(x,y)
        ax_2 = plt.subplot(gs[1,0])
        ax_2.plot(x,y)
        ax_3 = plt.subplot(gs[1,1])
        ax_3.plot(x,y)
        ax_4 = plt.subplot(gs[1,2])
        ax_4.plot(x,y)
```

4. 图中图设置

在某些情况下，我们需要对图中的细节进行放大，一般通过在图中绘制另一个小图来放大某部分的细节，也就是设置图中图。

设置图中图的方法很简单，主要通过 plt.axes()函数设置，该函数的参数是一个列表，列表中提供 4 个值（[left,bottom,width,height]）分别表示距离整个图框边缘的比例。例如，left=0.1 表示整个图框从左向右的 10%的位置绘制左框线，width=0.8 表示从左向右的 80%处绘制右框线。同理，bottom 和 height 是从下到上按照比例位置绘制下和上框线，如图 5-11 所示。

```
In[17]:#定义 y1=2x
        x= [1,2,3,4,5,6]
        y=2*np.array(x)
        plt.figure()
        #left=0.1,bottom=0.1,width=0.8,height=0.8
        plt.axes([0.1,0.1,0.8,0.8])
        plt.plot(x,y,color='blue')
        plt.xlabel("x")
        plt.ylabel("y")
```

```
plt.axes([0.2,0.6,0.25,0.25])
plt.plot(y,x,'green')
plt.axes([0.6,0.2,0.25,0.25])
plt.plot(x,y,color='purple')
```

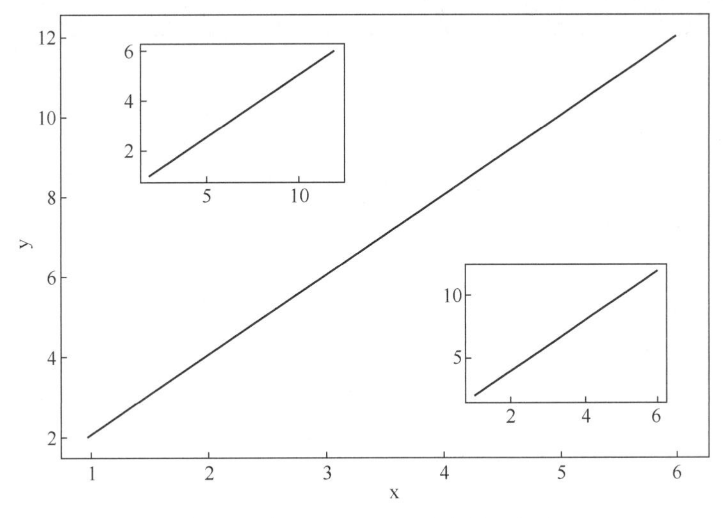

图 5-11　使用 plt.axes()函数实现图中图

除此之外，我们还可以使用 figure 的 add_axes()函数来实现。figure.add_axes()函数如字面意思所示，增加坐标轴线，该函数的参数与 plt.axes()函数的参数一样。

5.3.2　坐标轴设置

1. 坐标轴的基本设置

在绘图的过程中，有时会遇到坐标轴的单位刻度不当，导致图形不美观或信息缺失的情况，这时需要对坐标轴进行修改或替换。对坐标轴进行修改和替换可以对 pyplot 进行设置，pyplot 设置坐标轴的主要函数如下。

① xlabel()、ylabel()：分别设置 *x*、*y* 坐标轴标签。

② titile()：设置子图的标题。

③ xlim()：分别设置 *x*、*y* 轴的显示范围。

④ xticks()、yticks()：分别设置 *x*、*y* 轴的刻度。

当然也可以对子图对象（Axes 对象）进行设置，子图对象设置坐标轴的主要函数如下。

① set_xlabel()、set_ylabel()：分别设置 *x*、*y* 坐标轴标签。

② set_title()：设置子图的标题。

③ set_xlim()、set_ylim()：分别设置 *x*、*y* 轴的显示范围。

④ set_xlticks()、set_yticks()：分别设置 *x*、*y* 轴的刻度。

【实例】设置坐标轴，如图 5-12 所示。

```
In[18]:#修改坐标轴刻度
      xtick=np.linspace(1,5,5)
      ytick=np.linspace(1,30,5)
      x=[1,2,3,4,5]
      #y 是 x 的平方
      y=np.square(x)
      plt.xticks(xtick)
```

```
        plt.yticks(ytick)
        #设置图表标题，并给坐标轴加上标签
        plt.title("example")
        plt.xlabel("value")
        plt.ylabel("square")
        plt.plot(x,y)
```

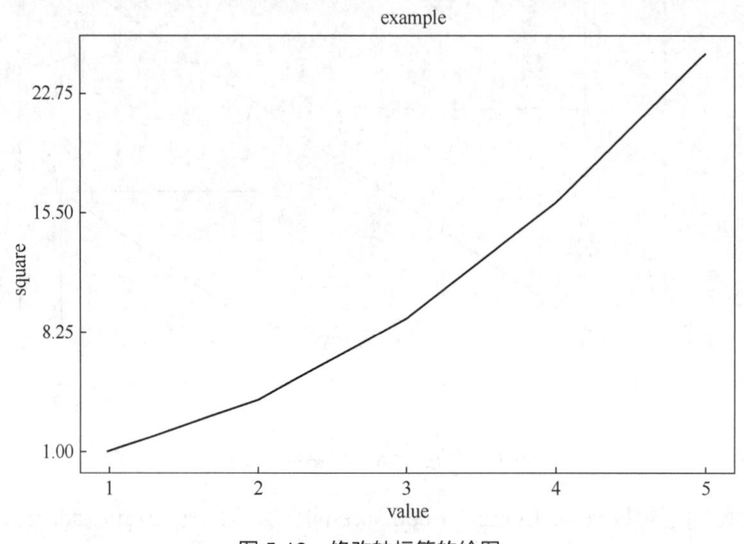

图 5-12　修改轴标签的绘图

也可以通过 ax 对象的 set_*()函数来完成图 5-12 所示坐标轴的设置。

```
In[19]:x=[1,2,3,4,5]
       #y 是 x 的平方
       y=np.square(x)
       fig,ax=plt.subplots(1,1)
       ax.set_xticks(xtick)
       ax.set_yticks(ytick)
       #设置图表标题，并给坐标轴加上标签
       ax.set_title("example")
       ax.set_xlabel("value")
       ax.set_ylabel("square")
       plt.plot(x,y)
```

有的时候可能还需要进行坐标轴的替换，进行替换的字符需要与相应的坐标值一一对应，并且替换的字符串可以支持 LaTeX 表达式。Matplotlib 给 LaTeX 提供了很好的支持，只需要将 LaTeX 表达式封装在$符号内，就可以在图的任何文本中显示了，例如$y=x^3$。

在 LaTeX 中常常会用到反斜杠，例如\alpha。因为反斜杠在 Python 字符串中是有特殊含义的，为了使用原始文本，需要在字符串的前面加个 r，例如 r'\alpha'。

【实例】替换字符采用希腊字母输出，规则是在希腊字母的英语单词前添加反斜杠\，假如不添加，则会输出字母斜体，如图 5-13 所示。

```
In[20]:#坐标轴刻度值替换希腊字母输出
         plt.xticks (xtick,[r'$\alpha$',r'$\beta$',r'$\theta$',r'$\gamma$',r'$\phi$'])
         plt.plot(x,y)
```

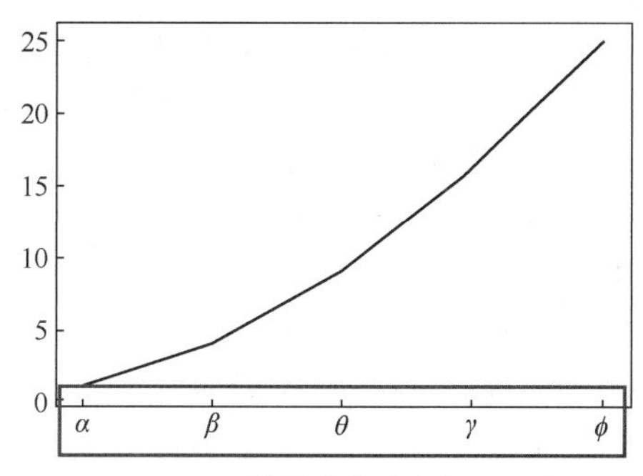

图 5-13　x 轴刻度由希腊字母显示

2. 轴线隐去设置

有时，只需要显示坐标轴 x、y 所在轴的框线，这种情况需要隐去上面和右面的轴线。有时图像贯穿多个象限，这种情况需要挪动坐标轴位置。

不需要的坐标轴不是将其“删除”，而是将其变为无色，使之与底图背景色相同，主要使用到以下几种函数。

① gca()：激活当前坐标轴。

② ax.spine('top')、spine('bottom')、spine('left')、spine('right')：轴线选择选项，分别用来选择上、下、左、右的轴线。

③ ax.spine('top').set_color()：设置上面的轴线的颜色，当设置为 none 时，表示无色。

【实例】去除上面和右面的坐标轴，如图 5-14 所示。

```
In[21]:ax=plt.gca()
       ax.spines['right'].set_color('none')#背景色是无色，因此设置为无色即可隐去
       ax.spines['top'].set_color('none')
```

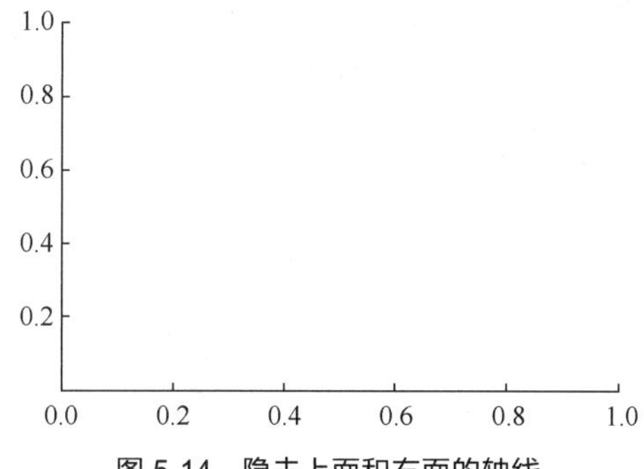

图 5-14　隐去上面和右面的轴线

3. 轴线移动设置

移动坐标轴需要经过以下几个步骤：第一步隐去非坐标轴框线，第二步确定待移动的坐标轴，第三步移动坐标轴。

经过坐标轴线的隐去处理，接下来移动坐标轴就很方便了，主要用到以下几个函数。

① ax.xaxis.set_ticks_position('bottom')：将 bottom 作为 x 轴移动。

② ax.spines['bottom'].set_position(('data',0))：移动作为 x 轴的轴线 bottom 到坐标刻度为 0 的地方。

③ ax.yaxis.set_ticks_position('left')：将 left 作为 y 轴移动。

④ ax.spines['left'].set_position(('data',0))：移动作为 y 轴的轴线 left 到坐标刻度为 0 的地方。

set_position()函数第一个参数取值一般为'data'。'data'表示当进行 bottom 或 left 轴设置时，移动相应坐标轴到第二个参数设置的坐标刻度处。第二个参数的取值范围是[相应坐标轴的最小刻度，相应坐标轴的最大刻度]。除此之外，set_position()函数第一个参数取值还可以是'axes'和'outward'，'axes'的移动规则与'data'相同，但是第一个参数为'axes'时，第二个参数的取值范围为[0,1]，所取小数为整个坐标轴的相对位置。

另外为了方便书写，Matplotlib 定义了一些简写符号，例如：'center'表示把 bottom 或 left 移动到整个坐标轴的中间，相当于 set_position ('axes',0.5)；'zero'表示把 bottom 或 left 移动到坐标值为 0 的地方，相当于 set_position('data', 0.0)。

【实例】绘制图 5-15 的图像。第一步隐去 top 和 right 的轴线；第二步将 bottom 作为 x 轴，移动到 x 轴坐标为 0 的地方；第三步将 left 作为 y 轴移动到 y 轴坐标为 0 的地方。

```
In[22]:xtick=[-3,-1,0,1,3]
       ytick=[-6,-2,0,2,6]
       x=[-3,-1,0,1,3]
       y=2*np.array(x)
       fig,ax=plt.subplots(1,1)
       ax.set_xlabel("x")
       ax.set_ylabel("y")
       ax.set_xticks(xtick)
       ax.set_yticks(ytick)
       #第一步，隐去 top 和 right 的轴线
       ax = plt.gca()
       ax.spines['right'].set_color('none')
       ax.spines['top'].set_color('none')
       #第二步，将 bottom 作为 x 轴进行移动
       ax.xaxis.set_ticks_position('bottom')
       ax.spines['bottom'].set_position(('data',0))
       #将 left 作为 y 轴进行移动
       ax.yaxis.set_ticks_position('left')
       ax.spines['left'].set_position(('data',0))
       plt.plot(x,y)
```

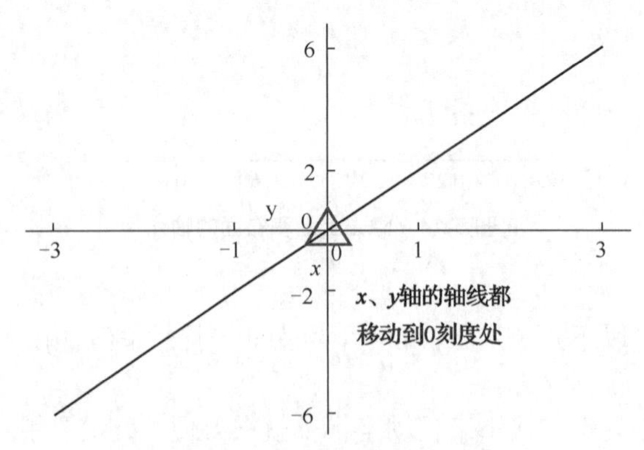

图 5-15　轴线移动到 0 刻度处

4. 主次坐标轴设置

在绘图的过程中还会遇到一些共轴图像，即图像上具有多个函数图像，函数图像横坐标值相同，纵坐标值不同，要实现这样的共轴图像，需要进行主次坐标轴的设置。

设置主次坐标轴的函数主要有以下两个。

① sub_ax=ax.twinx()：设置 sub_ax 为次坐标轴，sub_ax 与 ax 共享 x 轴。

② sub_ax=ax.twiny()：设置 sub_ax 为次坐标轴，sub_ax 与 ax 共享 y 轴。

【实例】在一张图中画出 2015—2019 年房子的成交量和价格变化趋势图，如图 5-16 所示。房子成交量和价格变化趋势图共享 x 轴。

```
In[23]:#定义房价
       price = [10000, 12000, 16000, 17000, 16000]
       #定义成交量
       total = [60,100, 130,120,90]
       #定义年份
       year = ["2015", "2016", "2017", "2018", "2019"]
       fig,ax = plt.subplots(1, 1)
       #共享 x 轴，生成次坐标轴
       ax_sub = ax.twinx()
       #设置主次坐标轴的 label
       ax.set_xlabel("year")
       ax.set_ylabel('price')
       ax_sub.set_ylabel('total')
       #绘图
       sub1 = ax.plot(year, price,"Hr--")
       sub2 = ax_sub.plot(year, total,"pb-")
```

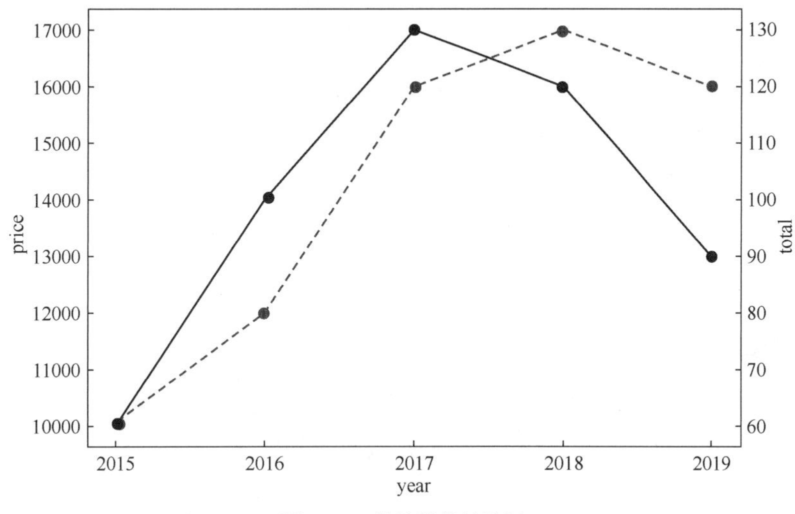

图 5-16　共轴图像的绘制

5.3.3　图例设置

图例是用来区分绘图元素的重要内容，是图像中必不可少的元素，接下来将对图例的设置进行简单的讲解。有多种方法可以添加图例，最简单的方法是在添加子图时传递 label 参数，然后使用 ax.legend()或 plt.legend()函数自动生成图例。

```
plt.legend(loc='best')
```

loc 参数设置图例的位置，默认为 best，即系统自动将图例放置在空白较多的区域，位置设置参数主要有 best、upper right、upper left、lower left、lower right、right、center left、center right、lower center、upper center、center。

【实例】使用 plt 的 legend()函数生成图例，如图 5-17 所示。

```
In[24]:# 定义 y1=2x, y2=x*x
       x= [1,2,3,4,5,6]
       y1=2*np.array(x)
       y2=np.square(x)
       #设置坐标轴的 label
       plt.xlabel("x")
       plt.ylabel("y")
       # 绘图时传递 label 参数
       plt.plot(x, y1,"Hr--",label="y1")
       plt.plot(x, y2,"pb-",label="y2")
       #显示图例
       plt.legend()
```

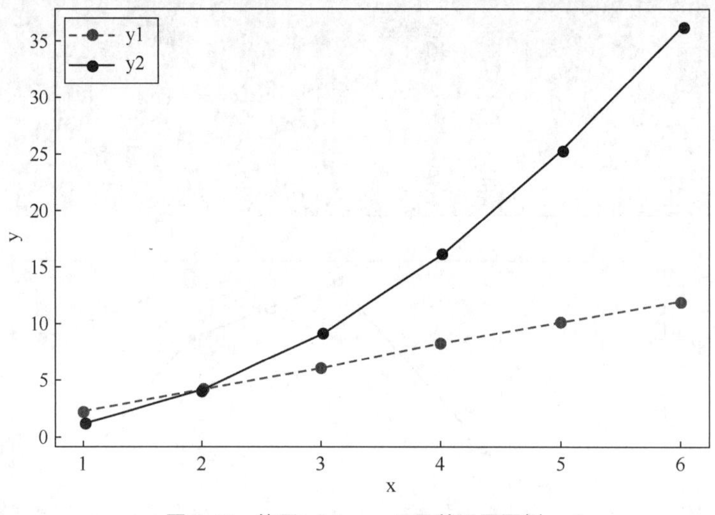

图 5-17　使用 plt.legend()函数设置图例

5.3.4　标注设置

在绘图过程中有时会对图像中的关键点或信息进行标注以示强调，标注可能包含文本、箭头或其他形状，Matplotlib 使用 text()和 annotate()函数来添加标注。

1. 使用 plt.text()函数添加文本标注

plt.text()函数能在图表中添加文本标注，但是无法添加指向箭头，plt.text()函数格式如下。

```
plt.text(x,y,s,family,fontsize,style,color)
```

参数说明如下。

① x/y：设置添加文本的位置，也就是在图表给定坐标（*x*,*y*）处添加文本。

② s：设置注释文本内容。

③ family：设置字体，自带的可选项有{'serif', 'sans-serif', 'cursive', 'fantasy', 'monospace'}。

④ fontsize：设置字体大小。

⑤ style：设置字体样式，可选项{'normal', 'italic', 'oblique'}，后面两个都是斜体。

⑥ color：字符串或元组，设置字体颜色。使用字符串时单个字符候选项{'b', 'g', 'r', 'c', 'm', 'y', 'k', 'w'}，也可以使用颜色的英文，例如'black'、'red'等。使用元组时用[0,1]之间的浮点型数据的

RGB 或 RGBA 元组，如(0.1,0.2,0.5)、(0.1, 0.2, 0.5, 0.3)等。

【实例】使用 text()函数设置标注，如图 5-18 所示。

```
In[25]:# 定义 y1=2x，y2=x*x
       x= [1,2,3,4,5,6]
       y1=2*np.array(x)
       y2=np.square(x)
       #设置坐标轴的 label
       plt.xlabel("x")
       plt.ylabel("y")
       #绘图时传递 label 参数
       plt.plot(x, y1,"Hr--",label="y1")
       plt.plot(x, y2,"pb-",label="y2")
       #设置标注
       plt.text(4,4,"y1=2*x",fontsize=15,color="red")
       plt.text(5,20,"y2=x*x",fontsize=15,color="blue")
```

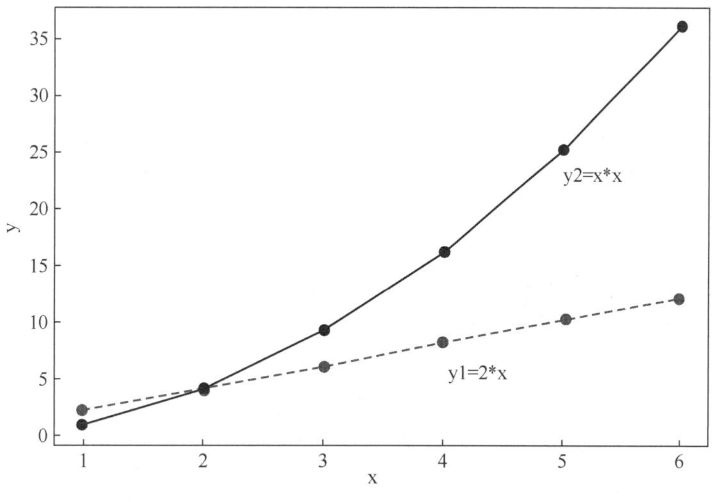

图 5-18　使用 text()函数添加标注

2. 使用 plt.annotate()函数添加文本和箭头指向标注

plt.annotate()函数既可以在图中添加注释内容，也可以在图中添加箭头指向，plt.annotate()函数格式如下。

```
annotation(s,xy,xytext=None,weight='normal',color='b',xycoords='data',
textcoords=None,fontsize='',arrowprops=None,annotation_clip=None,**kwargs)
```

参数说明如下。

① s：设置注释文本内容。

② xy：设置注释内容在图标中的坐标点，二维元组形式(x,y)。

③ xytext：指定标注文本的坐标点，也是二维元组，默认与 xy 相同。

④ xycoords：设置被标注点的坐标系属性，默认值为'data'，表示以被标注的坐标点 xy 为参考，'data'也是通常采用的值。

⑤ textcoords：设置标注文本的坐标系属性。默认与 xycoords 属性值相同，也可设为不同的值。可以设置为'offset points'，表示相对于被标注点 xy 的偏移量（单位是点），设置为'offset pixels'表示相对于被标注点 xy 的偏移量（单位是像素）。

通常 xycoords 值为'data'，即以被标注的坐标点 xy 为参考，textcoords 选择为相对于被标注点 xy 的偏移量，即'offset points'或'offset pixels'。

⑥ arrowprops：设置箭头的样式。字典（dict）型数据，如果该属性非空，则会在标注文本和被标注点之间画一个箭头。字典中键值如下。

- arrowstyle：设置箭头的样式，其 value 选项如{'->', '|-|', '-|>'}，也可以用字符串{'simple', 'fancy'}等，详情如表 5-3 所示。
- 如果没有设置 arrowstyle 关键字，则可以设置如下的关键字。

width：设置箭头的宽度，单位是点。
headwidth：设置箭头头部的宽度，单位是点。
headlength：设置箭头头部的长度，单位是点。
shrink：设置箭头两端收缩的长度占总长的百分比。

- connectionstyle：设置箭头的形状，为直线或曲线，选项有{'arc3','arc','angle','angle3'}，可以防止箭头被曲线内容遮挡。
- color：设置箭头颜色，见前面的 color 的设置。

表 5-3　　箭头的样式

箭头的样式	属性
'-'	None
'->'	head_length=0.4，head_width=0.2
'-['	widthB=1.0，lengthB=0.2，angleB=None
'|-|'	widthA=1.0，widthB=1.0
'-|>'	head_length=0.4，head_width=0.2
'<-'	head_length=0.4，head_width=0.2
'<->'	head_length=0.4，head_width=0.2
'<|-'	head_length=0.4，head_width=0.2
'<|-|>'	head_length=0.4，head_width=0.2
'fancy'	head_length=0.4，head_width=0.4，tail_width=0.4
'simple'	head_length=0.5，head_width=0.5，tail_width=0.2
'wedge'	tail_width=0.3，shrink_factor=0.5

下面通过实例来学习各种参数的使用和参数值的效果，具体可参考 Matplotlib 的可视化作品库和文档。由于参数太多，下面的例子只给出部分参数值的效果。

【实例】使用 annotate()函数进行标注并查看各种参数值的效果，如图 5-19 所示。

```
In[26]:#定义 y1=2x, y2=x*x
       x= [1,2,3,4,5,6]
       y1=2*np.array(x)
       y2=np.square(x)
       #设置坐标轴的 label
       plt.xlabel("x")
       plt.ylabel("y")
       # 绘图
       plt.plot(x, y1,"Hr--")
       plt.plot(x, y2,"pb-")
       #使用 annotate()进行标注 y1=2*x
       plt.annotate("y1=x*2",xy=(4,8),xycoords='data',xytext=(-20,-40),
textcoords='offset points',fontsize=16,color="red",arrowprops=dict(arrowstyle='->',
connectionstyle='arc3,rad=0.2',color="red"))
       #使用 annotate()进行标注 y2=x*x
```

```
        plt.annotate("y2=x*x", xy=(5,25), xytext=(-100,50), textcoords='offset
points',fontsize=16,color="blue",arrowprops=dict(shrink=0.05,
width=1,color="blue"))
```

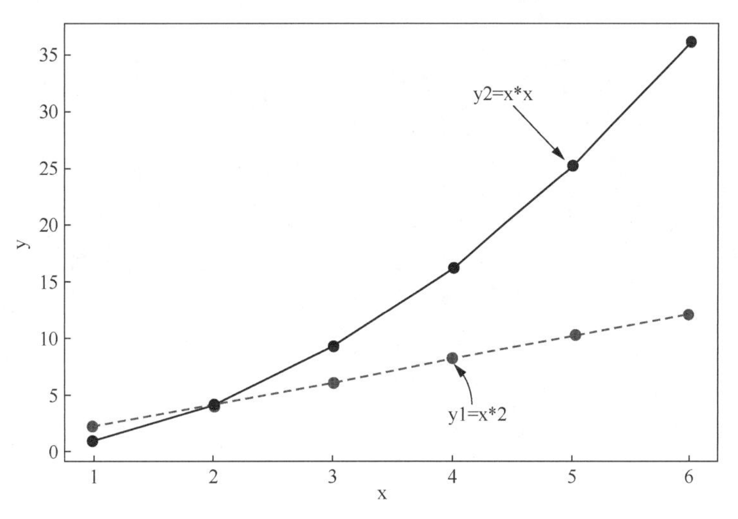

图 5-19　使用 annotate()函数添加标注效果图

5.3.5　网格设置

很多时候为了可视化效果的美观，我们还会在图中使用网格线。设置网格线的函数是 plt.grid()，效果如图 5-20 所示。

```
In[27]:x= [1,2,3,4,5,6]
       y=2*np.array(x)
       y2=np.square(np.array(x))
       plt.xlabel("x")
       plt.ylabel("y")
       plt.plot(x,y1,label='list1')#添加 label 设置图例名称
       plt.plot(x,y2,label='list2')#添加 label 设置图例名称
       plt.legend()
       plt.grid()#添加网格
```

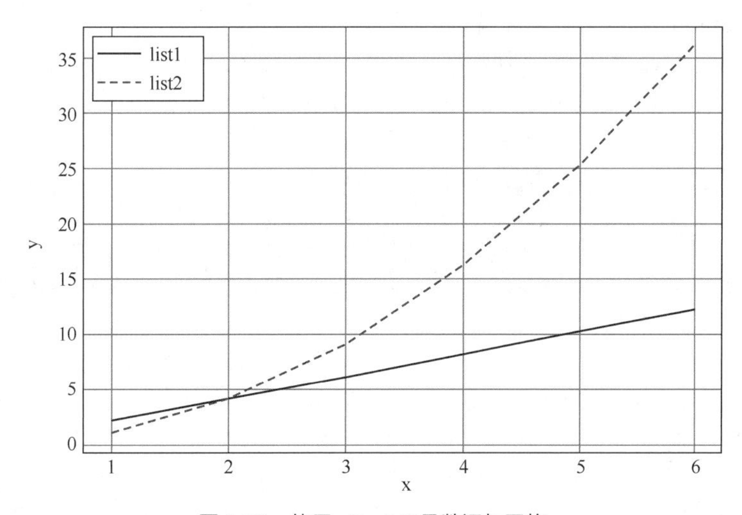

图 5-20　使用 plt.grid()函数添加网格

5.3.6 图表中使用中文

在使用中，有时需要在图片的标签名、标题名或图例中使用中文，如果直接输入中文会乱码，如图 5-21 所示。

```
In[28]:plt.figure(figsize=(8,4))
       x = np.linspace(0,10,100)
       y = np.sin(x)
       z=np.cos(x)
       plt.plot(x,y,label="$sin(x)$",color="red",linewidth=2)
       plt.plot(x,z ,label="cos(x)",color="green",linewidth=2)
       plt.legend(loc=1)
       plt.xlabel("x 轴名称")
       plt.ylabel("y 轴名称")
       plt.title("标题")
       plt.xlim(0,10)
       plt.ylim(-2,2)
```

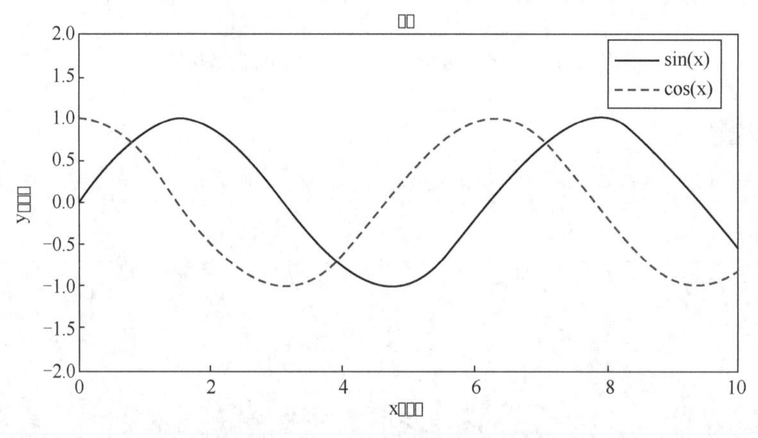

图 5-21　Matplotlib 输入中文产生乱码

Matplotlib 不支持中文，这是因为 Matplotlib 的默认配置文件 matplotlibrc 中所使用的字体不包含中文。要想在 Matplotlib 中使用中文，可以把这种中文字体库复制到 Matplotlib 的字体库中，使配置文件 matplotlibrc 中包含该字体就可以了。

用户可以从 Windows 的字体库中查找，也可以从其他网站下载喜欢的 TTF 字体。下面以从 Windows 字体库中查找中文字体的方式为例，来说明如何使 Matplotlib 支持中文。

输入下面的代码，查看 Matplotlib 的配置文件 matplotlibrc 的位置。

```
In[29]:import matplotlib
       matplotlib.matplotlib_fname()
Out[29]:
       C:\Users\xxx\Anaconda3\lib\site-packages\matplotlib\mpl-data\matplotlibrc
```

然后从 Windows 字体库中查找中文字体，打开控制面板，找到字体并打开。在字体库中找到想在 Matpoltlib 中使用的字体（例如 simhei.ttf），将其复制粘贴到 Matpoltlib 的字体库文件夹中（C:\Users\xxx\Anaconda3\Lib\site-packages\matplotlib\mpl-data\fonts\ttf）。由于 Matplotlib 只搜索 TTF 格式的字体文件，因此这里的字体文件必须是 TTF 字体文件。

上面的操作已经把 simhei.ttf 放到了 Matplotlib 的字体库中，接下来就是在配置文件 matplotlibrc 中进行设置了。在 matplotlibrc 文件中可以通过“font.family:字体名”指定字体（每个字体名都与一个字体文件相对应）。

从 C:\Users\xxx\Anaconda3\lib\site-packages\matplotlib\mpl-data 路径下找到 matplotlibrc 文件，用记事本打开，在文件中添加“font.family:simhei”就可以了。

最后关闭 Python 编辑器（如 Jupyter Notebook）后，重新打开，再运行上面的代码，得到图 5-22 所示的效果图。

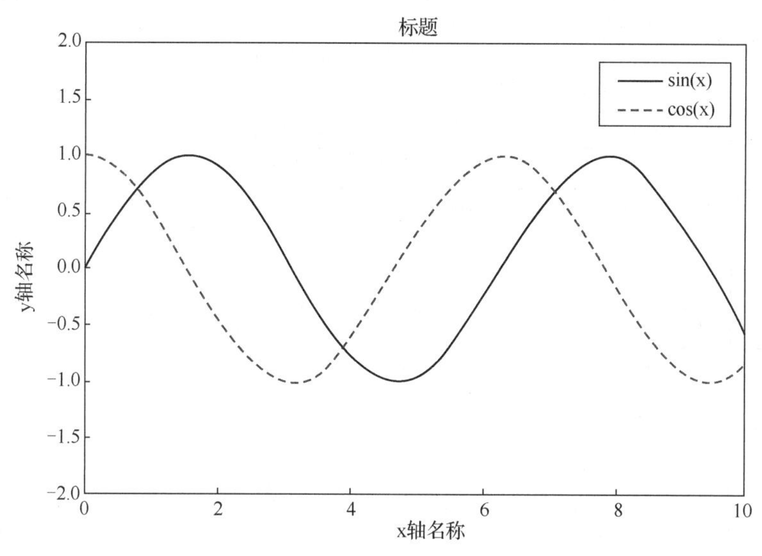

图 5-22　在 Matplotlib 中显示中文

5.4　Pandas 绘图

在数据科学中，大量的数据处理和数据分析都是基于 Pandas 来完成的，使用 Pandas 可以轻松完成数据读取、数据清洗、数据处理等操作。对于数据处理和分析人员，经常需要对数据进行快速可视化，这时的目的并不是使图形美观，而是为了发现数据中隐藏的模式和规律。因此，Pandas 中集成了 plot()函数，该函数可以完成 Pandas 中两大基本数据结构 Series 和 DataFrame 的快速绘图。但是想要绘制复杂的、漂亮的图表还需要 Matplotlib，因此在实际中经常将 Matplotlib 和 Pandas 结合进行绘图。

5.4.1　Pandas 基础绘图

Pandas 的两类基本数据结构 Series 和 DataFrame 都提供了一个统一的接口 plot()函数用于图形的快速绘制。plot()函数可以快速而方便地将 Series 和 DataFrame 对象中的数据进行可视化，并直接显示在 Jupyter Notebook 上。

对于 Pandas 数据，直接使用 plot()函数绘图比用 Matplotlib 更加方便、简单。熟练使用 Pandas 绘图后，我们在使用 Pandas 进行数据处理和分析的时候就会非常方便。

1. Series 绘图

Series 和 DataFrame 对象的 plot()函数默认情况下生成的是折线图，折线图也是最常用和最基础的可视化图形。折线图以折线的上升或下降来表示统计数量的增减变化，因此，折线统计图不仅可以表示数量的多少，而且能够反映数据的变化趋势。plot()函数的参数有很多，表 5-4 所示为 Series 和 DataFrame 对象的 plot()函数共有的一些常用参数。

表 5-4　　plot()函数的参数

参数	说明
label	图例标签
ax	Axes 对象（绘图所用的 Matplotlib 子图对象），如果没有传值，则使用当前活动的 Matplotlib 子图
style	Matplotlib 的样式字符串，例如 r--、Hb--
alpha	设置图形的透明度，int 型，取值范围是 0～1
kind	字符串类型，指明绘图类型，默认是折线图，kind="bar"是条形图，kind="hist"是直方图，kind="density"是密度图，kind="bie"是饼状图
use_index	布尔类型，是否将索引作为刻度标签，默认 use_index=False
rot	整型数据，取值范围是 0～360，设置刻度标签的旋转角度
xticks	列表类型或整型，用于 x 轴刻度的值
yticks	列表类型或整型，用于 y 轴刻度的值
xlim	x 轴范围，例如[0,100]
ylim	y 轴范围，例如[0,100]
grid	布尔类型，是否显示网格，默认 grid=True
title	字符串类型，设置图片的标题
logx	布尔类型，设置 x 轴刻度是否取对数，默认为 False
logy	布尔类型，设置 y 轴刻度是否取对数，默认为 False
loglog	布尔类型，同时设置 x 轴、y 轴刻度是否取对数，默认为 False
fontsize	整型，设置轴刻度的字体大小

plot()函数的参数 kind 可以指定绘图的类型，默认 kind='line'（绘制折线图），若要绘制其他图形，就要添加 kind 参数，表 5-5 所示为 kind 参数的选项。当然还可以在 plot()函数后面调用其他函数来使用其他的图形。例如 plot.line()函数可绘制折线图，plot.bar()函数可绘制条形图，plot.hist()函数可绘制直方图等。

表 5-5　　plot()函数 kind 参数的选项

kind 选项	图形
line	折线图（默认）
scatter	散点图
bar	条形图
barh	横向条形图
hist	直方图
pie	饼状图
box	箱线图
kde	概率密度分布图
density	类似 kde
area	区域块图
hexbin	六边形分箱图

Series 对象的索引（index），被 plot()函数用来做 x 轴，如果想定制 x 轴刻度，使用 use_index=False，则 index 不会作为 x 轴刻度。x 轴的刻度（ticks）和范围（limits）能通过 xticks 和 xlim 参数来设定，而 y 轴的可以用 yticks 和 ylim 参数来设定。

下面的例子用来随机生成 4 种水果的价格，并用折线图绘制出价格的变化，如图 5-23 所示。

```
In[30]:import numpy as np
       import pandas as pd
       s=pd.Series(np.random.randint(1,10,4),index=["apple","pear","cherry","banana"])
       s.plot(yticks=[0,2,4,6,8,10],ylim=[0,10],title="Price Of Fruit",
label=True,style="hr--")
```

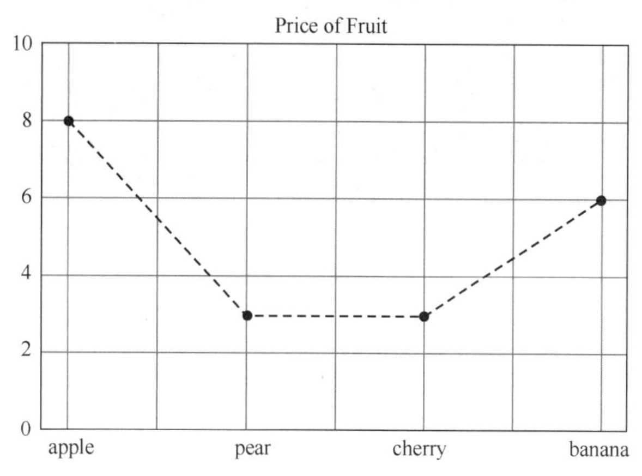

图 5-23　使用 Pandas 绘制折线图

Pandas 的大部分绘图函数都有一个可选的 ax 参数，它可以是一个 Matplotlib 的 subplot 对象（子图对象），这使用户能够在绘图布局时更为灵活地处理 subplot（子图）的位置，如图 5-24 所示。

```
In[31]:import matplotlib.pyplot as plt
       fig, ax = plt.subplots(1,2,figsize=(14,7))
       s1=pd.Series(np.random.randint(1,10,4),index=["apple","pear","cherry",
"banana"])
       s2=pd.Series(np.random.randint(1,10,4),index=["apple","pear","cherry",
"banana"])
       s1.plot(yticks=[0,2,4,6,8,10],ylim=[0,10],title="Price Of Fruit",
label=True,style="hr--",ax=ax[0])
       s2.plot(yticks=[0,2,4,6,8,10],ylim=[0,10],title="Price Of Fruit",
label=True,style="Hb--",ax=ax[1])
```

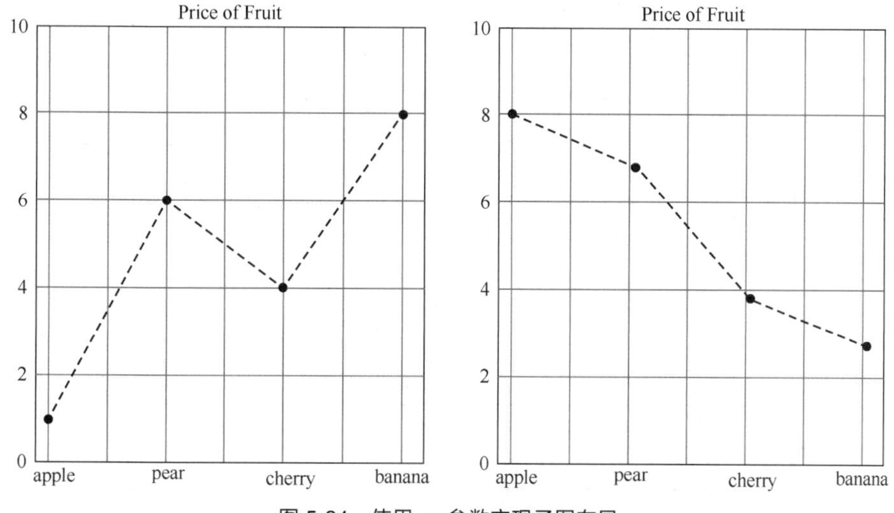

图 5-24　使用 ax 参数实现子图布局

当然也可以在一个子图上显示多张图，例如把 Series 对象 s2 绘制在第一个子图中，便于比较这两个月的水果价格。实现该功能的简单方式是在 s1.plot()和 s2.plot()中不指定 ax 参数，这时 s1 和 s2 均被绘制在了当前子图中，如图 5-25 所示。

```
In[32]:import matplotlib.pyplot as plt
       s1=pd.Series(np.random.randint(1,10,4),index=["apple","pear","cherry",
"banana"])
       s2=pd.Series(np.random.randint(1,10,4),index=["apple","pear","cherry",
"banana"])
       s1.plot(yticks=[0,2,4,6,8,10],ylim=[0,10],title="Price Of Fruit",
label=True,style="hr--")
       s2.plot(yticks=[0,2,4,6,8,10],ylim=[0,10],title="Price Of Fruit",
label=True,style="Hb--")
```

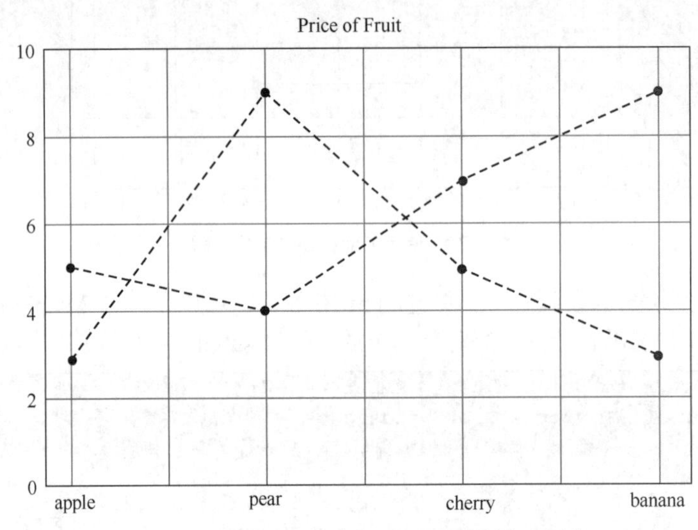

图 5-25　使用 ax 参数实现一张子图绘制多个图表

2. DataFrame 绘图

DataFrame 对象拥有多个列，允许灵活选择将 DataFrame 对象的各列在一个子图中绘制，还是绘制在不同的子图中，如图 5-26 所示。因此 DataFrame 的 plot()函数除了有表 5-5 所示的关于轴和刻度的一些参数选项外，还可以设置表 5-6 所示的参数。

表 5–6　**DataFrame 的 plot()函数特有的参数**

参数	说明
subplots	布尔类型，默认为 False，是否将各列分别绘制在不同子图中
figsize	二元元组类型（width、height），设置图片的尺寸
title	设置图表的标题，string 类型
legend	布尔类型，是否显示图例，默认为 False
sharex	布尔类型，各个子图是否共享 *x* 轴，如果 ax 为 None 则默认为 True，否则默认为 False
sharey	布尔类型，各个子图是否共享 *y* 轴，如果 ax 为 None 则默认为 True，否则默认为 False
x	提供 *x* 轴的标签或位置参数，默认为 None
y	提供 *y* 轴的标签或位置参数，默认为 None

```
In[33]:data1 = {'English' : [74,85,96], 'Math' : [87,78,89],'Chinese' : [81,92,83]};
       df1 = pd.DataFrame(data1,index=["zhangsan","lisi","wangwu"]);
       df1.plot()
```

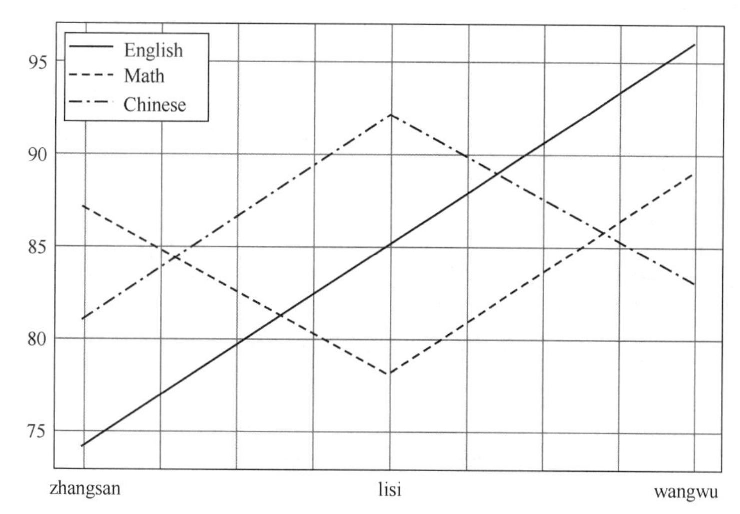

图 5-26　一张子图显示 DataFrame 的多列数据

使用 subplots 参数可以选择是否把每一列绘制在独立的子图中，默认为 False，也就是所有的列绘制到一个图中，设置为 True 则可以将每一列数据绘制在独立的子图中。当然也可以使用图像分栏实现更灵活的子图布局。

此外，在 Pandas 的新版本中，DataFrame.plot()函数不再给出 kind 参数，画一般的折线图推荐使用以下函数。

```
df.plot.line(self, x=None, y=None, **kwargs)
```

5.4.2　设置字体和显示中文

Pandas 在绘图时不能正确地显示中文字体（中文会显示为方块），原因有两个，其一是 Matplotlib 不支持中文，其二是 Seaborn 不支持中文。在 Matplotlib 的配置文件中，可以看到字体的默认设置如下。

```
    #font.family : sans-serif
    #font.sans-serif :Bitstream Vera Sans, Lucida Grande, Verdana, Geneva, Lucid,
Arial,Helvetica, Avant Garde, sans-serif
```

其中并没有中文字体，因此只要手动添加中文字体的名称就可以了，不过并不是添加常见的“宋体”或“黑体”这类的名称，而是要添加字体管理器识别出的字体名称。Matplotlib 自身实现的字体管理器在文件 font_manager.py 中，自动生成的可用字体信息保存在文件 fontList.cache 里，可以搜索这个文件查看对应字体的名称。例如 simhei.ttf 对应的名称为“SimHei”，simkai.ttf 对应的名称为“KaiTi_GB2312”等。只要把这些名称添加到配置文件中，就可以让 Matplotlib 显示中文。因此在 font.serif 和 font.sans-serif 支持的字体中加上一个中文字体，如 SimHei，就可以让 Matplotlib 显示中文。另外，若想使 Pandas 支持中文，还需要在引入 Seaborn 后设置其字体为中文。具体代码如下。

```
import matplotlib as mpl
import seaborn as sns
mpl.rcParams['font.sans-serif'] = ['SimHei']
mpl.rcParams['font.serif'] = ['SimHei']
#Seaborn 绘图时的字体设置
sns.set_style("darkgrid",{"font.sans-serif":['SimHei', 'Arial']})
```

5.4.3 Pandas 绘图类型

1. 条形图

条形图是统计分析中常用的图形之一，条形统计图具有清楚表明各种数量的多少、易于比较数据之间的差别、能清楚地表示出数量的值等优势。条形图按照排列方式的不同，可分为垂直条形图、水平条形图和堆积条形图。

绘制垂直条形图的函数格式如下。

```
DataFrame.plot.bar(self, x=None, y=None, **kwargs)
```

绘制水平条形图的函数格式如下。

```
DataFrame.plot.barh(self, x=None, y=None, **kwargs)
```

绘制堆积条形图的函数格式如下。

```
DataFrame.plot.bar(stacked=True)
```

或者

```
DataFrame.plot.barh(stacked=True)
```

【实例】分别使用垂直条形图、水平条形图和堆积条形图显示学生成绩表，结果如图 5-27 所示。

```
In[34]:import matplotlib as mpl
import seaborn as sns
mpl.rcParams['font.sans-serif'] = ['simhei.ttf']
mpl.rcParams['font.serif'] = ['simhei.ttf']
sns.set_style("darkgrid",{"font.sans-serif":['KaiTi', 'Arial']})
ax_1 = plt.subplot2grid((2,2),(0,0))
ax_2 = plt.subplot2grid((2,2),(0,1))
ax_3 = plt.subplot2grid((2,2),(1,0),colspan=2)
data1 = {'英语' : [74,85,96], '数学' : [87,78,89],'语文' : [81,92,83]};
df1 = pd.DataFrame(data1,index=["张三","李四","王五"]);
df1.plot.bar(ax=ax_1,figsize=(15,10),title="学生成绩表格")
df1.plot.barh(ax=ax_2,title="学生成绩表格")
df1.plot.barh(stacked=True,ax=ax_3,title="学生成绩表格")
```

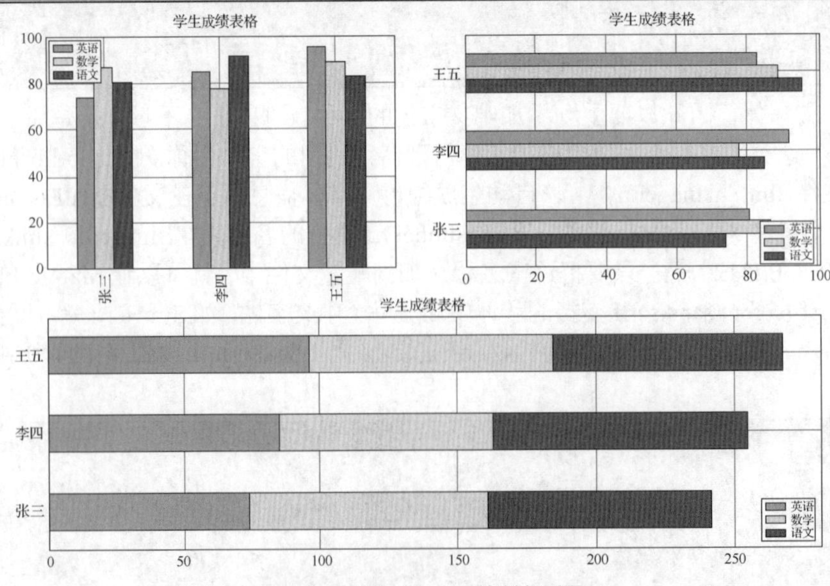

图 5-27 使用 Pandas 绘制条形图

2. 直方图

直方图（histogram）又称质量分布图，是一种统计报告图，由一系列高度不等的纵向条纹或线段表示数据分布的情况。一般用横轴表示数据类型，纵轴表示分布情况。

直方图通常用于整理统计数据，了解统计数据的分布特征，即数据分布的集中或离散状况；观察分析生产过程质量是否处于正常、稳定和受控状态，以及质量水平是否保持在公差允许的范围内。

Pandas 中绘制直方图的函数格式如下。

```
DataFrame.plot.hist(bins=100)
```

常用参数如下。

bins：指定密度，也就是分组的数量。

【实例】文件 student6.xlsx 中有 80 名学生的身高数据，为了直观、形象地看出频率的分布情况，可以根据给出的数据画出频数分布直方图。横轴表示身高，纵轴表示频数，每个长方形的高表示对应的频数，结果如图 5-28 所示。

```
In[35]:df1=pd.read_excel("student6.xlsx")
df1.plot.hist(bins=10)
```

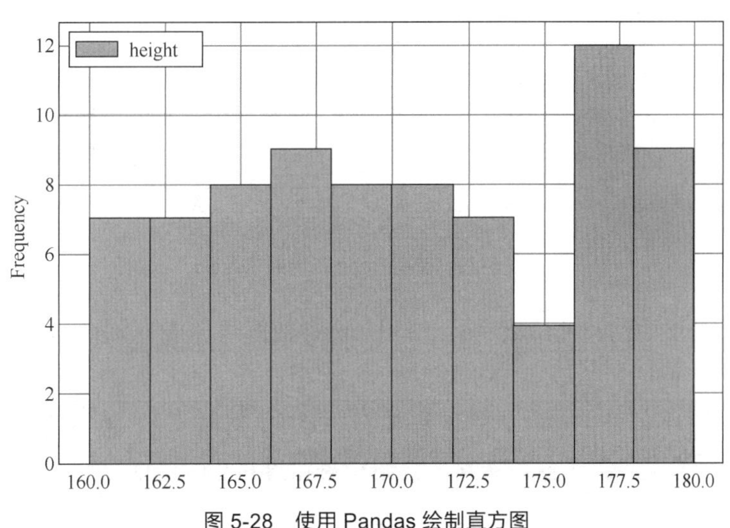

图 5-28　使用 Pandas 绘制直方图

3. 散点图

散点图，顾名思义就是由一些散乱的点组成的图表，这些点在哪个位置，是由其 x 轴和 y 轴坐标值确定的，因此也称为 XY 散点图。散点图主要用于判断两变量之间是否存在某种关联，或总结坐标点的分布模式。例如在回归分析中，散点图表示因变量随自变量变化的大致趋势，可以据此选择合适的函数对数据点进行拟合。

对于处理值的分布和数据点的分类，散点图都很理想。

Pandas 中使用下面的函数绘制普通散点图。

```
DataFrame.plot.scatter(x,y,s,c)
```

常用参数说明如下。

① x：每个点的水平坐标的列名称或列位置。

② y：每个点的垂直坐标的列名称或列位置。

③ s：每个点的大小。可以是单个标量，也可以是一个列表。当值是单个标量时，所有点都

具有相同的大小；当值是一个列表时，将递归地用于每个点的大小。例如，当 s=[2,14]时，如果有 4 个点，则第一个点的大小为 2，第二个为 14，第三个为 2，第四个为 14。

④ c：每个点的颜色。可能的值是由名称、RGB 或 RGBA 代码引用的单个颜色字符串，例如 red 或 # a98d19。由名称、RGB 或 RGBA 代码引用的一系列颜色字符串将被递归地用于每个点的颜色。例如["绿色","黄色"]表示所有点都将被绿色或黄色填充。

如果用户希望绘制气泡图，使用 s 参数即可。下面的例子中把评价数的大小作为每个点的气泡大小的标准，结果如图 5-29 所示。

```
In[36]:dict1 = {"销售量":[1000,2000,5000,2000,4000,3000,5000,6000,4000,4600],'时间':[1,2,3,4,5,6,7,8,9,10],'评价数':[20,400,30,50,500,80,200,300,240,300]}
    df = pd.DataFrame(dict1)
    df.plot.scatter(x='时间',y='销售量',s=df['评价数'],c="red")
```

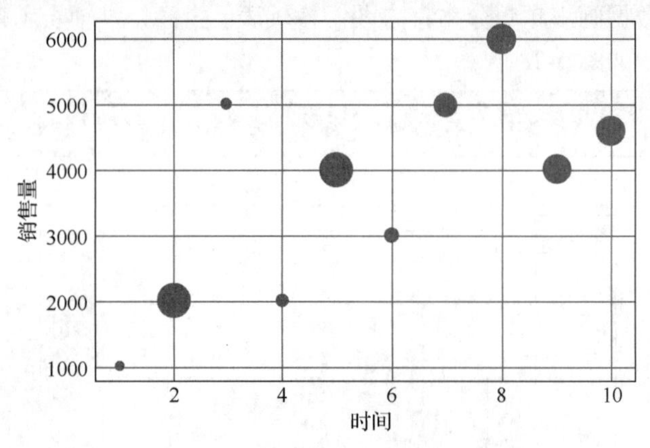

图 5-29 使用 Pandas 绘制气泡图

要想在一张子图中绘制多组散点图，使用 ax 参数即可完成设置，如下面的例子，结果如图 5-30 所示。

```
In[37]:ax=df.plot.scatter(x="时间",y='评价数',label='时间-评价数',color='c')
    df.plot.scatter(x="时间",y='销售量',label='时间-销售量',ax=ax,c="green")
```

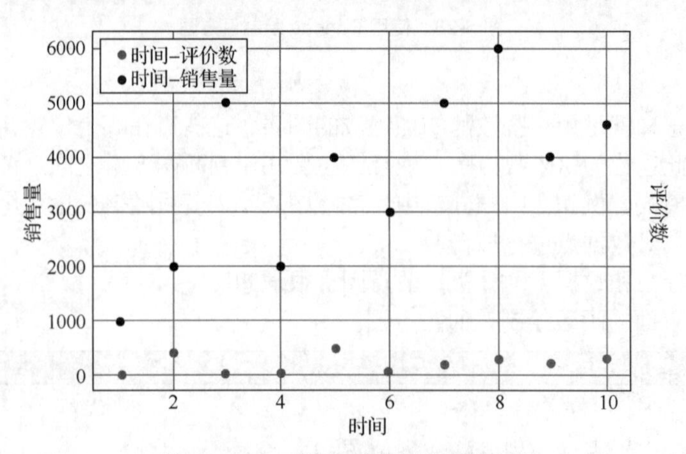

图 5-30 在一张子图中绘制多组散点图

【实例】文件 gupiao.xlsx 中有张三在 2012—2015 年的股票和基金的收益情况，采用散点图绘制股票和基金的收益图，结果如图 5-31 所示。

```
In[38]:import matplotlib.pyplot as plt
       df1=pd.read_excel("gupiao.xlsx")
       ax1=df1.plot.scatter(x="投资时间",y="股票收益率",c="green",xticks=[])
       df1.plot.scatter(x="投资时间",y="基金收益率",c="red",xticks=[],ax=ax1)
```

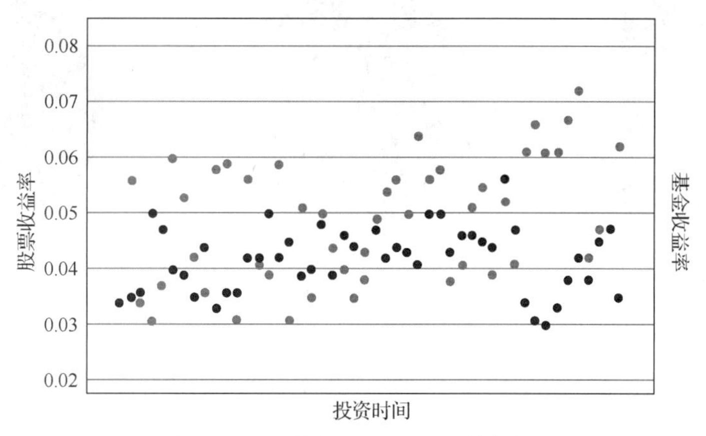

图 5-31　采用散点图绘制股票和基金收益

从图 5-31 可以看出统计时间与股票和基金的投资关系。

4. 饼图

饼图用一个圆来表示总数，用扇形面积占整个圆形面积的百分比来表示某部分在总数中的占比情况。适用于在不要求数据精细的情况下显示各项的大小与各项总和的比例，它最大的优势是可以明确显示数据的比例情况。

在 Pandas 绘图中，绘制饼图的函数格式如下。

```
DataFrame.plot.pie(subplots,y,figsize,autopct,radius,startangle,legend)
Series.plot.pie(subplots,figsize,autopct,radius,startangle,legend)
```

常用参数说明如下。

① subplots：DataFrame 绘图时的必要参数，设置为 True 表示为所有列绘制饼图，当然也可以通过指定 y 轴的值为指定列绘制饼图。

② figsize：设置图片的大小。

③ autopct：设置百分比的显示格式。不设置则不显示百分比，设置格式为字符串形式，例如 autopct='%0.1f%%'表示精准到小数点后一位。

④ radius：设置圆的半径。

⑤ startangle：设置饼图的初始摆放角度，例如 startangle=90。

⑥ legend：图例。

【实例】 文件 student5.xlsx 中存放了 30 名学生的语文、数学、英语成绩（成绩是等级制），使用饼图统计学生语文、数学、英语成绩中 A、B、C、D 占比情况，结果如图 5-32 所示。

```
In[39]:df1=pd.read_excel("student5.xlsx")
       ax_1 = plt.subplot2grid((1,3),(0,0))
       ax_2 = plt.subplot2grid((1,3),(0,1))
       ax_3 = plt.subplot2grid((1,3),(0,2))
       ser1=df1.chinese.value_counts()
       ser1.plot.pie(autopct='%.2f%%',startangle=90,ax=ax_1,figsize=(15,8),
```

```
radius=1.3)
        ser2=df1.english.value_counts()
        ser2.plot.pie(autopct='%.2f%%',startangle=90,ax=ax_2,radius=1.3)
        ser3=df1.math.value_counts()
        ser3.plot.pie(autopct='%.2f%%',startangle=90,ax=ax_3,radius=1.3)
```

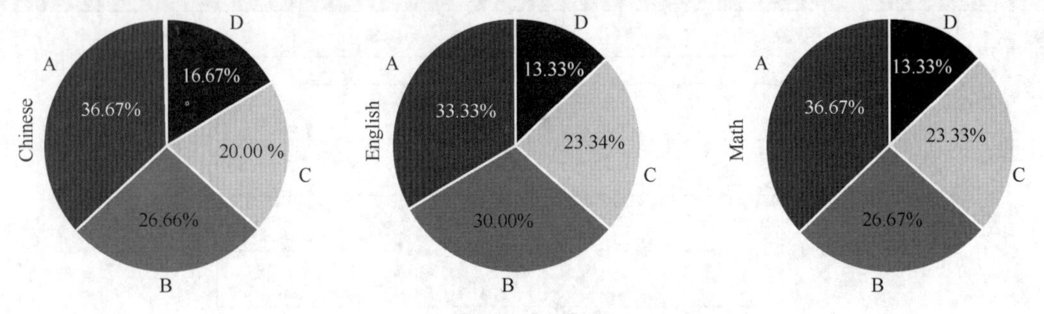

图 5-32　使用饼图统计学生成绩占比情况

5. 箱线图

箱线图又称盒式图，是一种用作显示一组数据分散情况的统计图。箱线图主要用于反映原始数据分布的特征，还可以用于多组数据分布特征的比较。

箱线图在数据处理中的一个作用是发现离群点，也就是异常值。一批数据中的异常值值得特别关注，忽视异常值的存在是十分危险的，不加剔除地把异常值包括进数据的计算分析过程中，往往会对结果带来不良影响。重视异常值的出现，分析其产生的原因，常常成为发现问题进而改进决策的契机。

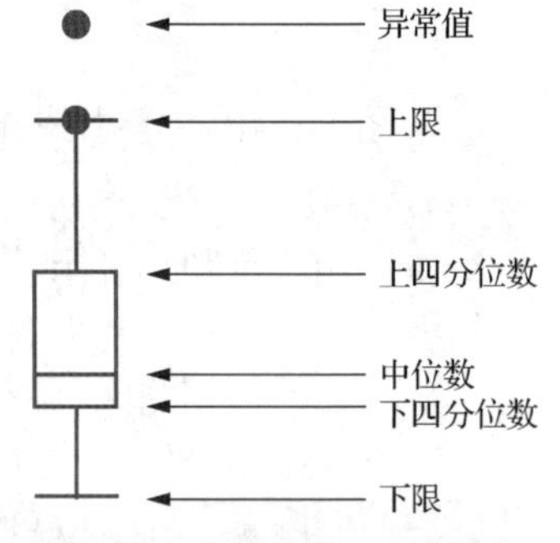

图 5-33　箱线图的 5 个数值点

箱线图由 5 个数值点组成：下限（其值为 Q1−1.5IQR），下四分位数（Q1）25%，中位数（Q2）50%，上四分位数（Q3）75%，上限（其值为 Q3+1.5IQR）。其中 IQR 为四分位距，IQR=Q3−Q1。在上限和下限之外的点为异常值，图 5-33 所示为箱线图的 5 个数值点的说明。箱线图为我们提供了识别异常值的一个标准：异常值被定义为小于 Q1−1.5IQR 或大于 Q3+1.5IQR 的值。虽然这种标准有点任意性，但它来源于经验判断，经验表明它在处理需要特别注意的数据方面表现不错。

除此之外，在箱线图中观察箱子的长度、箱线盒及尾部长度的形状可以用于校正数据集的数据离散程度和偏向。

Pandan 绘制箱线图的函数格式如下。

```
DataFrame.boxplot(column = None,by = None,ax = None,fontsize = None,rot = 0,
grid = True,figsize = None,layout = None,return_type = None,** kwds)
```

主要参数说明如下。

① column：str 或 str 的列表，可选列名、名称列表或向量，按照给出的列或列表绘制箱线图。

② by：str 或 array-like，可选，按照 DataFrame 对象中的某个分组绘制箱线图。

③ ax：类 matplotlib.axes.Axes 的对象，可选。

④ fontsize：float 或 str，以标签或字符串标记标签的字体大小。

⑤ rot：int 或 float，默认为 0，标签的旋转角度（以度为单位，相对于屏幕坐标系）。

⑥ grid：布尔值，默认为 True，将此设置为 True 将显示网格。

⑦ figsize：以英寸为单位的元组(宽度,高度)，表示在 Matplotlib 中创建的图形的大小。

⑧ layout：元组(行,列)，可选，例如(3,5)将从左上角开始使用 3 行和 5 列显示子图。

随机产生的数据中有负数，而负数在 Pandas 绘图中不能正确显示，会显示为一个长方形，结果如图 5-34 所示。使用 plt.rcParams['axes.unicode_minus'] = False 语句可以解决无法显示负数的问题。

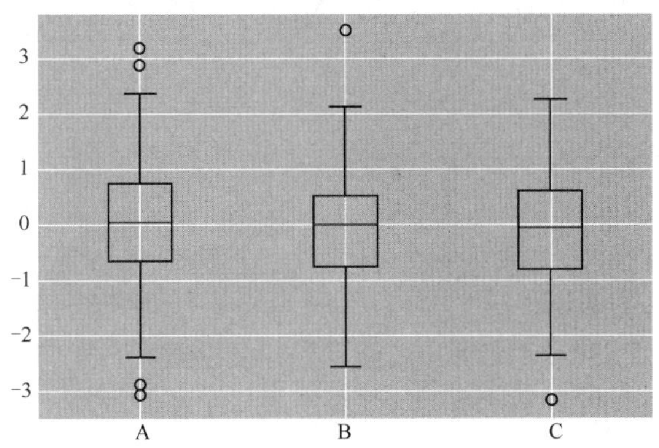

图 5-34　箱线图显示异常值

```
In[40]:plt.rcParams['axes.unicode_minus'] = False    #解决无法显示负数的问题
      values= np.random.randn(200, 3)
      ind = pd.date_range("2020-12-25", periods = 200)
      df = pd.DataFrame(values, index = ind, columns = ["A", "B", "C"])
      df.boxplot()
```

习题

1. 使用 Matplotlib 绘制 x=(1,2,3,4,5,6,7,8,9,10)，y=2x 的折线图，并对其进行定制，以实现信息更加丰富的数据可视化。

2. 4 个人捐款，姓名和捐款金额如下，用饼图表现 4 个人捐款金额占总捐款金额的比例。

姓名　　　　George Sam Betty Charlie

捐款金额（元）900 10000 7000 15000

3. 文件 incoming.csv 中有某公司人员的工资收入情况，使用 Pandas 完成下面的绘图。

（1）使用条形图统计各种职位的平均工资对比情况。

（2）绘制箱线图查看每种职位收入是否有异常值。

（3）采用折线图分析各种职位的工资随着时间变化的趋势。

（4）采用散点图绘制公司职员的工资状况。

（5）采用直方图绘制公司职员的年龄分布情况。

06 第6章　数据探索和分析

通过前面的学习，我们已经知道了 Pandas 中的基础数据结构 Series 和 DataFrame，知道了如何清洗数据、如何规整数据、如何进行数据的分组统计、如何进行数据的可视化等操作。本章将利用前面学习过的相关技术进行数据处理和数据分析，从数据中挖掘隐藏的信息。本章涉及的数据集可以参考本书配套资源。

6.1　泰坦尼克号数据探索和分析

在 20 世纪初，有一件震惊世界的海难——“泰坦尼克号”沉船事件，该事件后来数次被搬上银幕。在这场事故中有幸存者，也有遇难者，探寻泰坦尼克号乘客的获救比例和各因素（如船舱等级、年龄、性别等）的关系，是数据分析不错的入门案例。

本案例的数据集来自 Kaggle 的数据集 Titanic，读者可以从 Kaggle 的网站下载（本书只对 train.csv 数据进行分析，因此只需要下载 train.csv 数据即可），也可以从本书配套资源中获取，数据为 CSV 格式。

6.1.1　载入数据

在开始分析之前，首先导入数据处理和分析的模块，例如 NumPy、Pandas、Matplotlib。

```
In[1]:import pandas as pd
      import numpy as np
      import matplotlib.pyplot as plt
```

接下来需要进行一些基础设置，例如 Matplotlib 支持中文和负数的设置。

```
In[2]:plt.rcParams['font.sans-serif'] = ['SimHei']
      plt.rcParams['axes.unicode_minus'] = False
```

然后导入需要处理和分析的数据（titanic_train.csv），这里因为 titanic_train.csv 和 chapter6.ipynb 在同一个文件夹中，所以在 Pandas 中读取该数据文件时直接给出文件名即可。

```
In[3]:data_df= pd.read_csv(r'titanic_train.csv') #根据数据位
置修改路径
```

这里把文件 titanic_train.csv 导入 DataFrame 对象中，并命名为 data_df。

6.1.2 数据观察

数据分析是为了解决实际问题，数据往往来源于实际生活，而直接收集到的数据总是存在一些问题，例如存在缺失值、数据不一致、数据冗余等。数据预处理是数据分析非常重要的工作，在进行数据处理之前，我们首先要观察数据。观察数据的过程如下：首先观察统计数据的类型、内容、数量，然后观察是否存在缺失值、噪声及数据不一致等问题，最后分析数据是否存在数据冗余或与分析目标不相关等问题。

首先使用 data_df.shape 来查看 data_df 的维度。

```
In[4]:data_df.shape
Out[4]:
(891, 12)
```

可以看到，这个文件有 891 行、12 列。接下来使用 data_df.head()函数查看 data_df 的前 5 行数据，结果如图 6-1 所示。

```
In[5]:data_df.head(5)
```

	PassengerId	Survived	Pclass	Name	Sex	Age	SibSp	Parch	Ticket	Fare	Cabin	Embarked
0	1	0	3	Braund, Mr. Owen Harris	male	22.0	1	0	A/5 21171	7.2500	NaN	S
1	2	1	1	Cumings, Mrs. John Bradley (Florence Briggs Th...	female	38.0	1	0	PC 17599	71.2833	C85	C
2	3	1	3	Heikkinen, Miss. Laina	female	26.0	0	0	STON/O2. 3101282	7.9250	NaN	S
3	4	1	1	Futrelle, Mrs. Jacques Heath (Lily May Peel)	female	35.0	1	0	113803	53.1000	C123	S
4	5	0	3	Allen, Mr. William Henry	male	35.0	0	0	373450	8.0500	NaN	S

图 6-1 泰坦尼克号前 5 行数据展示

观察图 6-1 可以知道，每条数据有 12 类信息，具体如下。

① PassengerId：乘客 ID。

② Survived：是否获救，用 1 或 Rescued 表示获救，用 0 或 not saved 表示没有获救。

③ Pclass：乘客客舱等级，该列的值为 1、2、3，说明客舱等级分为 1、2、3 级。

④ Name：乘客姓名。

⑤ Sex：性别，该列的值为 male 和 female。

⑥ Age：年龄。

⑦ SibSp：堂兄弟姐妹/表兄弟姐妹的个数。

⑧ Parch：父母与小孩个数。

⑨ Ticket：船票信息。

⑩ Fare：票价。

⑪ Cabin：客舱。

⑫ Embarked：登船港口。

观察各列的值可以发现，一些数据信息值为 NaN，这就代表该列数据存在缺失值。在数据分析中，处理缺失值是一个很重要的步骤。我们利用之前介绍的 isnull()函数和 sum()函数来统计各列的缺失值情况。

```
In[6]:data_df.isnull().sum()
Out[6]:
PassengerId        0
Survived           0
```

```
Pclass              0
Name                0
Sex                 0
Age                 177
SibSp               0
Parch               0
Ticket              0
Fare                0
Cabin               687
Embarked            2
dtype: int64
```

可以发现，12 列数据中 Age 列有 177 个空值，Cabin 列有 687 个空值，Embarked 列有 2 个空值。接下来观察各个属性的类型，访问 DataFrame 对象的 dtypes 属性，可以看到各个数据的数据类型。

```
In[7]:data_df.dtypes
Out[7]:
PassengerId         int64
Survived            int64
Pclass              int64
Name                object
Sex                 object
Age                 float64
SibSp               int64
Parch               int64
Ticket              object
Fare                float64
Cabin               object
Embarked            object
dtype: object
```

使用 data_df.dtypes 可以观察各个元素的属性类型，当然这个结果是读取 data_train.csv 文件时系统自动识别的数据类型。一般来说，Name、Sex 等属性应该是 string 属性，但在 Python 里，会自动默认为 object 属性。

也可以使用 info()函数获取 DataFrame 对象的摘要信息。使用 info()函数不仅可以看到每列数据非缺失值的个数，还可以看到每列数据的数据类型，因此在对数据进行探索性分析时，使用 info()函数获取 DataFrame 对象的摘要非常方便。

```
In[8]:data_df.info()
Out[8]:
<class 'Pandas.core.frame.DataFrame'>
RangeIndex: 891 entries, 0 to 890
Data columns (total 12 columns):
 #   Column          Non-Null Count    Dtype
---  ------          --------------    -----
 0   PassengerId     891 non-null      int64
 1   Survived        891 non-null      int64
 2   Pclass          891 non-null      int64
 3   Name            891 non-null      object
 4   Sex             891 non-null      object
 5   Age             714 non-null      float64
 6   SibSp           891 non-null      int64
 7   Parch           891 non-null      int64
 8   Ticket          891 non-null      object
 9   Fare            891 non-null      float64
```

```
 10  Cabin          204 non-null     object
 11  Embarked       889 non-null     object
dtypes: float64(2), int64(5), object(5)
memory usage: 83.7+ KB
```

除此之外，我们还可以调用 describe()函数查看数据的摘要信息，如图 6-2 所示。观察每列数据的范围、大小、波动趋势等，便于判断后续对数据采取哪类模型更合适。

```
In[9]:data_df.describe()
```

	PassengerId	Survived	Pclass	Age	SibSp	Parch	Fare
count	891.000000	891.000000	891.000000	714.000000	891.000000	891.000000	891.000000
mean	446.000000	0.383838	2.308642	29.699118	0.523008	0.381594	32.204208
std	257.353842	0.486592	0.836071	14.526497	1.102743	0.806057	49.693429
min	1.000000	0.000000	1.000000	0.420000	0.000000	0.000000	0.000000
25%	223.500000	0.000000	2.000000	20.125000	0.000000	0.000000	7.910400
50%	446.000000	0.000000	3.000000	28.000000	0.000000	0.000000	14.454200
75%	668.500000	1.000000	3.000000	38.000000	1.000000	0.000000	31.000000
max	891.000000	1.000000	3.000000	80.000000	8.000000	6.000000	512.329200

图 6-2 查看数据的摘要信息

从数据摘要中可以看出，乘客的平均年龄为 30 岁，最大年龄为 80 岁，最小年龄为 0.42 岁，乘客的获救比例大约为 38%，超过 50%的乘客在三等舱等信息。

6.1.3 数据处理

1. 数据清洗

通过上面的数据观察可知，Age 列有 177 个空值，Cabin 列有 687 个空值，Embarked 列有 2 个空值。Cabin 这个属性有多达 687 个空值（共 891 条数据），意味着有 687 个乘客并没有 Cabin 这个属性，那么这个属性的价值相比其他属性就小很多了，因此可以利用 drop()函数来删除这个属性，也就是删除 Cabin 列。

```
In[10]:data_df=data_df.drop('Cabin',axis=1)
```

除了 Cabin 列之外，Age 列缺失也较多，多达 177 个。但是在分析获救比例的各个因素中，年龄是重点要分析的因素，因此 Age 列不能删除。可以用填充法，这里选择使用年龄的均值来填充缺失值，Embarked 列由于缺失值较少，对这样的数据直接删除或填充影响不大，这里选择删除 Embarked 列有缺失值的行。

```
In[11]:data_df.dropna(subset=['Embarked'],how='any',axis=0,inplace=True)
  data_df.Age = data_df.Age.fillna(data_df.Age.mean())
  data_df.dropna(subset=['Embarked'],how='any',axis=0,inplace=True)
```

本案例数据分析的目的是探寻泰坦尼克号乘客的获救比例和各属性之间的关系，从实际的问题来看，乘客的编号 PassageId、乘客的姓名 Name、乘客的船票信息 Ticket，这些列提供不了与获救比例相关的信息，它们是与数据分析的目的不相关的一些数据。因此为了便于分析，可以删除这些列的信息。

```
In[12]:data_df=data_df.drop('PassengerId',axis=1)
  data_df=data_df.drop('Name',axis=1)
```

```
    data_df=data_df.drop('Ticket',axis=1)
```

2. 数据规整

数据清洗和数据规整的目的是进行数据分析，本案例主要分析乘客获救比例与哪些因素相关。通过前面的数据观察，知道 Sex 的数据类型为 object，对于 object 类型进行统计和计算相对比较麻烦，因此为了便于后续分析性别因素与获救比例的关系，将性别转换为数值型数据，0 表示男性，1 表示女性。

```
In[13]:#0 表示男性
      data_df.loc[data_df['Sex']=='male','Sex']=0
      #1 表示女性
      data_df.loc[data_df['Sex']=='female','Sex']=1
```

同样，为了分析登录港口与获救比例的关系，将登录港口转换成数值型数据。S 登录口记为 0，C 登录口记为 1，Q 登录口记为 2。

```
In[14]:
    data_df.loc[data_df['Embarked']=='S','Embarked'] = 0
    data_df.loc[data_df['Embarked']=='C','Embarked'] = 1
    data_df.loc[data_df['Embarked']=='Q','Embarked'] = 2
```

查看数据规整后的效果，如图 6-3 所示。

```
In[15]:data_df
```

	Survived	Pclass	Sex	Age	SibSp	Parch	Fare	Embarked
0	0	3	0	22.000000	1	0	7.2500	0
1	1	1	1	38.000000	1	0	71.2833	1
2	1	3	1	26.000000	0	0	7.9250	0
3	1	1	1	35.000000	1	0	53.1000	0
4	0	3	0	35.000000	0	0	8.0500	0
...	...	...	...	...	...	...	...	...
886	0	2	0	27.000000	0	0	13.0000	0
887	1	1	1	19.000000	0	0	30.0000	0
888	0	3	1	29.642093	1	2	23.4500	0
889	1	1	0	26.000000	0	0	30.0000	1
890	0	3	0	32.000000	0	0	7.7500	2

图 6-3 数据规整后的效果

年龄属性的数值很多，在样本的 891 人中，平均年龄约为 30 岁，标准差 15 岁，最小年龄为 0.42 岁，最大年龄为 80 岁。因此对于年龄的分析，可以将乘客划分为儿童[0,12)、少年[12,18)、成人[18,60)、老年[60,81)，分析 4 个群体的获救情况。使用前面学习的分箱技术将年龄进行分箱处理，如图 6-4 所示。

```
In[16]:data_cut=pd.cut(data_df.Age,[0,12,18,60,81],include_lowest=True,labels=
["儿童","少年","成人","老年"])
      data_df.Age=data_cut
      #显示分箱后的数据
      data_df
```

	Survived	Pclass	Sex	Age	SibSp	Parch	Fare	Embarked
0	0	3	0	成人	1	0	7.2500	0
1	1	1	1	成人	1	0	71.2833	1
2	1	3	1	成人	0	0	7.9250	0
3	1	1	1	成人	1	0	53.1000	0
4	0	3	0	成人	0	0	8.0500	0
...	...	...	...	...	...	...	...	...
886	0	2	0	成人	0	0	13.0000	0
887	1	1	1	成人	0	0	30.0000	0
888	0	3	1	成人	1	2	23.4500	0
889	1	1	0	成人	0	0	30.0000	1
890	0	3	0	成人	0	0	7.7500	2

图 6-4　年龄分箱后的数据

6.1.4　数据探索

进行了数据的初步分析和处理，接下来进行数据相关性的分析，为了便于观察，我们利用图表来展示。

1. 各属性分析

为了对每一个属性有一个初步的认识，可以用统计信息和图表分析各个属性。下面查看获救情况的属性 Survived，也就是获救和未获救的人数，使用 value_counts()函数可以很容易地完成这个操作。

```
In[17]:data_df.Survived.value_counts()
Out[17]:
0    549
1    342
Name: Survived, dtype: int64
```

也就是获救的人数是 342 人，未获救的人数是 549 人，我们可以使用柱状图和饼图来形象地展示一下，如图 6-5 所示。

```
In[18]:plt.subplot(121)
        data_df.Survived.value_counts().plot(kind='bar')# 柱状图
        plt.title(u"获救情况(1 为获救)") #标题
        plt.ylabel(u"人数") #Y 轴标签
        plt.subplot(122)
        total_no_survived_num=data_df.Survived.value_counts()[0]
        total_survived_num=data_df.Survived.value_counts()[1]
        plt.pie([total_no_survived_num, total_survived_num],labels=['未获救',
'获救'],autopct='%1.0f%%')
        plt.title('获救比例')
        plt.show()
```

这 891 名乘客中，获救和未获救的比例分别为 38%和 62%。

类似地，读者可以试着查看各等级的客舱中乘客人数和比例、查看各年龄段的人数分布情况、各登船港口上船的人数等，并使用条形图和饼图来显示。

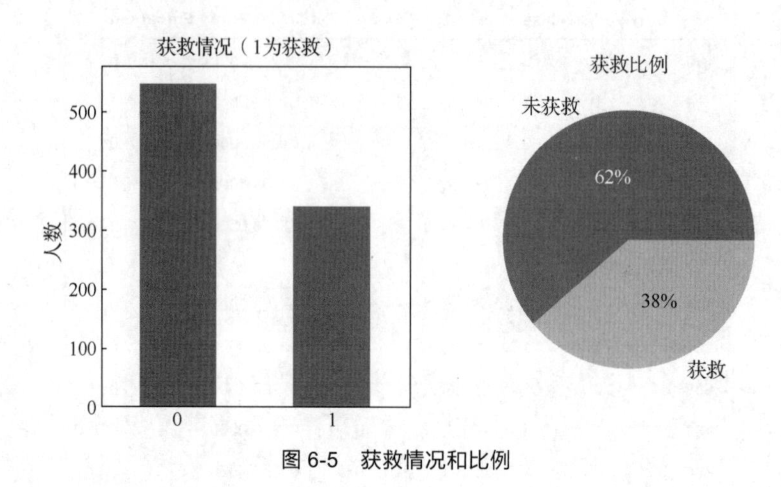

图 6-5　获救情况和比例

2. 客舱等级与获救的关系

对乘客的各个属性了解以后，就要考虑乘客各属性与获救情况是否存在某种关系，例如获救情况和乘客等级是否有关，获救情况和乘客性别、年龄是否有关，获救情况与登船港口是否有关等。

下面是用堆叠图分析乘客客舱等级与获救情况的关系，结果如图 6-6 所示。

```
In[19]: Survived_0 = data_df.Pclass[data_df.Survived == 0].value_counts() #未获救
        Survived_1 = data_df.Pclass[data_df.Survived == 1].value_counts() #获救
        df = pd.DataFrame({u'获救':Survived_1,u'未获救':Survived_0})
        df.plot(kind = 'bar', stacked = True)
        plt.title(u'各乘客客舱等级的获救情况')
        plt.xlabel(u'乘客客舱等级')
        plt.ylabel(u'人数')
        plt.show()
```

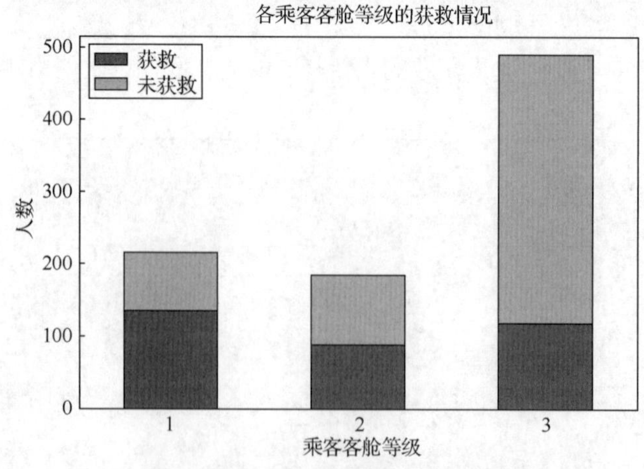

图 6-6　乘客客舱等级与获救情况的关系

从图 6-6 可以清楚看到，客舱等级最高的乘客，获救人数多于未获救人数，其他等级的乘客，获救人数则少于未获救人数。因此，乘客等级与获救情况有关联，乘客乘坐的客舱等级越高获救的可能性越大。

3. 乘客性别与获救的关系

下面用堆叠图分析乘客性别与获救的关系，如图6-7所示。

```
In[20]:
      Survived_m = data_df.Survived[data_df.Sex ==0].value_counts()
      Survived_f = data_df.Survived[data_df.Sex ==1].value_counts()
      Survived_m = data_df.Survived[data_df.Sex ==0].value_counts()
      Survived_f = data_df.Survived[data_df.Sex == 1].value_counts()
      df = pd.DataFrame({u'男性':Survived_m,u'女性':Survived_f})
      df.plot(kind = 'bar', stacked = True)
      plt.title(u'按性别看获救情况')
      plt.xlabel(u'是否获救')
      plt.ylabel(u'人数')
      plt.show()
```

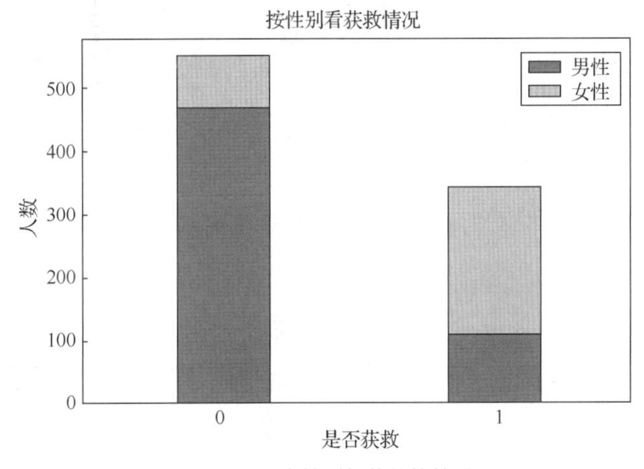

图6-7 乘客性别与获救的关系

图6-7中0表示未获救，1表示获救。可以看出，男性乘客中未获救比例较高，女性乘客中获救比例较高，因此可以确定性别是获救的一个重要因素。

4. 客舱等级和性别与获救的关系

使用饼图分析各等级客舱中不同性别的客户的获救情况，以便于分析客舱等级与获救的关系。各等级客舱中不同性别的获救情况如图6-8所示。

```
In[21]:
      fig = plt.figure(figsize=(16,8))
      plt.title(u'根据客舱等级和性别的获救情况')

      plt.subplot(231)
      plt.pie(data_df.Survived[data_df.Sex == 1][data_df.Pclass == 1].
value_counts().sort_index(),labels=["未获救","获救"],autopct='%1.0f%%')
      plt.title(u"一等舱女性的获救比例")

      plt.subplot(232)
      plt.pie(data_df.Survived[data_df.Sex == 1][data_df.Pclass == 2].
value_counts().sort_index(),labels=["未获救","获救"],autopct='%1.0f%%')
      plt.title(u"二等舱女性的获救比例")
```

```
        plt.subplot(233)
        plt.pie(data_df.Survived[data_df.Sex == 1][data_df.Pclass ==3].
value_counts().sort_index(),labels=["未获救","获救"],autopct='%1.0f%%')
        plt.title(u"三等舱女性的获救比例")

        plt.subplot(234)
        plt.pie(data_df.Survived[data_df.Sex == 0][data_df.Pclass == 1].
value_counts().sort_index(),labels=["未获救","获救"],autopct='%1.0f%%')
        plt.title(u"一等舱男性的获救比例")

        plt.subplot(235)
        plt.pie(data_df.Survived[data_df.Sex == 0][data_df.Pclass == 2].
value_counts().sort_index(),labels=["未获救","获救"],autopct='%1.0f%%')
        plt.title(u"二等舱男性的获救比例")

        plt.subplot(236)
        plt.pie(data_df.Survived[data_df.Sex ==0][data_df.Pclass ==3].
value_counts().sort_index(),labels=["未获救","获救"],autopct='%1.0f%%')
        plt.title(u"三等舱男性的获救比例")
        plt.show()
```

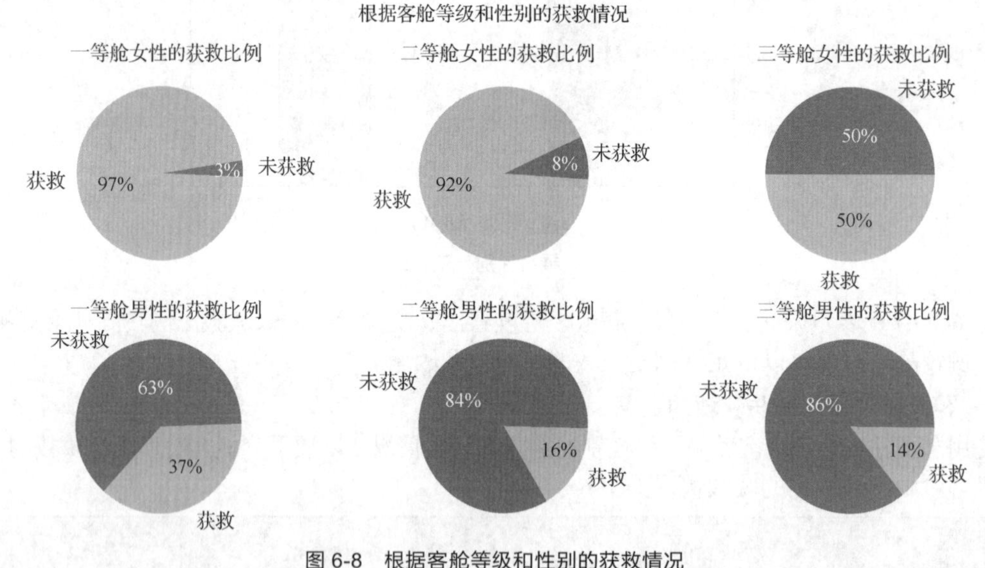

图 6-8　根据客舱等级和性别的获救情况

很明显，高级舱女性和男性的获救比例均高于低级舱。在 6 种情况中，高级舱女性的获救比例最高，低级舱男性的获救比例最低。因此客舱等级与性别两个属性结合后与获救情况的关系更加明显。

5. 年龄与获救的关系

下面使用堆叠图和饼图分析不同年龄段的获救情况，如图 6-9 所示。

```
    In[22]
        fig = plt.figure(figsize=(16,6))
        plt.subplot2grid((2,3),(0,0),rowspan=2)
        df_sex1=data_df['Age'][data_df['Survived']==1]
        df_sex0=data_df['Age'][data_df['Survived']==0]
```

```
        plt.hist([df_sex1,df_sex0],stacked=True,label=['获救','未获救'])
        plt.legend()
        plt.title('不同年龄段的获救情况')
        plt.subplot2grid((2,3),(0,1))
        plt.pie(data_df.Survived[data_df.Age=="儿童"].value_counts().
sort_index(),labels=["未获救","获救"],autopct='%1.0f%%')
        plt.title(u"儿童的获救比例")

        plt.subplot2grid((2,3),(0,2))
        plt.pie(data_df.Survived[data_df.Age=="少年"].value_counts().
sort_index(),labels=["未获救","获救"],autopct='%1.0f%%')
        plt.title(u"少年的获救比例")

        plt.subplot2grid((2,3),(1,1))
        plt.pie(data_df.Survived[data_df.Age=="成人"].value_counts().
sort_index(),labels=["未获救","获救"],autopct='%1.0f%%')
        plt.title(u"成人的获救比例")

        plt.subplot2grid((2,3),(1,2))
        plt.pie(data_df.Survived[data_df.Age=="老年"].value_counts().
sort_index(),labels=["未获救","获救"],autopct='%1.0f%%')
        plt.title(u"老年人的获救比例")
```

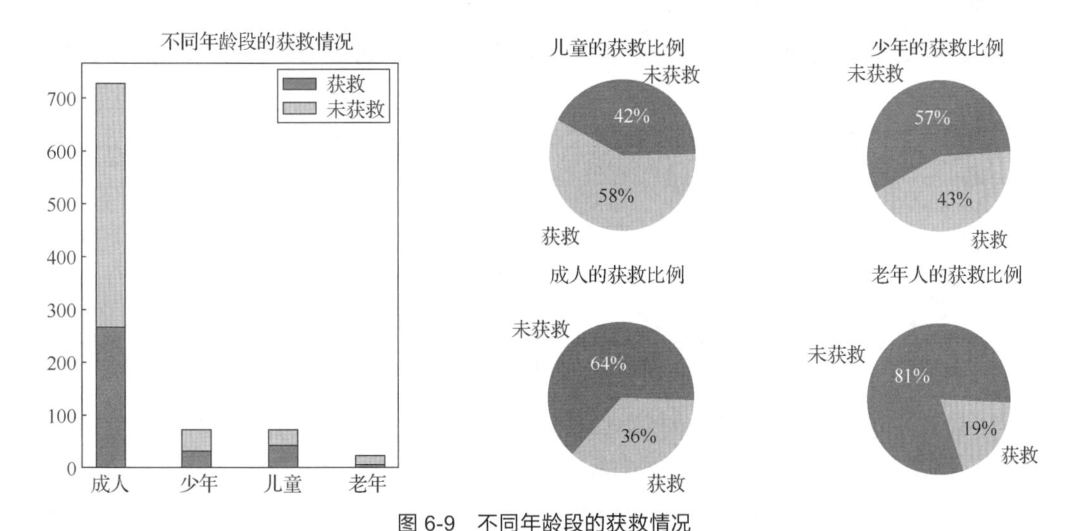

图 6-9　不同年龄段的获救情况

在样本的 891 人中，按之前年龄段的划分，儿童、少年、成人、老年人的获救比例分别为 58%、43%、36%和 19%。可见年龄越大，获救比例越低。

可以看出儿童的获救比例最高，之后是成人和少年，老年人的获救比例最低。因为这里有 177 个乘客的年龄数据是缺失的，而我们在数据清洗的时候使用的年龄的均值 30，也就是成年人来填充，所以这个结果可能与填充的数据有关系。

类似地，读者可以分析各登陆港口的获救情况、有兄弟姐妹的乘客与没有兄弟姐妹的乘客的获救情况等。

6.2 IMDb 电影数据探索和分析

互联网电影资料库（Internet Movie Database，IMDb）是一个关于电影演员、电影、电视节目、电视明星和电影制作的在线数据库。IMDb 的资料中包括影片的众多信息，如演员、片长、内容介绍、分级、评论等。对于电影的评分目前使用最多的就是 IMDb 评分。

本节采用的数据集是 IMDb 电影数据，该数据集包含 5043 部电影，电影范围涵盖 60 多个国家和地区，时间跨越 100 年，有 2300 多位不同的导演和数千位男女演员。不管是作为导演，还是制片人，他们关心的首要问题就是票房，从而对将来拍摄电影做出正确的指导，以获得更好的口碑或者获取更大的利益。下面对基于 IMDb 的 5000 多条数据进行数据探索和分析，主要探索电影票房与哪些因素相关。

6.2.1 载入数据

本案例的数据集可从本节配套资源中获取，文件名为 movie_metadata.csv，数据格式为 CSV。首先载入数据，简单了解数据的基础特征。

```
In[23]:movies_df = pd.read_csv("movie_metadata.csv")
       movies_df.shape
Out[23]:(5043, 28)
```

可见数据集有 5043 行、28 列，也就是说数据集中包含 5043 部电影数据（有可能有重复的），每部电影的描述属性有 28 个。

使用 head()函数查看一下前 5 条数据，结果如图 6-10 所示。

```
In[24]:movies_df.head(5)
```

	color	director_name	num_critic_for_reviews	duration	director_likes	actor_3_likes	actor_2_name	actor_1_likes	gross	genres	..
0	Color	James Cameron	723.0	178.0	0.0	855.0	Joel David Moore	1000.0	760505847.0	Action|Adventure|Fantasy|Sci-Fi	..
1	Color	Gore Verbinski	302.0	169.0	563.0	1000.0	Orlando Bloom	40000.0	309404152.0	Action|Adventure|Fantasy	..
2	Color	Sam Mendes	602.0	148.0	0.0	161.0	Rory Kinnear	11000.0	200074175.0	Action|Adventure|Thriller	..
3	Color	Christopher Nolan	813.0	164.0	22000.0	23000.0	Christian Bale	27000.0	448130642.0	Action|Thriller	..
4	NaN	Doug Walker	NaN	NaN	131.0	NaN	Rob Walker	131.0	NaN	Documentary	..

图 6-10　查看前 5 条数据

本数据集共有 28 列，上面的输出结果只给出了部分列的数据。从数据中可以看出部分数据具有缺失值，例如 color、num_critic_for_reviews 等。

因为列比较多，使用 movies_df.columns.values 可以列出全部列名，结合上面列出的 5 条数据理解每个列名表示的信息。

```
In[25]:movies_df.columns.values
```

下面给出字段的解释。

① color：颜色。

② director_name：导演名称。

③ duration：电影时长。

④ num_critic_for_reviews：评论的评分数量。

⑤ director_likes：导演的获赞数。

⑥ actor_3_likes：演员 3 的获赞数。

⑦ actor_2_name：演员 2 的名字。
⑧ actor_1_likes：演员 1 的获赞数。
⑨ gross：票房收入。
⑩ genres：类型。
⑪ actor_1_name：演员 1 的名字。
⑫ movie_title：电影名称。
⑬ num_voted_users：投票用户数。
⑭ cast_total_likes：演员总的获赞数。
⑮ actor_3_name：演员 3 的名字。
⑯ facenumber_in_poster：海报中的人脸数量。
⑰ plot_keywords：情节关键词。
⑱ movie_imdb_link：电影 IMDb 链接。
⑲ num_user_for_reviews：评论的用户数。
⑳ language：语言。
㉑ country：国家。
㉒ content_rating：内容评级。
㉓ budget：成本。
㉔ title_year：上线日期。
㉕ actor_2_likes：演员 2 的获赞数。
㉖ imdb_score：电影评分。
㉗ aspect_ratio：电影宽高比。
㉘ movie_likes：电影的获赞数。

可以先查看前 5 行的记录，简单了解每列数据的格式和值表示的含义。

6.2.2 数据处理

1. 缺失值处理

可以使用前面学习过的 DataFrame.isna()函数检测缺失值，该函数将返回一个与原 DataFrame 对象具有相同 shapes 的布尔 DataFrame 对象，其中 NaN 值（如 None 或 np.NaN）将映射为 True，其他所有值都映射为 False。当然也可以使用 pandas.DataFrame.isnull()函数检测缺失值，结果如图 6-11 所示。

```
In[26]:movies_df.isna()
```

	color	director_name	num_critic_for_reviews	duration	director_likes	actor_3_likes	actor_2_name	actor_1_likes	gross	genres	...	num_user_for_review
0	False	False	False	False	False	False	False	False	False	False	...	Fals
1	False	False	False	False	False	False	False	False	False	False	...	Fals
2	False	False	False	False	False	False	False	False	False	False	...	Fals
3	False	False	False	False	False	False	False	False	False	False	...	Fals
4	True	False	True	True	False	True	False	False	True	False	...	Tru
...	...	...	...	...	...	...	...	...	...	...	...	
5038	False	False	False	False	False	False	False	False	True	False	...	Fals
5039	False	True	False	False	True	False	False	False	True	False	...	Fals
5040	False	False	False	False	False	False	False	False	True	False	...	Fals
5041	False	False	False	False	False	False	False	False	False	False	...	Fals
5042	False	False	False	False	False	False	False	False	False	False	...	Fals

图 6-11　检测缺失值

因为数据有 28 列，上面的输出结果中只给出了部分列的显示，可以看到很多列都有缺失值。使用 pandas.DataFrame.isna()函数只是简单给出 True/False，接下来可以通过 sum()函数来查看每列的缺失值的数量，用这个方法可以找到每列的缺失值总数。

```
In[27]:movies_df.isna().sum()
Out[27]:
color                       19
director_name               104
num_critic_for_reviews      50
duration                    15
director_likes              104
actor_3_likes               23
actor_2_name                13
actor_1_likes               7
gross                       884
genres                      0
actor_1_name                7
movie_title                 0
num_voted_users             0
cast_total_likes            0
actor_3_name                23
facenumber_in_poster        13
plot_keywords               153
movie_imdb_link             0
num_user_for_reviews        21
language                    12
country                     5
content_rating              303
budget                      492
title_year                  108
actor_2_likes               13
imdb_score                  0
aspect_ratio                329
movie_likes                 0
```

从上面的输出结果可以看到，gross 和 budget 列的缺失值比较多，处理缺失值最简单的方式是删除包含缺失值（NA/NaN）的行。下面的方法删除包含缺失值（任何列中包含缺失值）的所有行，删除完成后查看数据的维度。

```
In[28]:delete_movies_df = movies_df.dropna(how='any')
    delete_movies_df.shape
Out[28]:(3756, 28)
```

可以看到，在删除包含缺失值的所有行之后减少了将近 1300 行的数据，这对于总数 5000 多行的数据集影响是非常大的。因此在这种情况下，尽量不要选择删除数据，而是采用填充数据的方法来处理缺失值。

pandas.DataFrame.fillna()函数利用固定的值来填充缺失值，可以选择一些特定的列，然后使用 DataFrame.fillna()函数进行固定值填充。对于数值型的数据可以选择使用 0 填充，下面代码采用 0 值填充 num_critic_for_review 和 num_user_for_reviews 列的值。

```
In[29]:movies_df[['num_critic_for_reviews', 'num_user_for_reviews']] = movies_df[['num_critic_for_reviews','num_user_for_reviews']].fillna(value=0)
```

海报中的人脸数量（facenumber_in_poster）用 3 来填充。

```
In[30]:movies_df['facenumber_in_poster']=movies_df["facenumber_in_poster"].fillna(value=3)
```

填充缺失值还有一种有效的方法是使用列的平均值来填充，下面代码采用均值填充 gross、budget、duration 列。

```
In[31]:movies_df['budget'].fillna(movies_df["budget"].mean(),inplace=True)
       movies_df['gross'].fillna(movies_df["gross"].mean(),inplace=True)
       movies_df['duration'].fillna(movies_df["duration"].mean(),inplace=True)
```

对于 object 格式的列，例如 language、country、actor_1_name、actor_2_name、actor_3_name、director_name 列，可以使用 no information 之类的词来填充缺少的条目。

```
In[32]:movies_df['language'].fillna("no infomation", inplace=True)
       movies_df['country'].fillna("no infomation", inplace=True)
       movies_df['director_name'].fillna("no infomation", inplace=True)
       movies_df['actor_1_name'].fillna("no infomation", inplace=True)
       movies_df['actor_2_name'].fillna("no infomation", inplace=True)
       movies_df['actor_3_name'].fillna("no infomation", inplace=True)
```

除此之外，用户还可以使用 ffill()和 bfill()函数填充缺失值。ffill()函数是将上一个有效观察值赋给下一个，bfill()函数是使用下一个观察值来填补空缺值，下面的代码使用上一个有效观察值来填充 title_year 列。

```
In[33]:movies_df['title_year'].fillna(method='ffill',inplace=True)
```

2. 重复数据处理

DataFrame 对象中可能存在重复的行，要查找数据集是否包含重复行，可以对所有列或某些选择的列使用 DataFrame.duplicated()函数来检查。

Dataframe.duplicated()函数返回表示重复行的布尔系列值。下面的代码用于找到电影数据集中有多少重复行。

```
In[34]:duplicate_rows_df1= movies_df[movies_df.duplicated()]
     duplicate_rows_df1.shape
Out[34]:(44, 28)
```

可以看到有 44 行数据是完全重复的，也就是这 44 行的数据的每列数据都是完全相同的。

除了可以从行来观察数据是否重复外，对于本数据集来说，movie_imdb_link 表示电影的 IMDb 链接地址，链接地址相同肯定是同一部电影，因此也可以从 movie_imdb_link 来找出重复的数据。

```
In[35]:duplicated_rows_df2=movies_df[movies_df.duplicated(['movie_imdb_link'])]
     duplicated_rows_df2.shape
Out[35]:(124, 28)
```

可以看到有 124 行的电影的 IMDb 链接地址完全相同，现在问题来了，那重复的数据行数是 124 还是 44 呢？为了更好地分析数据，有必要选择无重复的行进行处理。因此，本书选择删除每列都相同的数据，可以使用 DataFrame.drop_duplicates()进行重复数据的删除。

```
In[36]:movies_df_new=movies_df.drop_duplicates()
```

3. 数据类型转换

查看所有列的数据类型，代码如下。

```
In[37]:df.dtypes
Out[37]:
color                         object
director_name                 object
num_critic_for_reviews        float64
duration                      float64
director_likes                float64
```

```
actor_3_likes              float64
actor_2_name               object
actor_1_likes              float64
gross                      float64
genres                     object
actor_1_name               object
movie_title                object
num_voted_users            int64
cast_total_likes           int64
actor_3_name               object
facenumber_in_poster       float64
plot_keywords              object
movie_imdb_link            object
num_user_for_reviews       float64
language                   object
country                    object
content_rating             object
budget                     float64
title_year                 float64
actor_2_likes              float64
imdb_score                 float64
aspect_ratio               float64
movie_likes                int64
```

在进行数据预处理的时候，对于标签列非数值型的数据，往往需要将其转换成数值型，因为大多数统计方法只对数值型数据进行统计。

把 director_name、actor_1_name、actor_2_name、actor_3_name 转化为编号，添加 director_id、actor_1_id、actor_2_id、actor_3_id 列保存转化后的结果，如图 6-12 所示。

```
In[38]:director_name_dict = movies_df_new['director_name'].unique().tolist()
      #使用函数进行转化
      movies_df_new['director_id']= movies_df_new["director_name"].apply(lambda x :
director_name_dict.index(x))
      movies_df_new[["director_name","director_id"]].head(20)
```

	director_name	director_id
0	James Cameron	0
1	Gore Verbinski	1
2	Sam Mendes	2
3	Christopher Nolan	3
4	Doug Walker	4
5	Andrew Stanton	5
6	Sam Raimi	6
7	Nathan Greno	7
8	Joss Whedon	8
9	David Yates	9
10	Zack Snyder	10
11	Oliver Stone	11
12	Marc Forster	12
13	Gore Verbinski	1

图 6-12　转化为编号并添加新列保存结果

类似地，完成 actor_1_name、actor_2_name、actor_3_name 的转化，代码如下。

```
    In[39]:actor_1_name_dict = movies_df_new['actor_1_name'].unique().tolist()
           movies_df_new['actor_1_id']= movies_df_new ["actor_1_name"].apply(lambda
x : actor_1_name_dict.index(x))
           actor_2_name_dict = movies_df_new['actor_2_name'].unique().tolist()
           movies_df_new['actor_2_id']= movies_df_new ["actor_2_name"].apply(lambda
x : actor_2_name_dict.index(x))
           actor_3_name_dict = movies_df_new['actor_3_name'].unique().tolist()
           movies_df_new['actor_3_id']= movies_df_new ["actor_3_name"].apply(lambda
x : actor_3_name_dict.index(x))
```

电影类型是用“|”分割的字符串，因此首先需要使用“|”把所有电影类型分割，分割后可以获取所有的电影类型的字符串表示。考虑到字符串在某些数据分析中不容易进行统计计算，因此先对不同的电影类型进行 one-hot 编码，之后把电影类型存放在不同的列中。

首先创建一个空的 set()函数，set()函数用于创建无序不重复元素集。然后，遍历 genres，genres 中的每个元素又为一个列表，遍历列表中的每个元素，利用逗号进行分割，对分割后的元素去除空格，然后进行排序。为每个电影类型创建一个单独的列，利用布尔型表示其电影类型信息。最后对电影类型进行 one-hot 编码，将编码后的数据存放在一个新的 DataFrame 对象中。

```
    In[40]:genresList=set()
          for s in movies_df['genres'].str.split('|'):
               genresList=set().union(s,genresList)
          genresList=list(genresList)
          genresList
    Out[40]:
    ['Romance',
     'Fantasy',
     'Western',
     'Mystery',
     'History',
     'Thriller',
     'Reality-TV',
     'Adventure',
     'Horror',
     'War',
     'Music',
     'Film-Noir',
     'Musical',
     'Action',
     'Documentary',
     'Sport',
     'Short',
     'Biography',
     'Animation',
     'Game-Show',
     'News',
     'Crime',
     'Family',
     'Comedy',
     'Drama',
     'Sci-Fi']
     #对电影类型进行 one-hot 编码
     genresDf=pd.DataFrame()
        for genre in genresList:
            genresDf[genre]=fullDf['genres'].str.contains(genre).apply(lambda x :1
if x else 0)
```

4. 数据分箱

分箱（或称分桶）也是一种非常重要的数据处理技术，这里将对 imdb_score 列使用 pandas.cut() 函数进行分箱。根据 imdb_score 的值所在的区间(0,4]、(4,7]、(7,8.5]、(8.5,10]将电影分到 bad、general、good、excellent 4 个箱子中，分别表示差电影、一般的电影、好电影、优秀的电影，如图 6-13 所示。为了便于以后的数据分析，添加 box_rows 列存放数据的分箱结果，代码实现如下。

```
In[41]:box_rows= ['bad', 'general', 'good', 'excellent']
       category = [0.,4.,7.,8.5,10.]
       movies_df_new['box_rows']=pd.cut(movies_df_new['imdb_score'], labels=
box_rows, bins=category, include_lowest=False)
       movies_df_new[['movie_title', 'imdb_score','box_rows']].head(10)
```

	movie_title	imdb_score	box_rows
0	Avatar	7.9	good
1	Pirates of the Caribbean: At World's End	7.1	good
2	Spectre	6.8	general
3	The Dark Knight Rises	8.5	good
4	Star Wars: Episode VII - The Force Awakens ...	7.1	good
5	John Carter	6.6	general
6	Spider-Man 3	6.2	general
7	Tangled	7.8	good
8	Avengers: Age of Ultron	7.5	good
9	Harry Potter and the Half-Blood Prince	7.5	good

图 6-13 数据分箱

5. 异常值检测

在数据处理中，异常值（也称为离群值，outliers）检测是一个重要的部分，因为一些特征值中的异常值可能会扭曲真实情况，因此在数据分析时，不能将异常值和其他值一样同等对待处理。在第 5 章中已经介绍了如何利用箱线图检测异常值。下面使用箱线图来进行电影海报中的人脸数量（facenumber_in_poster）的异常值检测，结果如图 6-14 所示。

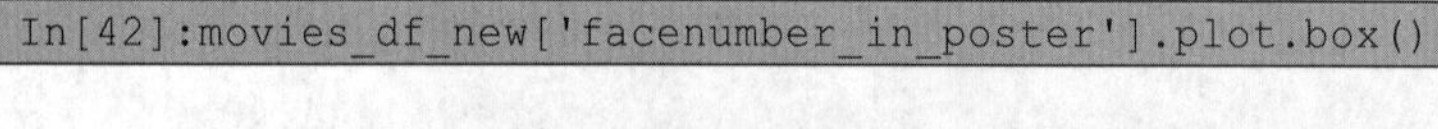

```
In[42]:movies_df_new['facenumber_in_poster'].plot.box()
```

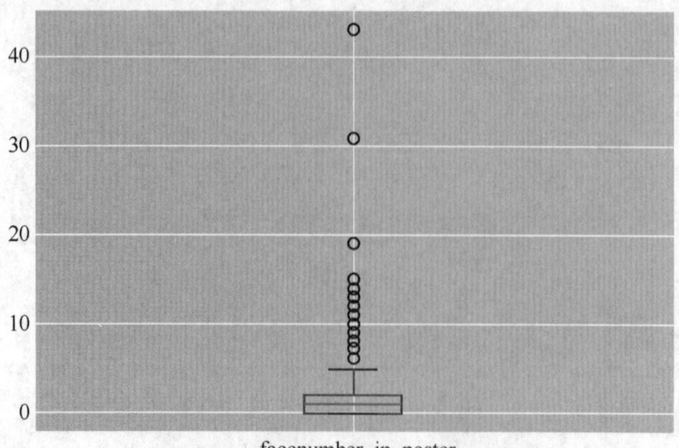

图 6-14 电影海报中的人脸数量箱线图

从上面的箱线图中能看出有很多异常值。可以查看一下电影海报中最多的人脸数量、最少的人脸数量、平均人脸数量各是多少。可以利用 DataFrame.describe()函数，查看 facenumber_in_poster 列的基本统计详细信息。

```
In[43]:movies_df['facenumber_in_poster'].describe()
Out[43]:
count      5043.000000
mean       1.375372
std        2.012674
min        0.000000
25%        0.000000
50%        1.000000
75%        2.000000
max        43.000000
Name: facenumber_in_poster, dtype: float64
```

可以看到电影海报中人脸数量最多的是 43 个，最少的是 0 个，平均约 1.4 个。根据箱线图的学习，我们知道小于 Q1−1.5IQR 的值或大于 Q3+1.5IQR 的值都是异常值，其中 Q1 表示下四分数 25%，Q3 表示上四分数 75%，IQR 为四分位距，IQR=Q3−Q1。因此上面的箱线图中有很多的异常值。

接下来要做的就是使用删除法或替换法来处理这些异常值，这里采用替换法，用上限的最小值或下限的最大值来替换 facenumber_in_poster 列中的异常值。

```
In[44]:Q1 = movies_df_new.facenumber_in_poster.quantile(q = 0.25)
     Q3 = movies_df_new.facenumber_in_poster.quantile(q = 0.75)
     IQR = Q3-Q1
     UL = Q3 + 1.5 * IQR
     LL = Q1-1.5 * IQR
     replace_vaule = movies_df_new.facenumber_in_poster[movies_df_new.
facenumber_in_poster < UL].max()
     movies_df_new.facenumber_in_poster[movies_df_new.facenumber_in_poster >
UL] = replace_vaule
     replace_vaule2 = movies_df_new.facenumber_in_poster[movies_df_new.
facenumber_in_poster<LL].min()
     movies_df_new.facenumber_in_poster[movies_df_new.facenumber_in_poster
<LL] = replace_vaule2
```

可以通过再次绘制 facenumber_in_poster 列的箱线图来检查上述步骤的效果，如图 6-15 所示。

```
In[45]:movies_df_new['facenumber_in_poster'].plot.box()
```

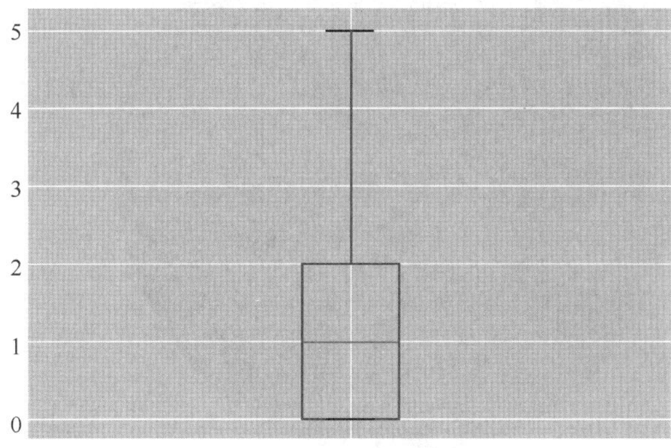

图 6-15 去除异常值后的箱线图

在这里，可以明显看到去除异常值后的箱线图与处理之前的箱线图的差异。

6.2.3 数据探索

1. 全球电影的区域性分布

首先看一下数据集中电影数量排名前 10 的国家。

```
In[46]:grouped = movies_df_new.groupby('country').size()
     grouped_head_10=grouped.sort_values( ascending=False ).head(10)
     grouped_head_10
Out[46]:
    country
    USA            3774
    UK             443
    France         154
    Canada         124
    Germany        96
    Australia      55
    India          34
    Spain          33
    China          28
    Italy          23
    dtype: int64
```

美国以 3774 部电影排在第一，英国 443 部居第二，法国 154 部居第三。

下面再来看高质量电影分布，在此将 IMDb 评分（imdb_score，电影评分）大于 8 的电影定义为高质量电影，找出高质量电影数量排名前 10 的国家并用饼图绘制出它们的占比情况，结果如图 6-16 所示。

```
In[47]:
     movie_max=movies_df_new[movies_df_new['imdb_score']>=8].groupby
("country").size().sort_values(ascending=False).head(10)
     plt.figure(figsize=(6,6))
     movie_max.plot.pie(autopct='%.2f%%',startangle=90,radius=1.5,label="")
```

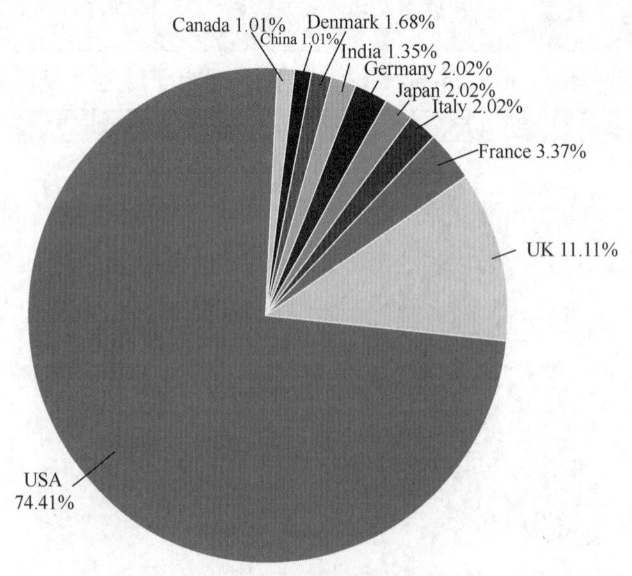

图 6-16 高质量电影分布

从图 6-16 中可以看出，数据集中高质量的电影主要集中在美国（USA）和英国（UK）。

2. 电影类型随时间变化的趋势

找出排名前 10 的电影类型。首先使用统计函数 sum()对 genresDf 的各列数据求和，也就是根据电影类型求和，然后升序排序后使用切片取后 10 个数据，结果如图 6-17 所示。

```
In[48]:
    total=genresDf.sum().sort_values()
    total=total[-10:]
    #不同类型电影数量对比
    plt.rcParams['font.sans-serif'] = ['Simhei'] #用来正常显示中文标签
    plt.rcParams['axes.unicode_minus']=False #用来正常显示负号
    total.plot.bar(figsize=(10,7),width=0.5,color="red",fontsize=15)
    plt.title('不同类型电影数量对比',fontsize=20)
    plt.ylabel('数量',fontsize=15)
    plt.xlabel('类型',fontsize=15)
    plt.grid(True)
    plt.show()
```

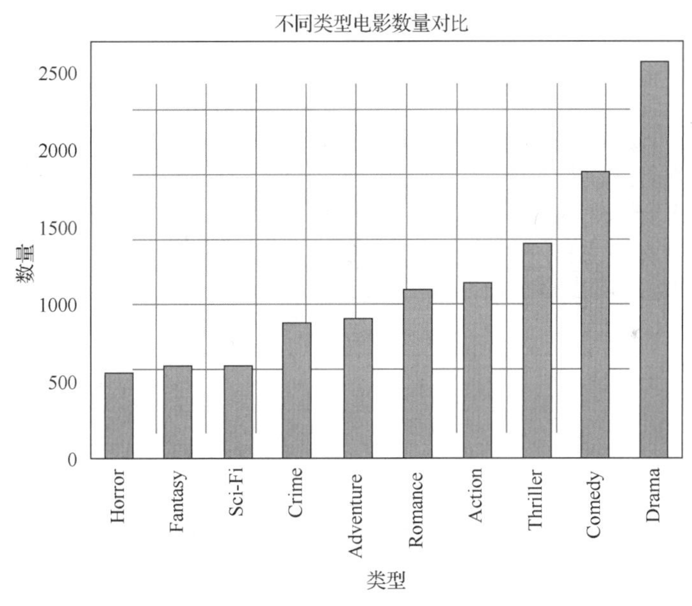

图 6-17　不同类型电影数量对比

从图 6-17 中可以看出，戏剧（Drama）类电影和喜剧（Comedy）类电影的数量是比较多的。

下面再来分析电影类型随时间推移发生的变化，为了方便观察只分析排名前 10 的类型的变化。首先使用标签名列表取出排名前 10 类型的 DataFrame 对象，然后绘制它们随时间变化的折线图（generesDf 中的索引是电影的上映时间），结果如图 6-18 所示。

```
    In[49]:genresDf=genresDf[['Drama','Comedy','Thriller','Action','Romance','Adve
nture','Crime','Sci-Fi','Fantasy','Horror']]
    genresDf.plot(figsize=(8,5))
    plt.title('电影类型随时间变化的趋势',fontsize=20)
    plt.xlabel('年份',fontsize=15)
    plt.ylabel('数量',fontsize=15)
    plt.grid(True)
    plt.show()
```

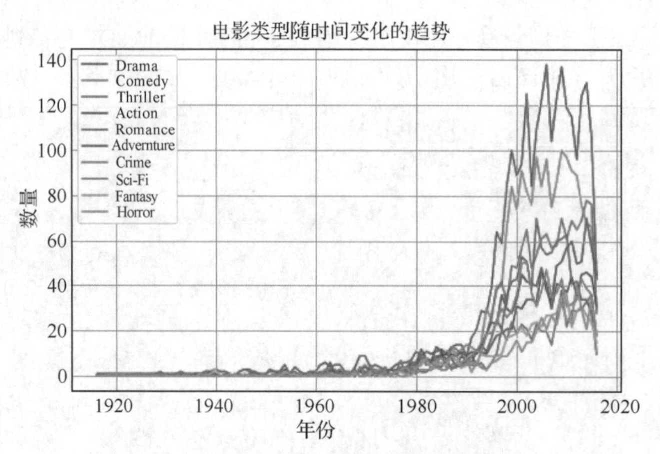

图 6-18　电影类型随时间变化的趋势

从图 6-18 中可以看出，随着时间的推移，各种类型的电影的数量虽有波动，但产量随着时间都在不断增长。其中戏剧类增长最快，喜剧类次之。

3. 电影数量和评分随时间变化的趋势

用折线图绘制电影数量随时间变化的趋势，结果如图 6-19 所示。

```
In[50]:
      year_df1=movies_df_new['title_year'].value_counts()
      year_df1.plot(figsize=(8,5),fontsize=15)
      plt.title('电影数量随时间变化的趋势',fontsize='20')
      plt.show()
```

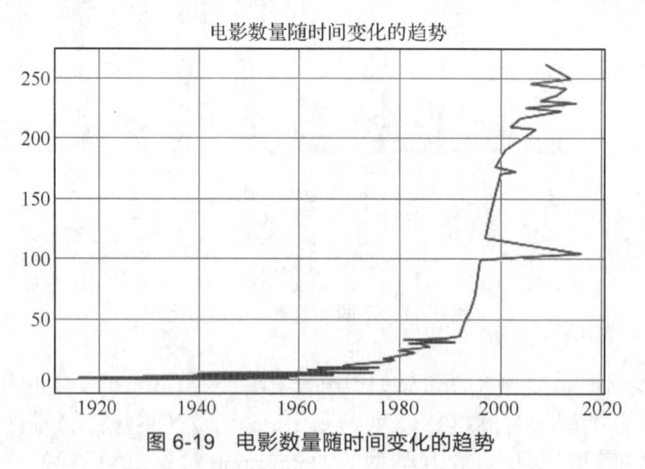

图 6-19　电影数量随时间变化的趋势

从图 6-19 中可以看出，近些年电影的数量呈明显的上升趋势，特别是 1980 年以后电影的数量呈直线上升。那么在电影数量上升的前提下，电影的质量是否提高了呢？下面从电影评分这一属性评价电影质量是否提高了。为了防止恶意的评分，下面的分析只筛选了评分在 4 分以上的数据，这样的处理能使得评分趋势的判定更加准确，结果如图 6-20 所示。

```
In[51]:#筛选 4 分以上的评分
      scores =movies_df_new[movies_df_new['imdb_score'] >4].sort_values(by =
'imdb_score', ascending = False)
      scores_year = scores.groupby('title_year')['imdb_score'].mean()
      #绘制评分&年份均值折线图
```

```
        ax1=scores_year.plot(x=scores_year.index, y = 'imdb_score',figsize=(8,6),
label = '评分趋势',color="red")
        plt.title('均值评分&年份', fontsize = 16)
        plt.xticks(fontsize = 14)
        plt.yticks(fontsize = 14)
        plt.xlabel('年份', fontsize =16)
        plt.ylabel('均值', fontsize =16)
        plt.legend(fontsize = 13)
        plt.show()
```

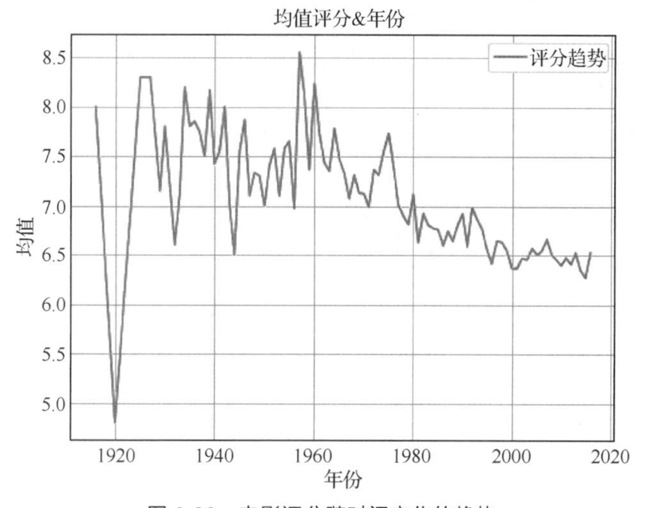

图 6-20　电影评分随时间变化的趋势

从图 6-20 中可以看出，从评分均值上看，近年来电影的评分一直处于下滑状态，好评的趋势在逐年下降。因此近年来电影数量虽大幅上升，而电影质量整体下滑，评分普遍较低。

4. 电影票房的影响因素

首先计算 director_id、director_likes 和电影票房 gross 的相关系数来粗略衡量它们之间的相关性。

```
    In[52]:movies_df_new.corr()["gross"]
    Out[52]:
    num_critic_for_reviews          0.436703
    duration                        0.202323
    director_likes                  0.140566
    actor_3_likes                   0.286506
    actor_1_likes                   0.139232
    gross                           1.000000
    num_voted_users                 0.613200
    cast_total_likes                0.222015
    facenumber_in_poster           -0.027738
    num_user_for_reviews            0.538870
    budget                          0.100246
    title_year                      0.020665
    actor_2_likes                   0.249623
    imdb_score                      0.168280
    aspect_ratio                    0.015491
    movie_likes                     0.361555
    director_id                    -0.371515
```

```
    actor_1_id                              -0.279217
    actor_2_id                              -0.336309
    actor_3_id                              -0.369051
    Name: gross, dtype: float64
```

从上面的输出结果可以看出，导演和票房相关性为 0.37，导演获赞数和票房相关性为 0.14，电影获赞数、电影的评论数、演员的获赞数等都与票房成正比。

（1）票房与预算的关系

在考虑票房和预算关系的时候，本书仅考虑了 2014—2016 年的电影数据。从分析结果可以看出，预算一直处于增长的状态。虽然并不是高的预算一定能取得高的票房，但是总体趋势预算和票房还是成正比的，结果如图 6-21 所示。

```
    In[53]:#票房与预算关系
        dfnew=movies_df_new[movies_df_new["title_year"]>=2014].sort_values(by=
["budget"])
        ax1=dfnew.plot.scatter(x="movie_title",y='budget',c="red",xticks=[],
legend=True)
        dfnew.plot.scatter(x="movie_title",y='gross',ax=ax1,c="green",xticks=[],
legend=True)
        plt.title('电影票房与预算的关系',fontsize=20)
        plt.legend(fontsize=14)
```

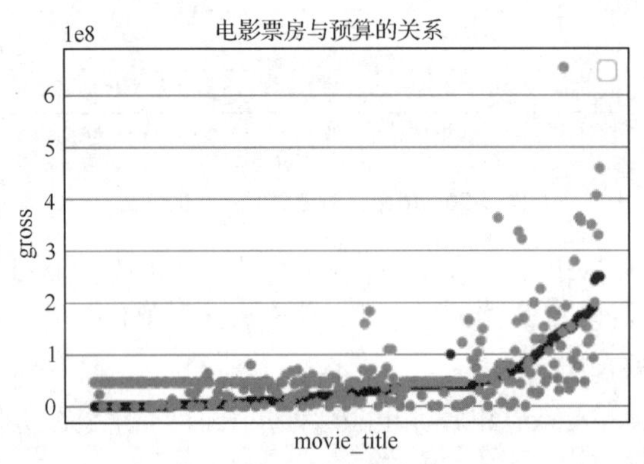

图 6-21　电影票房与预算的关系

（2）评分、评论和获赞数与电影票房的关系

下面分析评论评分数量（num_critic_for_reviews）、投票用户数（num_voted_users）、评论用户数（num_user_for_reviews）、电影获赞数（movie_likes）、演员总获赞数（cast_total_likes）与票房（gross）的关系。

这里因为电影票房和各种评分、获赞数差别巨大，所以需要对数据进行标准化（归一化）处理。

数据的标准化（归一化）处理是数据分析的一项基础工作，不同评价指标往往具有不同的量纲和量纲单位，这样的情况会影响数据分析的结果。为了消除指标之间的量纲影响，需要进行数据标准化处理，以解决数据指标之间的可比性。原始数据经过数据标准化处理后，各指标处于同一数量级，适合进行综合对比评价。

因此下面对评论评分数量（num_critic_for_reviews）、投票用户数（num_voted_users）、评论用户数（num_user_for_reviews）、电影获赞数（movie_likes）、演员总获赞数（cast_total_likes）和票房（gross）数量进行归一化处理，把数据映射到 0～1 范围之内，如图 6-22 所示。

```
In[54]:#评论的评分数量与票房的关系
fig = plt.figure(figsize=(12,8))
dfnew=movies_df_new[movies_df_new["title_year"]>2014]
#数据归一化处理
dfnew["gross"]=dfnew["gross"]/(dfnew["gross"].max())
dfnew["num_critic_for_reviews"]=dfnew["num_critic_for_reviews"]/(dfnew["num_
critic_for_reviews"].max())
dfnew["num_voted_users"]=dfnew["num_voted_users"]/(dfnew["num_voted_users"].
max())
dfnew["num_user_for_reviews"]=dfnew["num_user_for_reviews"]/(dfnew["num_user_
for_reviews"].max())
dfnew["movie_likes"]=dfnew["movie_likes"]/(dfnew["movie_likes"].max())
dfnew["cast_total_likes"]=dfnew["cast_total_likes"]/(dfnew["cast_total_likes"].
max())
ax1 =plt.subplot2grid((2,3),(0,0))
dfnew.plot.scatter(x="movie_title",y='num_critic_for_reviews',c="red",xticks=
[],legend=True,ax=ax1)
dfnew.plot.scatter(x="movie_title",y="gross",ax=ax1,c="green",xticks=[],
legend=True)
plt.title('评论的评分数量与票房的关系',fontsize=10)
plt.legend(fontsize=14)
#投票用户数与票房的关系
ax2 = plt.subplot2grid((2,3),(0,1))
dfnew.plot.scatter(x="movie_title",y='num_voted_users',c="red",xticks=[],
legend=True,ax=ax2)
dfnew.plot.scatter(x="movie_title",y="gross",ax=ax2,c="green",xticks=[],
legend=True)
plt.title('投票用户数与票房的关系',fontsize=10)
plt.legend(fontsize=14)
#评论的用户数与票房的关系
ax3 = plt.subplot2grid((2,3),(0,2))
dfnew.plot.scatter(x="movie_title",y='num_user_for_reviews',c="red",xticks=[],
legend=True,ax=ax3)
dfnew.plot.scatter(x="movie_title",y="gross",ax=ax3,c="green",xticks=[],
legend=True)
plt.title('评论的用户数与票房的关系',fontsize=10)
plt.legend(fontsize=14)
#电影的获赞数与票房的关系
ax4 = plt.subplot2grid((2,3),(1,0))
dfnew.plot.scatter(x="movie_title",y='movie_likes',c="red",xticks=[],legend=
True,ax=ax4)
dfnew.plot.scatter(x="movie_title",y="gross",ax=ax4,c="green",xticks=[],
legend=True)
plt.title('电影的获赞数与票房的关系',fontsize=10)
plt.legend(fontsize=14)
#演员的获赞总数与票房的关系
ax5 = plt.subplot2grid((2,3),(1,1),colspan=2)
dfnew.plot.scatter(x="movie_title",y='cast_total_likes',c="red",xticks=[],
legend=True,ax=ax5)
dfnew.plot.scatter(x="movie_title",y="gross",ax=ax5,c="green",xticks=[],
legend=True)
plt.title('演员的获赞总数与票房的关系',fontsize=10)
plt.legend(fontsize=14)
plt.show()
```

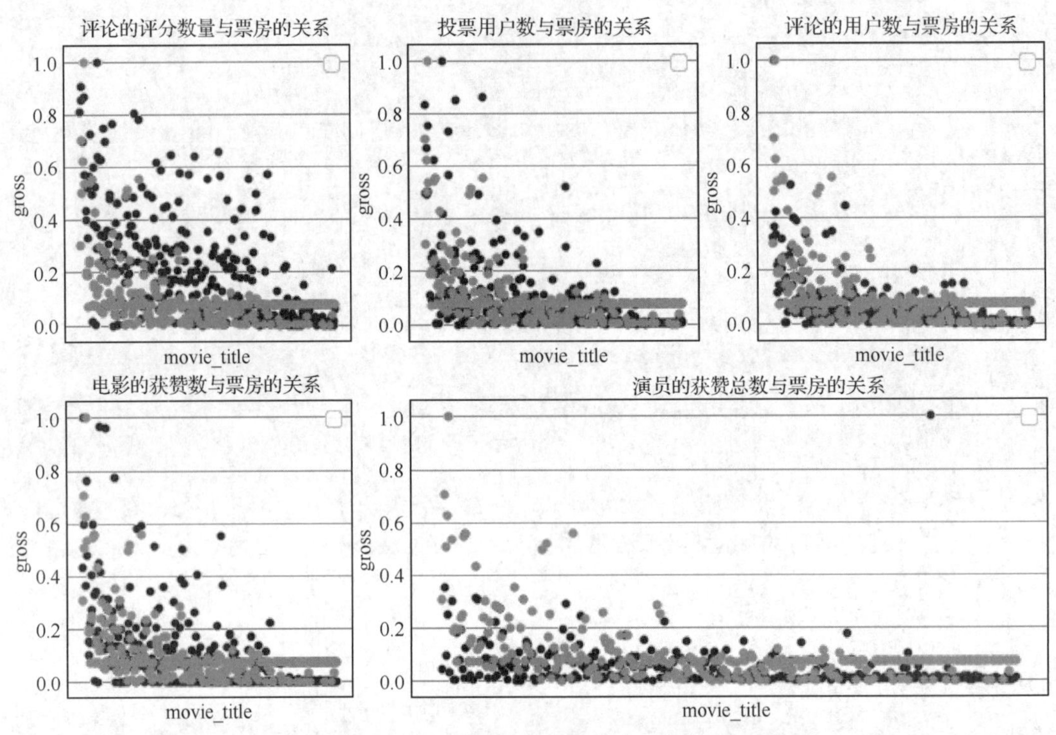

图 6-22　评分、评论和获赞与电影票房的关系

从图 6-22 中可以看出评论的用户数、投票用户数与票房具有非常高的相关性，电影的获赞数和演员的获赞数有较高相关性，评论的评分数量与票房有一定的相关性。

（3）电影类型与电影票房的关系

在数据分析的过程中，为了提取更有用的信息，需要利用已有的属性集构造新的属性，并加入现有的属性集中。下面合并 movies_df_new 的票房（gross）列和预算（budget）列以及 genresDf 的所有列到 moives_df_all 中，衡量不同类型电影的票房收入，结果如图 6-23 所示。

```
In[55]:movies_df_all = pd.DataFrame()#创建空的数据框
       #合并 movies_df_new 的 gross 列和 budget 列以及 genresDf 的所有列
       movies_df_all = pd.concat([genresDf.iloc[:,:],movies_df_new["gross"],
movies_df_new["budget"]],axis=1)  movies_by_genres = pd.Series(index=genresList)
       for genres in list(genresList):
           newdf=movies_df_all[[genres,'gross']]
       movies_by_genres[genres]=newdf.groupby(genres,as_index=False).sum().loc
[1,'gross']
       movies_by_genres=movies_by_genres.sort_values()
       movies_by_genres_top=movies_by_genres[-10:]
       movies_by_genres_top.plot.bar(figsize=(8,5),fontsize=15,color="red");
       plt.title('不同类型电影的票房收入（前 10）', fontsize = 16)
       plt.xticks(fontsize = 14)
       plt.yticks(fontsize = 14)
       plt.ylabel('票房', fontsize =16)
       plt.xlabel('类型', fontsize =16)
       plt.show()
```

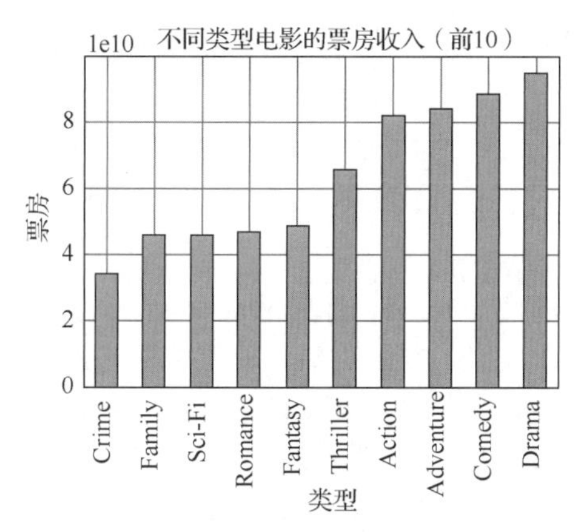

图 6-23 不同类型电影的票房收入

由图 6-23 中可以看出，票房收入最高的是戏剧（Drama）类电影，之后是喜剧（Comedy）和冒险（Adventure）类电影。

票房高，不一定收益率高，因为还有成本这一属性。下面来分析不同类型电影的收益率，为了比较收益率，新增收益率属性列，并添加到 movies_df_all 数据框中，结果如图 6-24 所示。

```
In[56]:
#添加新列收益率
movies_df_all["earning_rate"]=(movies_df_all["gross"]-movies_df_all
["budget"])/movies_df_all["budget"]
movies_by_genres2 = pd.Series(index=genresList)
for genres in list(genresList):
    newdf=movies_df_all[[genres,'earning_rate']]
movies_by_genres2[genres]=newdf.groupby(genres,as_index=False).sum().
loc[1,'earning_rate']
movies_by_genres2=movies_by_genres2.sort_values()
movies_by_genres_top2=movies_by_genres2[-10:]
movies_by_genres_top2.plot(figsize=(8,5),fontsize=15,color="red")
plt.title('不同类型电影的收益率（前 10）',fontsize = 16)
labels=['Mystery','Family','Sci-Fi','Documentary','Romance','Comedy',
'Crime','Thriller','Horror','Drama']
plt.xticks(range(len(labels)),labels,fontsize = 14,rotation=60)
plt.yticks(fontsize = 14)
plt.ylabel('收益率', fontsize =16)
plt.xlabel('类型', fontsize =16)
plt.show()
```

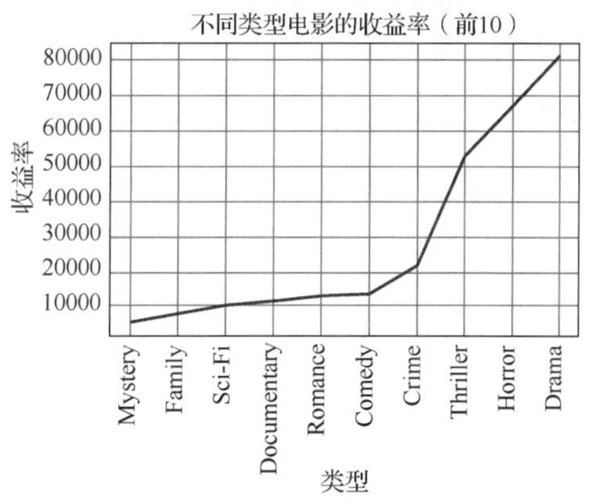

图 6-24 不同类型电影的收益率

由图 6-24 中可以看出，戏剧（Drama）类电影收益率是最高的。

习题

北京二手房房价探索性分析。

（1）将 beijing_data.csv 文件使用 Pandas 库的 read_csv()函数读入当前工作空间。

（2）查看每列数据是否有缺失值，并采用恰当的方法对缺失值进行处理。

（3）采用箱线图检查 price 列数据是否有异常值，采用恰当的方法重置异常值。

（4）分析北京二手房数量随时间变化的趋势。

（5）分析北京二手房价格随时间变化的趋势。

（6）对比北京各区二手房数量和价格随时间变化的趋势。

（7）采用条形图对比北京二手房各区域的房价。

（8）分析房屋面积、房屋所在区域、装修情况、有无电梯等因素对房价的影响。

07 第7章　数值计算SciPy

SciPy 库构建于 NumPy 之上，并在其基础上增加了数学、科学和工程计算模块，例如插值、积分、优化、图像处理、统计和特殊功能等，每个子模块对应不同的应用。本章将通过具体的实例介绍 SciPy 的常用模块，为了方便读者理解，在实例中会使用 Matplotlib 绘制二维图表，SciPy 的常用模块如表 7-1 所示。

表 7-1　SciPy 的常用模块

模块	应用领域
scipy.cluster	向量计算/Kmeans
scipy.constants	物理和数学常量
scipy.fftpack	傅里叶变换
scipy.integrate	积分程序
scipy.interpolate	插值
scipy.io	数据输入/输出
scipy.linalg	线性代数程序
scipy.ndimage	*n* 维图像包
scipy.odr	正交距离回归
scipy.optimize	优化算法
scipy.signal	信号处理
scipy.sparse	稀疏矩阵
scipy.spatial	空间数据结构和算法
scipy.special	一些特殊的数学函数
scipy.stats	统计函数

7.1　优化和拟合

优化（optimize）是指在某些约束条件下，求目标函数最优解的过程。机器学习、人工智能中的绝大部分问题都会涉及求解优化。

SciPy 的 optimize 模块提供了许多常用的数值优化算法，本节对其中的最小二乘拟合、函数极值和非线性方程组求解进行简单的讲解。

导入 scipy.optimize 模块的代码如下。

```
from scipy import optimize
```

7.1.1 最小二乘拟合

假设有一组实验数据(x_i,y_i)，事先知道它们之间应该满足某函数关系 $y_i=f(x_i)$，通过这些已知信息，需要确定函数 $f()$的一些参数。例如，如果函数 $f()$是线性函数 $f(x)=kx+b$，那么参数 k 和 b 就是需要确定的值。

如果用 p 表示函数中需要确定的参数，那么目标就是找到一组 p，使得下面的函数 $s()$的值最小。

$$s(p)=\sum_{i=1}^{m}\left[y_i-f(x_i,p)\right]^2$$

这种算法被称为最小二乘拟合（Least-square fitting）。最小二乘拟合是非常经典的数值优化算法，通过最小化误差的平方和来寻找最符合数据的曲线。

Python 的科学计算包 SciPy 的 optimize 模块提供了一个函数 leastsq()对数据进行最小二乘拟合计算，leastsq()函数可以求出任意想要拟合的函数的参数。leastsq()函数的格式如下。

```
optimize.leastsq(func, x0, args=())
```

参数说明如下。

func：计算误差的函数。

x0：计算的初始参数值。

args：指定 func 的其他参数。

因此，leastsq()函数只需要将计算误差的函数和待确定参数的初始值传递给它即可。计算的结果 r 是一个包含两个元素的元组，第一个元素是一个数组，表示拟合后的参数 k、b；第二个元素如果等于 1、2、3、4 中的一个整数，则拟合成功，否则将会返回拟合失败的字符串 mesg。

【实例】使用 leastsq()函数对线性函数进行拟合。

```
In[1]:import numpy as np
      from scipy import optimize
      #样本数据
      X= np.array([170,175,178,162,169,176,160,162,171])
      Y= np.array([63,65,67,55,59,66,58,55,62])
      #偏差函数，计算以 p 为参数的直线和原始数据之间的误差
      def residuals(p):
                   k, b = p
                   return Y-(k*X+b)
      #leastsq()使得 residuals()的输出数组的平方和最小，参数的初始值为[1, 0]
      ret = optimize.leastsq(residuals, [1, 10])
      k, b = ret[0]
      print("k = ", k, "b = ", b)
Out[1]:
      0.42879847425177453 b =-11.006675143084689
```

residuals(p)的参数 p 是拟合直线的参数，该函数返回原始数据和拟合直线之间的误差。为了使读者清楚地看到拟合的效果，下面利用 Matplotlib 对拟合结果进行了绘制，如图 7-1 所示。图中的点表示原始数据，直线表示拟合之后的直线，用数据点到拟合直线在 y 轴上的距离表示误差，leastsq()函数使这些误差的平方和最小。

绘制拟合直线的代码如下。

```
In[2]:import matplotlib.pyplot as plt
      #画样本点
      plt.figure(figsize=(8, 5)) ##指定图像比例为 8:5
      plt.scatter(X, Y, color="green", label="Samples", linewidth=2)
      #画拟合直线
      x = np.linspace(155, 185, 100) ##在 155 至 185 间直接画 100 个连续点
      y = k*x + b ##函数式
      plt.plot(x,y,color="red", label="Fit",linewidth=2)
      plt.xticks(fontsize=15)
      plt.yticks(fontsize=15)
      plt.legend(fontsize=15) #绘制图例
      plt.show()
```

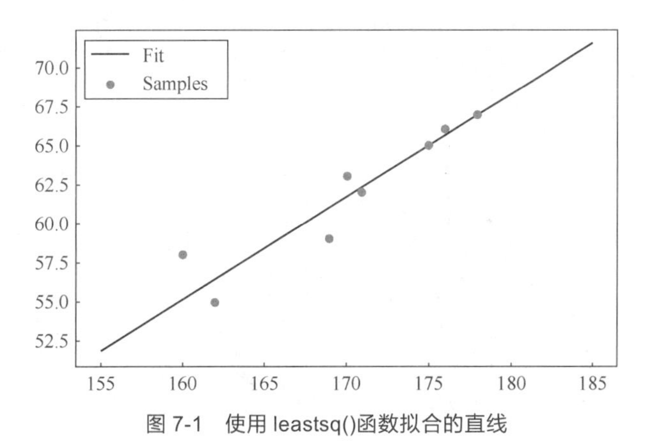

图 7-1　使用 leastsq()函数拟合的直线

上面是直线拟合的实例，接下来看一个曲线拟合的实例。

【实例】使用 leastsq()函数对带噪声的正弦波数据进行拟合。

```
In[3]:def func(x, p):
      """
      #数据拟合所用的函数为 A*sin(2*pi*k*x + theta)
      """
      A, k, theta = p
      return A*np.sin(2*np.pi*k*x+theta)
def residuals(p, y, x):
      """
      #实验数据 x, y 和拟合函数之间的差，p 为拟合需要找到的系数
      """
      return y-func(x, p)
x = np.linspace(-2*np.pi, 0, 100)
A, k, theta = 10, 0.34, np.pi/6 # 真实数据的函数参数
y0 = func(x, [A, k, theta]) # 真实数据
#加入噪声之后的实验数据
y1 = y0 + 2 * np.random.randn(len(x))
p0 = [7, 0.2, 0] # 第一次猜测的函数拟合参数
plsq = optimize.leastsq(residuals, p0, args=(y1, x))
print( r"真实参数:", [A, k, theta] )
print(r"拟合参数:", plsq[0])
```

```
Out[3]:
    真实参数: [10, 0.34, 0.5235987755982988]
    拟合参数: [-9.92183178  0.34279006 -2.53889329]
```

使用 leastsq()函数对带噪声的正弦波数据进行拟合。拟合所得的参数虽然和实际的参数有可能完全不同，但是由于正弦函数具有周期性，因此实际上拟合的结果和实际的函数是一致的。

上面代码中 plsq=optimize.leastsq(residuals, p0, args=(y1, x))调用 leastsq()函数进行数据拟合，其中 residuals()为计算误差的函数，p0 为拟合参数的初始值，args 为需要拟合的实验数据。这里 leastsq()函数除了初始值之外，还调用了 args 参数，用于指定 residuals()函数中使用到的其他参数（直线拟合时直接使用了 X、Y 的全局变量），这里将(y1,x)传递给 args 参数。同样地，leastsq()函数也返回一个元组，第一个元素为拟合后的参数数组，因此 plsq[0]可以获取实验数据拟合后的参数。

如果知道这些 sample 数据来自的函数（这个案例中是 $x^2 + \sin(x)$）的函数形式，而不知道每个数据项的系数，那么可以用最小二乘曲线拟合来找到这些系数。首先需要定义函数来拟合。我们找到了正弦函数的振幅、频率和相角，下面用 Matplotlib 绘制拟合的效果图来查看拟合的效果，如图 7-2 所示。

```
In[4]:#使 Matplotlib 支持中文
  plt.rcParams['font.sans-serif'] = ['SimHei']
  #使 Matplotlib 正常使用符号
  plt.rcParams['axes.unicode_minus'] = False
  plt.plot(x, y0, label=u"真实数据")
  plt.plot(x, y1, label=u"带噪声的实验数据")
  plt.plot(x, func(x, plsq[0]), label=u"拟合数据")
  plt.xticks(fontsize=15)
  plt.yticks(fontsize=15)
  plt.legend(fontsize=15)
  plt.show()
```

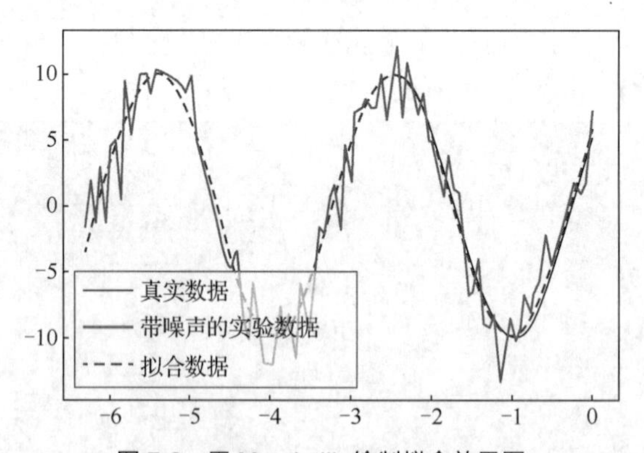

图 7-2　用 Matplotlib 绘制拟合效果图

对于曲线拟合，optimize 模块还提供了另外一个拟合函数 curve_fit()，下面用此函数对上面的正弦数据进行拟合。该函数的目标函数的参数与 leastsq()函数不同，curve_fit()函数中各个待优化的参数直接作为函数的参数传入。

```
In[5]:def func2(x,A,k,theta):
    return A*np.sin(2*np.pi*k*x+theta)
    res=optimize.curve_fit(func2,x,y1,p0)
    print(res[0])
Out[5]:
[-9.92183178  0.34279006 -2.53889329]
```

7.1.2 函数极值求解

函数极值问题是寻找一个函数的最小值、最大值的问题。optimize 模块提供了很多求函数最小值的方法，例如 Nelder-Mead（单纯形法）、Powell（鲍威尔优化法，又称方向加速法）、CG（共轭梯度下降法）、BFGS（拟牛顿法）、Newton-CG（牛顿共轭法）、L-BFGS-B（拟牛顿法的扩展）、SLSQP（序列最小二乘法）等，下面是 optimize 模块中的求函数极值的函数。

（1）非线性最优化

① fmin()：简单的单纯形法。

② fmin_powell()：改进型鲍威尔优化法。

③ fmin_bfgs()：拟牛顿法。

④ fmin_cg()：非线性共轭梯度法。

⑤ fmin_ncg()：线性搜索牛顿共轭梯度法。

⑥ leastsq()：最小二乘法。

（2）有约束的多元函数问题

① fmin_l_bfgs_b()：使用拟牛顿法的扩展算法。

② fmin_tnc()：梯度信息。

③ fmin_cobyla()：线性逼近。

④ fmin_slsqp()：序列最小二乘法。

⑤ brute()：强力法。

（3）全局优化

本小节主要以 BFGS 为例来说明如何使用 optimize 模块中的函数求解函数最小值。

牛顿法属于利用一阶和二阶导数的无约束目标最优化方法。基本思想是在每一次迭代中，以牛顿方向为搜索方向进行更新。牛顿法的基本思路是在现有极小点估计值的附近对目标函数做二阶展开，进而找到极小点的下一个估计值。因此牛顿法对目标的可导性更严格，要求二阶可导，有 Hesse 矩阵求逆的计算复杂的缺点。

BFGS 是使用较多的一种拟牛顿方法，是由布罗伊登（Broyden）、弗莱彻（Fletcher）、戈德法布（Goldfarb）、香农（Shanno）4 个人分别提出的，又称为 BFGS 校正。BFGS 被认为是数值效果最好的拟牛顿法，并且具有全局收敛性和超线性收敛速度。

optimize 的 fmin_bfgs()函数就是使用 BFGS 来求解最值的，下面以一个具体的实例来讲解如何使用 optimize 模块中的 fmin_bfgs()函数求解函数最小值。首先看一个比较简单的函数（抛物线）。

$$f(x)=x^2+2x+9$$

画出函数曲线，如图 7-3 所示。

```
In[6]:import numpy as np
   from scipy import optimize
   import matplotlib.pyplot as plt
   #定义函数
   def f(x):
     return x**2 + 2*x + 9
   #x 取值：-10 到 10 之间，间隔 0.1
   x = np.arange(-10, 10, 0.1)
   #画出函数曲线
   plt.plot(x, f(x))
   plt.show()
```

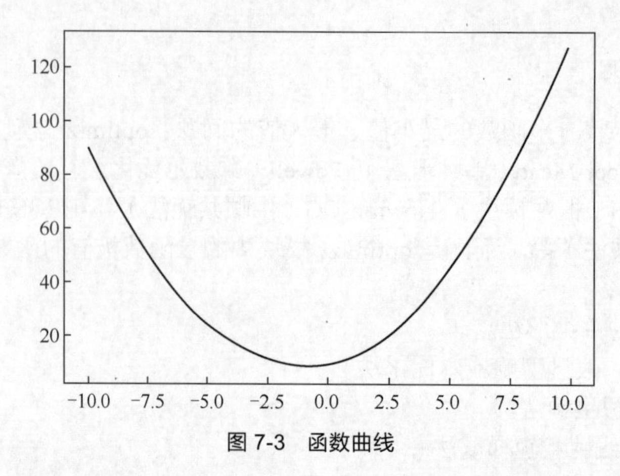

图 7-3 函数曲线

接下来使用 fmin_bfgs()函数找出抛物线函数的最小值，fmin_bfgs()函数第一个参数是函数名，第二个参数是梯度下降的起点，返回值是函数最小值的 ndarray 数组。

```
In[7]:
xopt = optimize.fmin_bfgs(f, 0)
xmin = xopt[0] #x 值
ymin = f(xmin) #y 值，即函数最小值
print('xmin: ', xmin)
print('ymin: ', ymin)
Out[7]:
Optimization terminated successfully.
         Current function value: 8.000000
         Iterations: 2
         Function evaluations: 9
         Gradient evaluations: 3
xmin:  -1.00000000944232
ymin:  8.0
```

最后，在抛物线上标出 fmin_bfgs()函数求出的最小值的点，结果如图 7-4 所示。

```
In[8]:#画出函数曲线
    plt.plot(x, f(x))
    #画出最小值的点，s=20 设置点的大小，c='r'设置点的颜色
    plt.scatter(xmin, ymin, s=20, c='r')
    plt.savefig('./opt3-1.png') #保存要显示的图片
    plt.show()
```

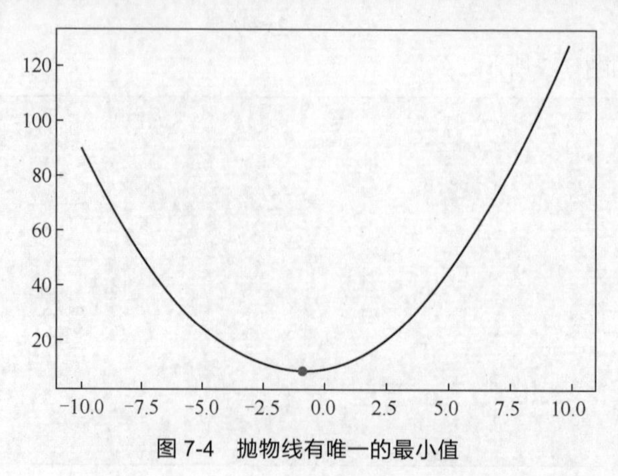

图 7-4 抛物线有唯一的最小值

fmin_bfgs()函数有个问题：当函数有局部最小值时，该算法会因初始点不同，找到这些局部最小值而不是全局最小值。下面来看另一个函数，该函数有多个局部最小值。

$$g(x)=x^2+20\sin(x)$$

首先画出该函数的曲线，观察曲线的特点，有多个局部最小值，结果如图 7-5 所示。

```
In[9]:
   def f(x):
        return x**2 + 50*np.sin(x)
   x = np.arange(-20, 20, 0.1)
   plt.plot(x, f(x))
   plt.show()
```

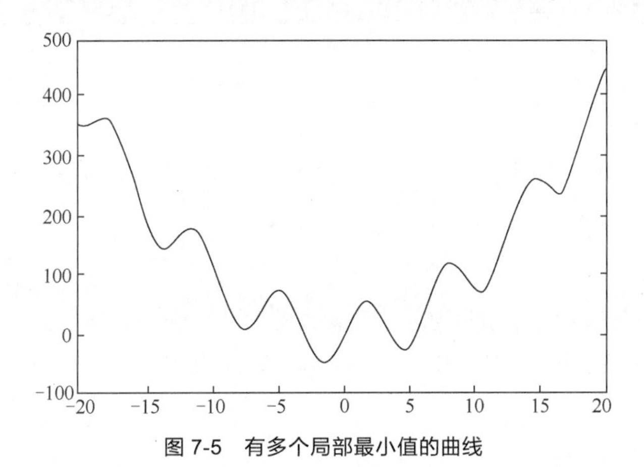

图 7-5 有多个局部最小值的曲线

从图 7-5 中可以看出，这个函数在多个地方存在局部最小值，显然这是一个非凸优化问题。对于这类函数的最小值问题，一般是从给定的初始值开始进行一个梯度下降，在 optimize 模块中一般使用 fmin_bfgs(f,-15)函数。

```
In[10]:
     opt=optimize.fmin_bfgs(f, -10)
     xmin = xopt[0] #x 值
     ymin = f(xmin) #y 值，即函数最小值
     print('xmin: ', xmin)
     print('ymin: ', ymin)
Out[10]:Optimization terminated successfully.
          Current function value:9.294706
          Iterations: 4
          Function evaluations: 23
          Gradient evaluations: 11
xmin:  -7.54730482315
ymin:  9.29470624384
```

结果显示，在经过 4 次迭代之后找到了一个局部最小值-7.54730482315，这并不是函数的全局最小值，这也是拟牛顿算法（BFGS）的局限性。如果一个函数有多个局部最小值，拟牛顿算法可能找到这些局部最小值而不是全局最小值，这取决于初始点的选取。如果我们不知道全局最低点，并且使用一些临近点作为初始点，那将需要花费大量的时间来获得全局最优。此时可以采用暴力搜寻算法，它会评估范围网格内的每一个点。

```
In[11]:
     grid = (-10, 10, 0.1)
```

```
    xmin_global = optimize.brute(f, (grid,))
    xmin = xmin_global[0] #x 值
    ymin = f(xmin) #y 值，即函数最小值
    print('xmin: ', xmin)
    print('ymin: ', ymin)
Out[12]:
    xmin:  -7.54730482315
    ymin:  9.29470624384
```

对于更大的网格，scipy.optimize.brute()函数会变得非常慢。

如果需要求一定范围之内的函数最小值，可使用 fminbound()函数。该函数格式如下。

```
optimize.fminbound(func, x1, x2)
```

参数说明如下。

① func：目标函数。

② x1/x2：范围边界。

```
In[13]:#求-10～-5 的函数最小值。full_output=True 表示返回详细信息
   ret = optimize.fminbound(f,-10,-5, full_output=True)
   print(ret)
Out[13]:
   (-7.5473053657049043, 9.2947062438430308, 0, 11)
```

由此可知，当 x 在[-10, -5]范围内，函数最小值是 9.2947062438430308，对应的 x 值为-7.5473053657049043。

7.1.3 非线性方程组求解

使用 optimize 模块中的 fsolve()函数可以对非线性方程组进行求解，它的格式如下。

```
fsolve(func, x0)
```

参数说明如下。

① func()是计算方程组误差的函数，func()自己的参数 x 是一个数组，其值为方程组的一组可能的解，func()返回将 x 代入方程组之后得到的每个方程的误差。

② x0 为未知数的一组初始值。

假设要对下面的方程组进行求解。

```
f1(u1,u2,u3)=0, f2(u1,u2,u3)=0,f3(u1,u2,u3)=0
```

那么 func 可以进行如下定义。

```
def func(x):
        u1,u2,u3 = x
        return [f1(u1,u2,u3), f2(u1,u2,u3), f3(u1,u2,u3)]
```

【实例】 使用 folve()函数求非线性方程组的解，方程如下。

$$5x_1+3=0,\qquad 4x_0^2-2\sin(x_1x_2)=0,\qquad x_1x_2-1.5=0$$

```
In[14]:def f(x):
          x0, x1, x2 = x.tolist()
          return [5*x1+3, 4*x0*x0-2*np.sin(x1*x2), x1*x2-1.5]
    # f()计算方程组的误差，[1,1,1]是未知数的初始值
    result = optimize.fsolve(f, [1,1,1])
    print (result)
    print (f(result))
```

```
Out[14]:
    [-0.70622057 -0.6        -2.5        ]
    [0.0,-9.126033262418787e-14,5.329070518200751e-15]
```

由于 fsolve()函数在调用函数 f()时，传递的参数为数组，因此如果直接使用数组中的元素计算的话，计算速度将会有所降低。所以这里先用数组的 tolist()函数将数组中的元素转换为 Python 中的标准浮点数，然后调用标准 NumPy 库中的函数进行运算。

在对方程组进行求解时，fsolve()函数会自动计算方程组的雅可比矩阵，当方程组中的未知数很多，而与每个方程有关的未知数较少时（即雅可比矩阵比较稀疏时），传递一个计算雅可比矩阵的函数将能大幅度提升运算速度。例如，一个计算的程序中需要求有 50 个未知数的非线性方程组的解，而每个方程平均与 6 个未知数相关，那么通过传递雅可比矩阵的计算函数可以使计算速度显著提高。

雅可比矩阵是一阶偏导数以一定方式排列的矩阵，它给出了可微分方程与给定点的最优线性逼近，因此类似多元函数的导数。例如前面的函数 $f1$、$f2$、$f3$ 和未知数 $u1$、$u2$、$u3$ 的雅可比矩阵如下：

$$
\begin{matrix}
\dfrac{\partial f_1}{\partial u_1} & \dfrac{\partial f_1}{\partial u_2} & \dfrac{\partial f_1}{\partial u_3} \\
\dfrac{\partial f_2}{\partial u_1} & \dfrac{\partial f_2}{\partial u_2} & \dfrac{\partial f_2}{\partial u_3} \\
\dfrac{\partial f_3}{\partial u_1} & \dfrac{\partial f_3}{\partial u_2} & \dfrac{\partial f_3}{\partial u_3}
\end{matrix}
$$

计算雅可比矩阵的函数 j()和 f()一样，其 x 参数是未知数的一组值，它计算非线性方程组在 x 处的雅可比矩阵。通过 fprime 参数将 j()传递给 fsolve()。

下面使用雅可比行列式求非线性方程组的解。

```
In[15]:
def j(x):
      x0, x1, x2 = x.tolist()
      return [[0, 5, 0],
      [8*x0, -2*x2*np.cos(x1*x2), -2*x1*np.cos(x1*x2)],
      [0, x2, x1]]
result =optimize.fsolve(f, [1,1,1], fprime=j)
print(result)
Out[15]:
[-0.70622057 -0.6        -2.5        ]
```

由于本例中的未知数很少，因此计算雅可比矩阵并不能显著地提升计算速度。

7.2　插值库

拟合是通过原有数据，调整曲线系数，使得曲线与已知数据集(x_i, y_i)的误差最小，也就是最后生成的拟合曲线不一定经过原有点。

插值（interpolation）是依据一系列的点(x_i, y_i)通过一定的算法找到一个合适的函数来包含这些点，反映出这些点的走势规律，然后根据走势规律求其他点值的过程。插值根据原有数据进行填充，最后生成的曲线一定经过所有的已知数据。

常见插值方法有拉格朗日插值法、分段插值法、样条插值法。

当节点数 n 较大时，拉格朗日插值法多项式的次数较高，高次插值会带来误差的震动现象，这种现象称为龙格现象。分段插值虽然收敛，但光滑性较差。样条插值是使用一种名为样条的特殊分段多项式进行插值的形式。由于样条插值可以使用低阶多项式样条实现较小的插值误差，这样就避免了使用高阶多项式所出现的龙格现象，因此样条插值法得到了较为广泛的应用。

SciPy 的 interpolate 模块提供了许多对数据进行插值运算的函数，范围涵盖简单的一维插值到复杂多维插值求解。当样本数据变化归因于一个独立的变量时，就使用一维插值；反之，当样本数据变化归因于多个独立变量时，使用多维插值。

导入 scipy. interpolate 模块的代码如下。

```
from scipy import interpolate
```

7.2.1 一维插值

一维数据的插值运算可以通过 interp1d()函数完成，一维插值函数的格式如下。

```
interpolate.interp1d(x,y,kind='linear'…]
```

参数说明如下。

① x/y：已知的数据点。

② kind：指定插值类型，可以是字符串或数组，它给出插值的 B 样条曲线的阶数，候选值如表 7-2 所示。

表 7–2 kind 参数候选值

候选值	作用
zero、nearest	阶梯插值，相当于 0 阶 B 样条曲线
slinear、linear	线性插值，用一条直线连接所有的取样点，相当于一阶 B 样条曲线
quadratic、cubic	二阶和三阶 B 样条曲线，更高阶的曲线可以直接使用整数值指定

interp1d()函数返回一个函数，该函数可以计算 x 取值范围内的任意点的函数值。下面的代码演示了 kind 参数的不同取值对应的插值曲线。

【实例】各种插值方式 kind 参数对比，结果如图 7-6 所示。

```
In[16]:
from scipy import interpolate
#生成数据点(x,y)
x=np.linspace(0,10,11)
y=np.sin(x)
#给出测点的 x
xnew=np.linspace(0,10,101)
plt.figure(figsize=(8,5))
plt.plot(x,y,"ro")
for kind In["nearest","zero","linear","slinear","quadratic","cubic"]:
    f=interpolate.interp1d(x,y,kind=kind)
    ynew=f(xnew)
    plt.plot(xnew,ynew,label=str(kind))
plt.legend(loc="lower right",fontsize=12)
plt.show()
```

interp1d()函数要求参数 x 是一个递增的序列，并且只能在 x 的取值范围内计算对应的插值，不能用它进行外推运算，也就是不能计算 x 取值范围外的插值。UnivariateSpline()函数（实际上它是一个类）的插值运算更高级，它支持外推和拟合运算，其函数格式如下。

```
interpolate.UnivariateSpline(x,y,w=None,k=3,s=None)
```

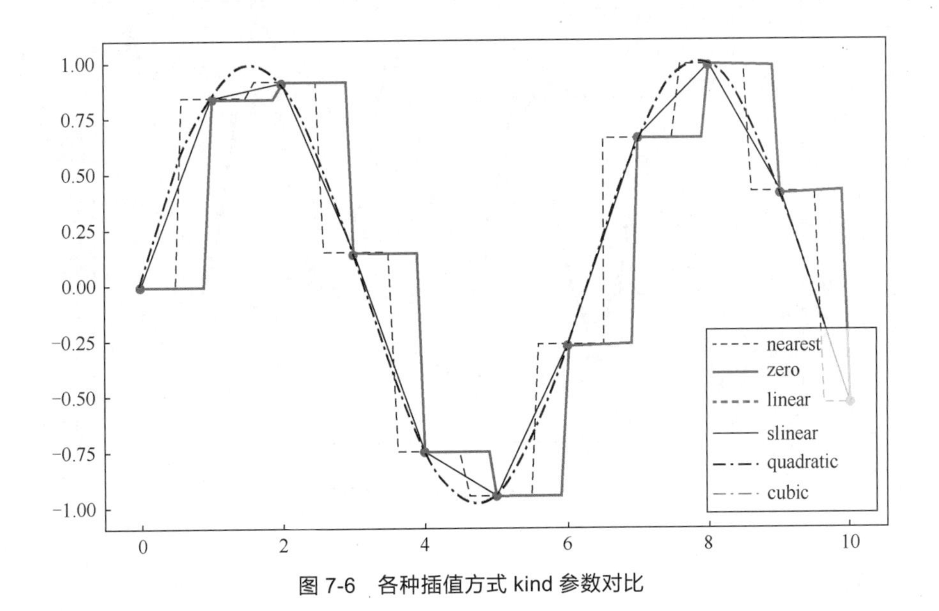

图 7-6　各种插值方式 kind 参数对比

参数说明如下。

① x/y：保存数据点的 x、y 轴坐标的数组，其中 x 必须是递增序列。

② w：为每个数据点指定的权重。

③ k：样条曲线的阶数。

④ s：平滑系数。它使得最终生成的样条曲线满足以下条件，即当 s<0 时，样条曲线并不一定通过各个数据点。为了让曲线通过所有的数据点，必须将 s 参数设置为 0。

可以通过 interpolate 模块中 UnivariateSpline()函数对含有噪声的数据进行插值运算。

```
In[17]:
    #生成噪声数据
    sample = 90
    x = np.linspace(1, 10*np.pi, sample)
    y = np.cos(x) + np.log10(x) + np.random.randn(sample)/10
    #插值，设置平滑系数为 1
    f1= interpolate.UnivariateSpline(x, y, s=1)
    #插值，设置平滑系数为 0
    f2 = interpolate.UnivariateSpline(x, y, s=0)
    xnew= np.linspace(x.min(), x.max(), 1000)
    ynew1=f1(xnew)
    ynew2=f2(xnew)
```

在 UnivariateSpline()函数中，参数 s 是平滑向量参数，被用来拟合含有噪声的数据。如果参数 s=0，将忽略噪声对所有点进行插值运算。通过绘图的方式查看插值效果，如图 7-7 所示，示例代码如下。

```
In[18]:plt.figure(figsize=(8,5))
    plt.plot(xnew,ynew1, color="green", label = "Interpolation s=1")
    plt.plot(xnew,ynew2, color="red", label = "Interpolation s=0")
    plt.plot(x, y,"b.", label ="Original")
    plt.legend(loc = "best",fontsize=12)
    plt.show()
```

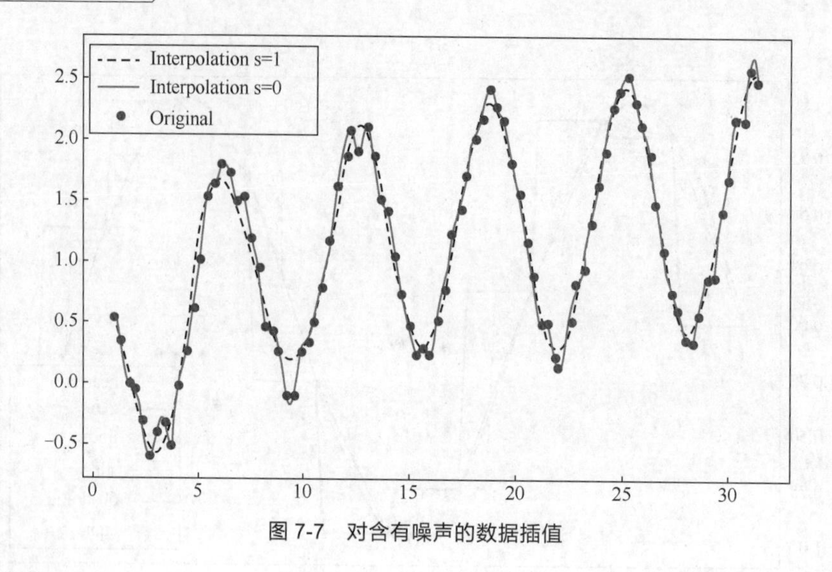

图 7-7　对含有噪声的数据插值

7.2.2　二维插值

多维插值主要用于重构图片，使用 interp2d()函数可以进行二维插值，该方法与一维数据插值类似，为二维样条插值，它的函数格式如下。

```
interpolate.interp2d(x,y,z.kind,…)
```

参数说明如下。

① x/y/z：都是一维数组，如果传入的是多维数组，函数会首先将多维数组转化为一维数组。

② kind：指定插值的阶数，可以为 linear、cubic 或 quintic。

下面的代码对某个函数曲面上的网格点进行二维插值，插值前的效果如图 7-8（a）所示，插值后的效果如图 7-8（b）所示。

```
In[19]:
    def func(x, y):
      return (x+y)*np.exp(-5.0*(x**2 + y**2))
    #X、Y 轴分为 15×15 的网格
    y,x= np.mgrid[-1:1:15j,-1:1:15j]
    fvals = func(x,y) # 计算每个网格点上的函数值
    #3 次样条二维插值
    newfunc = interpolate.interp2d(x, y, fvals, kind='cubic')
    #计算 100×100 的网格上的插值
    xnew = np.linspace(-1,1,100)#x
    ynew = np.linspace(-1,1,100)#y
    fnew = newfunc(xnew, ynew)
    plt.figure(figsize=(8,5))
    plt.subplot(121)
    im1=plt.imshow(fvals, extent=[-1,1, -1,1], interpolation='nearest', origin=
"lower")
    #extent=[-1,1, -1,1]为 x、y 的范围
    plt.subplot(122)
    im2=plt.imshow(fnew, extent=[-1,1,-1,1] ,interpolation='nearest', origin=
"lower")
    plt.show()
```

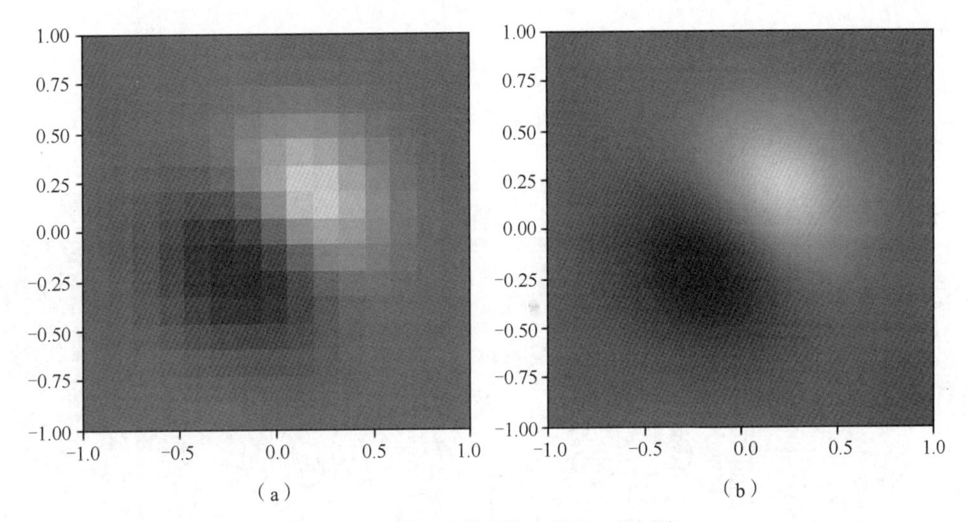

图 7-8　对曲面上的网格点进行二维插值

图 7-8（a）所示的二维数据集的函数值样本较少，因此显得粗糙；图 7-8（b）对二维样本数据进行 3 次样条插值，拟合得到更多数据点的样本值，绘图后图像明显光滑多了。

7.2.3　插值法处理缺失值

对于缺失值的处理是数据预处理阶段应该首先完成的事，处理缺失值一般情况下有删除和填充两种方式。直接删掉缺失值数据，或者使用某个特殊值（例如平均数）进行填充，又或者利用插值法对数据进行填充。

对于第一种方式，如果样本数够多，删掉数据较少，则可以使用。但是，如果数据本身就比较少，若选择删除数据则会丢弃大量隐藏在这些记录中的信息。

对于第二种方式，如果数据量较少且样本中缺失值较多，采用最小值、最大值或均值来填充缺失值会对样本数据的结果造成一定的影响。对于小数据集，推荐利用插值法对数据进行填充。第二种方式适用于大数据集，插值法计算量相对比较大，适用于小数据集，大数据集一般用平均数、中位数或众数处理缺失值。

7.3　线性代数

NumPy 和 SciPy 都提供了线性代数函数库 linalg，与 numpy.linalg 相比，scipy.linalg 除了包含 numpy.linalg 中的所有函数，还具有 numpy.linalg 中没有的高级功能。除此之外，SciPy 线性代数包是使用优化的 BLAS 库构建的，具有高效的线性代数运算能力。

导入 scipy.linalg 模块的代码如下。

```
from scipy import linalg
```

7.3.1　线性方程组求解

linalg.solve()函数可用于解线性方程 $\boldsymbol{Ax}=\boldsymbol{b}$，也就是计算 $\boldsymbol{x}=\boldsymbol{A}^{-1}\boldsymbol{b}$。这里要求 $\boldsymbol{A}$ 是 $n\times n$ 的方形矩阵，$\boldsymbol{x}$ 和 $\boldsymbol{b}$ 是长为 n 的向量。有时候需要对多组 $\boldsymbol{b}$ 求解，这时候 $\boldsymbol{b}$ 就变成了 $n\times n$ 的矩阵 $\boldsymbol{B}$，这样计算出来的 $\boldsymbol{x}$ 也就是 $n\times n$ 的矩阵 $\boldsymbol{X}$，相当于 $\boldsymbol{X}=\boldsymbol{A}^{-1}\boldsymbol{B}$。

linalg.solve()函数接受数组 a 和数组 b 两个输入。数组 a 表示系数，数组 b 表示等号右侧值，求出的解将会放在一个数组里返回。

考虑下面的例子，求解线性方程组。

$$\begin{cases} x_1 + x_2 + 7x_3 = 2 \\ 2x_1 + 3x_2 + 5x_3 = 3 \\ 6x_1 + 8x_2 + 7x_3 = 6 \end{cases}$$

```
In[20]:
      from scipy import linalg
      #声明 numpy 数组
      a = np.array([[1,1,7], [2, 3, 5], [6, 8, 7]])
      b = np.array([2, 3, 6])
      #求解
      x = linalg.solve(a, b)
      #输出解值
      print (x)
Out[20]:[-0.76470588  1.11764706  0.23529412]
```

7.3.2 最小二乘解

在线性方程的求解或是数据曲线拟合中，利用最小二乘法求得的解被称为最小二乘解。最小二乘法（又称最小平方法）是一种数学优化技术，它通过最小化误差的平方和寻找数据的最佳函数匹配。

以下线性方程组可能无解。

$$\begin{cases} a_{11}x_1 + a_{12}x_2 + \cdots + a_{1s}x_s - b_1 = 0 \\ a_{21}x_1 + a_{22}x_2 + \cdots + a_{2s}x_s + b_2 = 0 \\ \cdots \\ a_{n1}x_1 + a_{n2}x_2 + \cdots + a_{ns}x_s - b_n = 0 \end{cases}$$

即任意一组 $x_1,x_2,\cdots,x_s$ 都可能使

$$\sum_{i=1}^{n}\left(a_{i1}x_1 + a_{i2}x_2 + \cdots + a_{is}x_s - b_i\right)^2 \neq 0$$

我们设法找到 $x_1{}^0, x_2{}^0,\cdots, x_s{}^0$ 使 $\sum_{i=1}^{n}\left(a_{i1}x_1 + a_{i2}x_2 + \cdots + a_{is}x_s - b_i\right)^2$ 最小，这样的 $x_1{}^0, x_2{}^0,\cdots, x_s{}^0$ 称为方程组的最小二乘解。

linalg 提供的 lstsq(A)可以对矩阵 ***A*** 进行最小二乘求解，它比 solve()函数更具有一般性，因为它不要求 ***A*** 必须是方阵。

7.3.3 计算行列式

矩阵 ***A*** 的行列式表示为 | ***A*** |，行列式计算是线性代数中的常见运算。SciPy 中，可以使用 det()函数计算行列式，它接受一个矩阵作为输入，返回一个标量值，即该矩阵的行列式值。

【实例】计算下面行列式的值。

$$\begin{vmatrix} 3 & 4 \\ 7 & 8 \end{vmatrix}$$

```
In[21]:# 声明 numpy 数组
      A = np.array([[3,4],[7,8]])
```

```
        # 计算行列式
        x = linalg.det(A)
        # 输出结果
        print (x)
Out[21]: -4.0
```

7.3.4　求逆矩阵

linalg.inv(A)用于求解矩阵 $\boldsymbol{A}$ 的逆矩阵，不过该函数要求矩阵 $\boldsymbol{A}$ 必须是方阵。linalg 模块中的 pinv()函数可用于求解广义逆矩阵，因而 pinv()函数没有这个限制。

7.3.5　求取特征值与特征向量

求取矩阵的特征值、特征向量是线性代数中的常见计算。通常，可以根据下面的关系，求取矩阵（$\boldsymbol{A}$）的特征值（$\boldsymbol{\lambda}$）、特征向量（$\boldsymbol{v}$）。

$$\boldsymbol{A}\boldsymbol{v} = \boldsymbol{\lambda}\boldsymbol{v}$$

scipy.linalg.eig()函数可用于计算特征值与特征向量，函数返回特征值和特征向量。

```
In[22] :
        A = np.array([[1,2],[3,4]])
        #利用 eig 方法求解 A 的特征值和特征向量
        l, v = linalg.eig(A)
        #输出特征值
        print('特征值'+l)
        #输出特征向量
        print('特征向量'+v)
Out[22]:
        特征值 [-0.37228132+0.j  5.37228132+0.j]
        特征向量 [[-0.82456484 -0.41597356]
         [ 0.56576746 -0.90937671]]
```

7.3.6　奇异值分解

奇异值分解（singular value decomposition，SVD）是线性代数中一种重要的矩阵分解，是特征分解在任意矩阵上的推广。其在信号处理、统计学等领域有重要应用。

假设 $\boldsymbol{A}$ 是一个 $M\times N$ 的矩阵，那么通过矩阵分解将会得到 $\boldsymbol{U}$、$\boldsymbol{\Sigma}$、$\boldsymbol{V}^{\mathrm{T}}$ 3 个矩阵。其中 $\boldsymbol{U}$ 是一个 $M\times M$ 的方阵，被称为左奇异向量，方阵里面的向量是正交的；$\boldsymbol{\Sigma}$ 是一个 $M\times N$ 的对角矩阵，除了对角线的元素其他都是 0，对角线上的值称为奇异值；$\boldsymbol{V}$ 是一个 $N\times N$ 的矩阵，被称为右奇异向量，$\boldsymbol{V}$ 方阵里面的向量也都是正交的。

```
In[23]:#使用 numpy 的随机数函数产生一个 3×2 的矩阵
        a = np.random.randn(3, 2) + 1.j*np.random.randn(3, 2)
        #输出原矩阵
        print('原矩阵')
        print(a)
        #使用 linalg.svd 函数求解 U 是左奇异向量，sigma 是Σ对角线上的奇异值，V 是右奇异向量
        U,Sigma, V^T = linalg.svd(a)
        #输出结果
        print('奇异值分解')
```

```
        print("------U-----")
        print(U)
        print("------Vᵀ-----")
        print(V)
        print("------Sigma -----")
        print(Sigma)
Out[23]:
        原矩阵
        [[-1.32639629+0.5173754j   0.51218758+0.21515209j]
         [ 1.30265332-0.18134665j-1.31728186-0.42358068j]
         [ 1.06170778+0.41031919j  0.26730978-1.35065296j]]
        奇异值分解
        ------U-----
        [[-0.45590868+0.19028839j  0.58339319-0.18053785j  0.61369884+0.07981106j]
         [ 0.60570416-0.21202353j  0.02332033-0.48530749j  0.28294397+0.52157838j]
         [ 0.46832568+0.35323809j-0.0766654 +0.62057529j  0.50604186-0.0939376j ]]
        ------ Vᵀ -----
        [[ 0.74893751+0.j          -0.43174059-0.50268546j]
         [-0.66264063+0.j          -0.48796694-0.56815109j]]
        ------Sigma -----
         [2.9011817 0.868633 ]
```

7.4 数值积分

一般而言，求解微积分的方法可以分为两大类：符号积分（即求出解析解）和数值积分（integrate，即求出数值解）。在计算机的处理当中，数值解往往更有意义。

SciPy 中的 integrate 模块提供了几种数值积分算法，导入方式如下。

```
from scipy import integrate
```

7.4.1 已知函数式求积分

使用数值积分时，需要先将要进行积分的方程定义为函数。求取一重积分、二重积分和三重积分的函数格式分别如下。

```
integrate.quad(func,a,b,args,full_output)
integrate.dblquad(func,a,b,gfun,hfun)
integrate.tplquad(func,a,b,gfun,hfun,qfun,rfun)
```

以三重积分为例。func()为运算对象函数，形式为 func(z,y,x)。a、b 对应变量 x 的积分区域，gfun、hfun 为对应变量 y 的积分区域，依此类推。qfun、rfun 是变量 z 的积分区域。gfun、hfun、qfun、rfun 的形式应为 float 或函数。这些函数可以使用 lambda()函数进行定义，格式通常如下。

```
lambda x,y:x*y
```

如果是常函数，则定义如下。

```
lambda x:0
lambda x,y:1
```

返回结果说明如下。

① y：一个浮点标量值，表示积分结果。

② abserr：一个浮点数，表示绝对误差的估计值。

下面详细介绍几种常用的积分函数。

1. 一重积分

SciPy 积分模块中，quad()函数是一个重要函数，用于求一重积分。例如，在给定的 a 到 b 范围内，对函数 $f(x)$求一重积分。

$$\int_a^b f(x)\mathrm{d}x$$

quad()函数的一般形式是 scipy.integrate.quad(f,a,b)，其中 f 是求积分的函数名称，a 和 b 分别是下限和上限。

下面看一个高斯函数的例子，求 0～5 的积分。

首先需要定义函数 $f(x)=\mathrm{e}^{-x^2}$，这可以使用 lambda 表达式来完成，然后使用 quad()函数对其求一重积分。

```
In[23]:
    from scipy import integrate
    f = lambda x:np.exp(-x**2)
    re= integrate.quad(f, 0, 5)
    print(re)
Out[23]:
   (0.8862269254513955, 2.318311513966966e-14)
```

quad()函数返回两个 q 值，第一个值是积分的值，第二个值是对积分值的绝对误差估计。

如果积分的函数 f 带系数参数，如下所示。

$$I(a,b)=\int_0^1\left(ax^2+b\right)\mathrm{d}x$$

那么 a 和 b 可以通过 args 传入 quad()函数。

```
In[24]:
    def f(x, a, b):
        return a * (x ** 2) + b

    ret = integrate.quad(f, 0, 1, args=(3, 1))
    print (ret)
Out[24]:
   (2.0, 2.220446049250313e-14)
```

2. 二重积分

dblquad()函数的一般格式是 scipy.integrate.dblquad(func, a, b, gfun, hfun)，其中，func 是待积分函数的名称，a、b 是 x 变量的下上限，gfun、hfun 为定义 y 变量下上限的函数名称。

【实例】求二重积分。

$$\int_0^{1/2}\mathrm{d}y\int_0^{\sqrt{1-4y^2}}19xy\mathrm{d}x$$

我们使用 lambda 表达式定义函数 f、g 和 h。注意，在很多情况下，g 和 h 可能是常数，但是即使 g 和 h 是常数，也必须被定义为函数。

```
In[25]:
    f = lambda x, y : 19*x*y
    g = lambda x : 0
    h = lambda y : np.sqrt(1-4*y**2)
    ret = integrate.dblquad(f, 0, 0.5, g, h)
    print (ret)
Out[25]:
   (0.59375, 2.029716563995638e-14)
```

7.4.2 已知采样数值求积分

有时我们需要对离散的数据进行积分，如果采样数据是等距的，且可用样本数恰好是某个整数 k 的 2^k+1，那么可以使用 romberg()函数，该函数借助可用的样本来获得积分的高精度估计。如果在任意间隔的样本的情况下，可以使用函数 trapz()与 simps()，它们分别使用 1 阶和 2 阶的 Newton-Coates 公式执行积分。trapz（梯形法）函数通过用直线段近似曲线来估计曲线下的面积，每个直线段仅需要两个点，而 simps（辛普森法）函数则使用二次曲线来近似函数段，每个函数段都需要从函数中采样的 3 个点来近似给定段。与梯形法相比，辛普森法通常可以为数值积分提供更好的结果，而且没有额外的计算成本。

如果函数是 3 阶或更低阶的多项式，则对于奇数均等间隔的样本，辛普森法规则是精确的。如果样本的间距不相等，则仅当函数为 2 阶或更低阶的多项式时，结果才是精确的。

SciPy 的 integrate 模块提供的 simps 函数可以对采样点求积分，参考如下代码。

```
In[26]:def f1(x):
           return x**2
       def f2(x):
           return x**3
       x = np.array([1,3,4])
       y1 = f1(x)
       I1 = integrate.simps(y1, x)
       print(I1)
Out[26]:21
```

可以看到，数值解的输出结果完全对应于精准解的积分结果 $\int_1^4 x^2 = 21$。

但是对三次函数进行积分就会出现下面的结果。

```
In[27]:
       y2 = f2(x)
       I2 = integrate.simps(y2, x)
       print(I2)
Out[27]:61.5
```

对于 3 阶的输出结果，数值解的输出结果 61.5 与精确解的结果 $\int_1^4 x^3 = 63.75$ 不相等。

7.4.3 解常微分方程组

integrate 模块还提供了对常微分方程组求解的 odeint()函数，下面采用 integrate 模块中的 odeint()函数计算 Lorenz 的轨迹。Lorenz 吸引子由下述 3 个微分方程定义。

$$\frac{\mathrm{d}x}{\mathrm{d}t} = \sigma(y-x)$$

$$\frac{\mathrm{d}y}{\mathrm{d}t} = x(\rho-z)-y$$

$$\frac{\mathrm{d}z}{\mathrm{d}t} = xy-\beta z$$

这些方程定义了三维空间中的一个坐标点(x,y,z)的各轴坐标相对于时间的速度矢量。这里需要计算随着时间 t 的变化，坐标点(x,y,z)的运动轨迹，也就是一组时间点上的系统状态。其中，σ、ρ、β 为 3 个常数，当参数不同时，可以计算出不同的运动轨迹。当参数为某些值时，轨迹出现混沌现象，也就是微小的初始值不同也会显著地影响运动轨迹，结果如图 7-9 所示。下面的代码是 Lorenz 吸引子的轨迹计算和图形绘制程序。

```
In[28]:
    from mpl_toolkits.mplot3d import Axes3D
    def lorenz(p,t,s,r,b):
        x,y,z = p.tolist()          #无质量点的当前位置(x,y,z)
        print("x,y,z,t:",x,y,z,t)   #帮助理解 odeint()的执行过程
        return s*(y-x),x*(r-z)-y,x*y-b*z #返回 dx/dt,dy/dt,dz/dt
    t = np.arange(0,30,0.01)
    track1 = integrate.odeint(lorenz,(0.0,1.00,0.0),t,args=(10.0,28.0,2.6))
    track2 = integrate.odeint(lorenz,(0.0,1.01,0.0),t,args=(10.0,28.0,2.6))
    print("type(track1):",type(track1),"track1.shape:",track1.shape)
    fig = plt.figure(figsize=(12,6))
    ax = fig.gca(projection='3d')   #获取当前子图，指定三维模式
    ax.plot(track1[:,0],track1[:,1],track1[:,2],lw=1.0,color='r')   #画轨迹 1
    ax.plot(track2[:,0],track2[:,1],track2[:,2],lw=1.0,color='g')   #画轨迹 2
    plt.show()
```

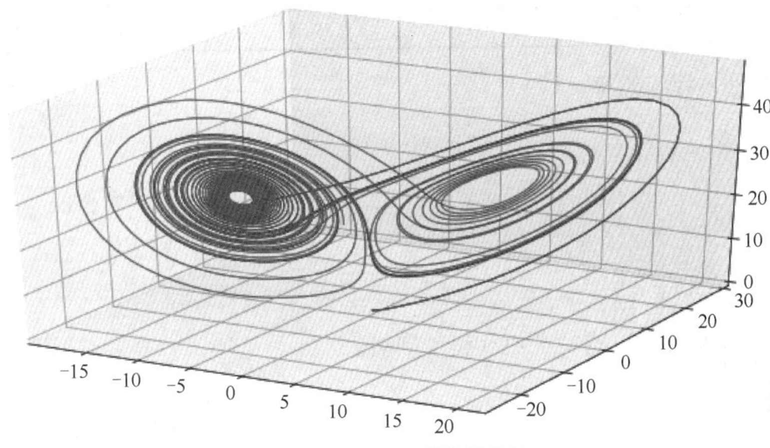

图 7-9　Lorenz 吸引子的轨迹

上面的代码中首先定义了函数 lorenz()，它的任务是计算某个坐标点各方向相对于时间 t 的微分值。参数 s、r、b 分别对应方程组中的 σ、ρ、β，参数 p 是一个 ndarray 数组，p.tolist()将其转换成一个列表，其中包括当前点的坐标。

接下来代码 t = np.arange(0,30,0.01)以 0.01 为间隔，生成从 0～30（不含端点）的等差数列，它代表了一组离散的时间点。

接下来代码 integrate.odeint()则进行微分方程求解，参数 lorenz 指明了微分计算函数，(0.0,1.00,0.0)则为点的位置初始值；t 为离散时间点；args 指定了要传递给 lorenz()函数的额外参数，参数值为固定值对应 s、r、b 的值。odeint()函数会迭代调用 lorenz()函数，用于生成无质量点的运动轨迹。上述控制台输出的结果可以帮助我们理解 x、y、z 坐标和时间 t 的变化过程。

t 是一个长度为 3000 的一维数组，odeint()函数返回结果为一个形状为(3000,3)的二维数组，用 3000 个离散的三维空间点来表示点的运动轨迹。

代码 track1[:,0]对 track1 二维数组进行下标切片，得到 3000 个元素的一维数组，表示 3000 个空间点的 x 坐标，y 和 z 坐标以类似方式获得。

最后可以看到，track1-红和 track2-绿仅在系统初始值上有细微差异，但随着时间的推进，其运动轨迹差异越来越大，表现出“混沌”性。

习题

1. 找出下列方程的最大值。

$$f(x)=\sin^2(x-2)\mathrm{e}^{-x^2}$$

2. 文件 student0.csv 中有某中学学生身高和体重的数据，绘制中学生身高和体重的散点图，并使用最小二乘法求拟合直线。

3. 下表是某餐厅一段时间的销售数据，使用插值法填充餐厅销售数据中的缺失值。

时间	销售额/元	时间	销售额/元	时间	销售额/元
2019/1/1	32 322	2019/1/7	28 999	2019/1/13	34 888
2019/1/2	33 231	2019/1/8	31 111	2019/1/14	36 900
2019/1/3	34 343	2019/1/9	29 777	2019/1/15	32 000
2019/1/4	29 999	2019/1/10	31 999	2019/1/16	空值
2019/1/5	31 211	2019/1/11	32 888	2019/1/17	35 111
2019/1/6	32 222	2019/1/12	29 888	2019/1/18	33 999

4. 求下面线性方程组的解。

$$\begin{cases}2x_1-x_2+3x_3=1\\2x_1+2x_3=6\\4x_1+2x_2+5x_3=4\end{cases}$$

5. 求矩阵 $\boldsymbol{A}=\begin{pmatrix}-2 & 1 & 1\\0 & 0 & 0\\-4 & 1 & 3\end{pmatrix}$ 的特征值和特征向量。